Photoshop 经典案例教程

李峥嵘◎主　编

赵耀威　龙　冲　张　雪◎副主编

電子工業出版社

Publishing House of Electronics Industry

北京·BEIJING

内 容 简 介

本书所使用的软件为 Photoshop CS6。全书由基础逐层深入、循序渐进地安排教学内容，每个章节都根据常用的工具、命令来进行案例设计，能使读者有效地从案例中掌握常用工具、命令的运用及技巧，具有针对性、实用性强且不枯燥的特点。

本书共 9 章，主要内容包括图像与选区、图像绘制与修饰、图像修复、图层的应用、调整图像色彩、钢笔工具及路径、图层蒙版与通道、滤镜、综合实例。

本书非常适合作为计算机平面设计、计算机动漫与游戏制作等计算机相关专业学生学习图形图像处理的入门教材。

图书在版编目（CIP）数据

Photoshop 经典案例教程 / 李峥嵘主编. —北京：电子工业出版社，2023.2

ISBN 978-7-121-37210-0

Ⅰ. ①P… Ⅱ. ①李… Ⅲ. ①图象处理软件—教材 Ⅳ. ①TP391.413

中国版本图书馆 CIP 数据核字（2019）第 164624 号

责任编辑：罗美娜　　文字编辑：戴　新
印　　刷：北京虎彩文化传播有限公司
装　　订：北京虎彩文化传播有限公司
出版发行：电子工业出版社
　　　　　北京市海淀区万寿路 173 信箱　邮编：100036
开　　本：880×1 230　1/16　印张：16.75　字数：364.5 千字
版　　次：2023 年 2 月第 1 版
印　　次：2023 年 2 月第 1 次印刷
定　　价：59.80 元

凡所购买电子工业出版社图书有缺损问题，请向购买书店调换。若书店售缺，请与本社发行部联系，联系及邮购电话：（010）88254888，88258888。

质量投诉请发邮件至 zlt@phei.com.cn，盗版侵权举报请发邮件至 dbqq@phei.com.cn。

本书咨询联系方式：（010）88254617，luomn@phei.com.cn。

PREFACE 前言

处理图像的软件很多，本书使用的 Photoshop CS6 是 Adobe 系列软件之一，同时也是最专业、功能最强大的图形图像处理软件之一，集绘图和处理图形图像功能于一身。通过 Photoshop 软件可以绘制、处理和设计平面图形图像。本书非常适合作为计算机平面设计、计算机动漫与游戏制作等计算机相关专业学生学习图形图像处理的入门教材。

本书旨在培养学生对 Photoshop CS6 软件中的各种工具的灵活应用，可使学生通过不同章节所对应的不同内容进行有针对性的、系统性的学习。本书主要展现 Photoshop CS6 软件的基础案例的应用，省去了很多理论知识的介绍，同时在案例中穿插重要的、必要的理论知识和相关技巧进行突出提示及讲解，有助于学生在案例操作中有效、快速地记忆和掌握相关重要理论知识和技巧。

本书提供了非常丰富的案例教程，且案例能跟进时代步伐，贴近生活应用。本书共包含 88 个基础案例，其中，41 个为详细过程分析案例，47 个为相关拓展练习，拓展案例也附上了简单过程。88 个基础案例为授课教师提供了非常丰富的课堂教学内容，有助于学生有效地、有针对性地学好 Photoshop CS6 软件的应用。

本书的配套光盘中包含了案例的素材文件、最终效果图、相关教学课件。

本书由多年从事中等职业学校计算机平面设计教学的教师集体研究编写，由广东省珠海市理工职业技术学校李峥嵘担任主编并负责统稿，赵耀威、龙冲、张雪担任副主编，温思莹、赵春兰、张敬辉、刘英等参与了本书的创作和编写工作。具体编写分工如下：李峥嵘编写第 1 章的 1.5～1.16 节、第 3 章、第 6 章、第 7 章，赵耀威编写第 2 章的 2.1～2.2 节、第 4 章、第 9 章，龙冲编写第 2 章的 2.3～2.4 节、第 5 章、第 8 章，张雪编写第 2 章的 2.5～2.8 节，温思莹、赵春兰、张敬辉、刘英编写第 1 章的 1.1—1.4 节。

为了进一步提高本书质量，欢迎广大读者和专家对本书提出宝贵的意见和建议。

编　者

CONTENTS

目录

第1章 图像与选区

第2章 图像绘制与修饰

第3章 图像修复

第 4 章 图层的应用

第 5 章 调整图像色彩

第 6 章 钢笔工具及路径

第 7 章 图层蒙版与通道

第 8 章 滤镜

第 9 章 综合实例

Chapter 1

第1章

图像与选区

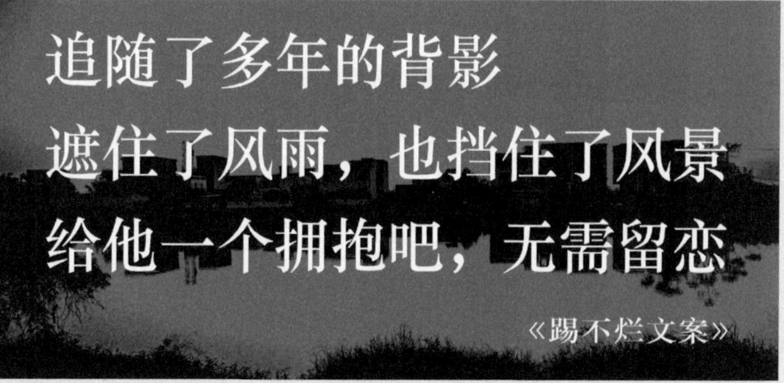

案例讲解

- ◎ 1.1　莉雅唇膏广告
- ◎ 1.3　聊天工具标志
- ◎ 1.5　52 商会
- ◎ 1.7　阈值海报
- ◎ 1.9　校园换天空
- ◎ 1.11　电脑冰箱
- ◎ 1.13　茶叶包装立体盒
- ◎ 1.15　创意 T 恤

拓展案例

- ◎ 1.2　时尚信纸
- ◎ 1.4　光盘正面
- ◎ 1.6　优惠券
- ◎ 1.8　水彩海报
- ◎ 1.10　广美校园
- ◎ 1.12　小微波炉人
- ◎ 1.14　立体书籍
- ◎ 1.16　水果自行车

1.1 图像与选区：莉雅唇膏广告

●难易程度：★★☆☆

●教学重点：魔棒工具抠图，快捷键填充前景色和背景色

●教学难点：魔棒工具与方向快捷键的结合应用，用自由变换命令缩放图形

●实例描述：运用魔棒工具处理素材，通过移动工具、自由变换命令、填充颜色等操作完成莉雅唇膏广告

●实例文件：

素　　材：素材包→Ch01 图像与选区→1.1 莉雅唇膏广告→素材

效 果 图：素材包→Ch01 图像与选区→1.1 莉雅唇膏广告→莉雅唇膏广告.jpg

一、新建文件

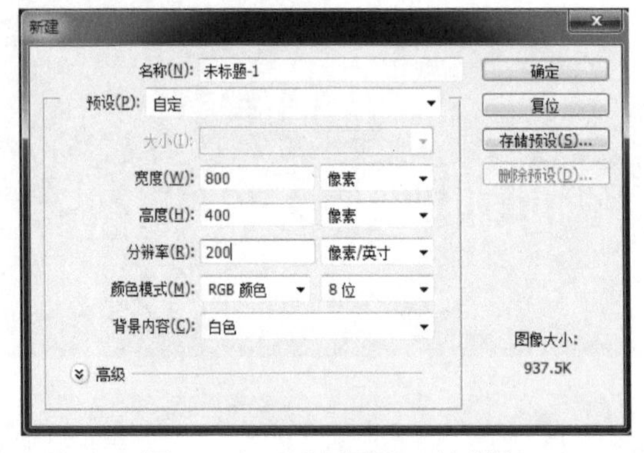

图 1-1-1　“新建”对话框

打开 Photoshop CS6 软件，按 Ctrl+N 组合键（菜单法：执行“文件”→“新建”命令），在弹出的“新建”对话框中，设置文件宽度为 800 像素（px），高度为 400 像素（px），分辨率为 200 像素/英寸（dpi），颜色模式为 RGB 颜色，背景内容为白色，具体参数如图 1-1-1 所示。

二、打开并处理素材，填充背景

1．按 Ctrl+O 组合键（菜单法：执行“文件”→“打开”命令，或双击工作区的空白区域），弹出“打开”对话框，如图 1-1-2 所示，打开素材文件“01.jpg”。

2．按 V 快捷键，工具转换为“移动工具”，用鼠标将“01.jpg”图像直接拖到新建文件中，得到“图层 1”。按 Ctrl+T 组合键对“图层 1”进行自由变换，这时在素材周围出现控制框。在控制框处单击右键，弹出快捷菜单，如图 1-1-3 所示。选择“缩放”选项，按住鼠标左键拖动进行缩放，可以改变图像的大小。继续按住左键不放，通过移动鼠标可以改变图像的位置，得到图 1-1-4 所示的效果，相应的“图层”面板如图 1-1-5 所示。

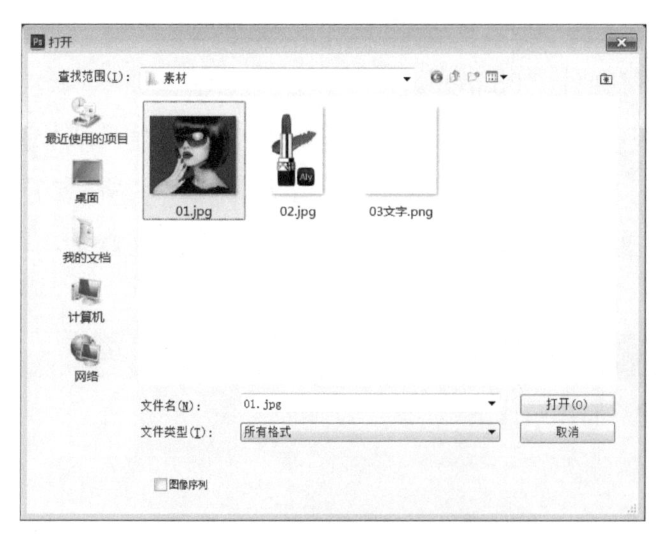

图 1-1-2 “打开”对话框

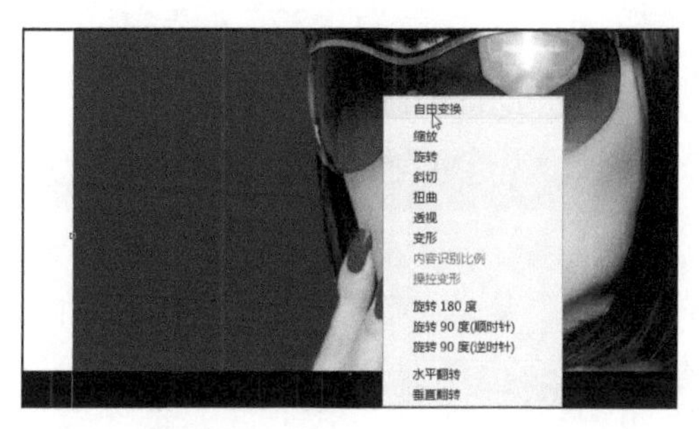

图 1-1-3 自由变换控制框

图 1-1-4 自由变换“图层 1”

图 1-1-5 “图层”面板

提示：“图层”面板快捷键

打开或隐藏“图层”面板的快捷键：F7。

3．按 I 快捷键，鼠标指针转换为“吸管工具”，单击“图层 1”中的红色区域，则自动吸取该颜色作为前景色，如图 1-1-6 所示。选中背景图层，按 Alt+Delete 组合键，则将吸取到的颜色填充到背景图层，效果如图 1-1-7 所示。

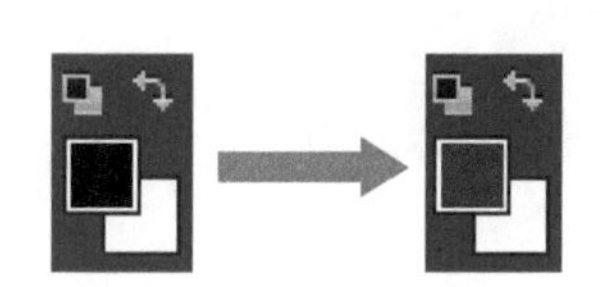

图 1-1-6 前景色的变化

图 1-1-7 填充背景色

4．按 Ctrl+O 组合键（菜单法：执行“文件”→“打开”命令，或双击工作区的空白区域），在弹出的“打开”对话框中，打开素材文件“02.jpg”。

5．按 W 快捷键，工具切换到工具箱中的“快速选择工具”，右击该图标（或长按鼠标左键），在弹出的菜单中选择“魔棒工具”，此时在菜单栏下方出现图 1-1-8 所示的魔棒属性栏，默认容差为“32”，选中“连续”复选框，单击素材“02.jpg”中的白色背景，得到图 1-1-9 所示的选区。

图 1-1-8　魔棒属性栏

小知识｜快速选择工具、魔棒工具

快速选择工具能够以可调整的圆形笔尖的形式迅速地绘制出与画面颜色相似区域的选区。其用法是：在画面图像部分按住鼠标左键并拖曳光标，当拖曳笔尖时，选区范围不但会向外扩张，图像还可以自动寻找并沿着图像的边缘来描绘边界。

魔棒工具是选取相同或相近颜色作为选区的工具。其参数有以下几个。

容差：确定选定像素的相似点差异，其数值是 0～255。值较低，则会选择与所选择像素非常相似的少数几种颜色，即选取的颜色范围较小；值较高，则会选择相似度更低的颜色，即选取的颜色范围较大。

消除锯齿：创建边缘较平滑的选区。

连续：只选择使用相同颜色的邻近选区。若不勾选，将会选中整个图像中使用相同颜色的所有像素。

6．按 Ctrl+Shift+I 组合键进行反向选择（菜单法：执行“选择”→“反向”命令），得到图 1-1-10 所示的口红选区。按 V 快捷键，鼠标指针自动切换成“移动工具”，将选区里的内容拖到新建文件中，得到“图层 2”。

图 1-1-9　运用魔棒后的口红选区

图 1-1-10　反向选择后的口红选区

7．按 Ctrl+T 组合键进行自由变换，将抠出的口红图像进行缩放，并移动到图 1-1-11 所示的位置。

图 1-1-11　自由变换口红素材

8．按 Ctrl+O 组合键（菜单法：执行“文件”→“打开”命令，或双击工作区的空白区域），在弹出的“打开”对话框中，打开素材文件“03 文字.png”，用“移动工具”将文字移动到新建文件中，得到“图层 3”。最终效果如图 1-1-12 所示，此时的“图层”面板如图 1-1-13 所示。

图 1-1-12　最终效果图

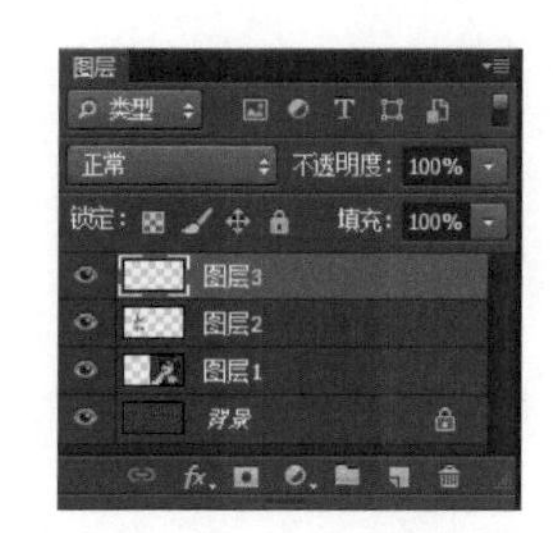

图 1-1-13　“图层”面板

三、保存文件

按 Ctrl+S 组合键保存文件（菜单法：执行“文件”→“存储为”命令），在弹出的对话框中，输入文件名“莉雅唇膏广告”，格式选择“.jpg”，图 1-1-12 是最终效果图。

1.2　拓展练习：时尚信纸

●素　材：素材包→Ch01 图像与选区→1.2 拓展练习：时尚信纸→素材
●效果图：素材包→Ch01 图像与选区→1.2 拓展练习：时尚信纸→时尚信纸.jpg

图 1-2-1 为时尚信纸效果图，该图形主要通过移动工具、自由变换命令、填充颜色等操作完成。

1．新建文件，设置文件宽度为 1198 像素，高度为 1463 像素，分辨率为 200 像素/英寸，颜色模式为 RGB 颜色，背景色为天蓝色。

2．打开素材“背景.jpg”和“圆弧.png”，将两素材移动到新建文件（见图 1-2-2）中，得到“图层 1”（圆弧为“图层 1”）和“图层 2”，此时的效果如图 1-2-3 所示。

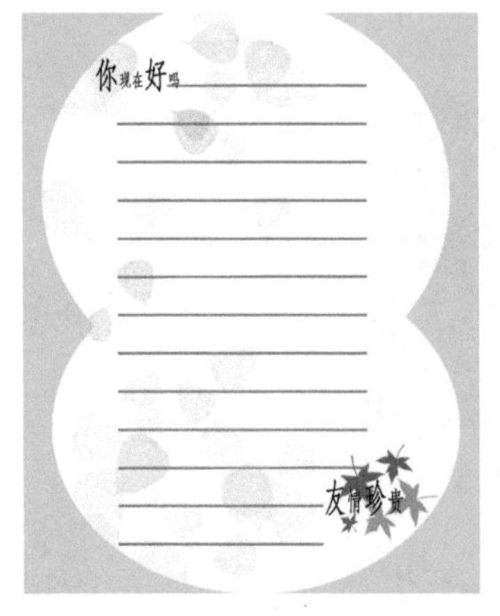

图 1-2-1　时尚信纸效果图

图 1-2-2　新建文件

3．用魔棒工具选择“图层 1”中的白色圆弧形状，反向选择后得到图 1-2-4 所示的选区。选中“图层 2”，按 Delete 键删除选区里的内容，得到图 1-2-1 所示的效果。

图 1-2-3　移动素材到文件中

图 1-2-4　反向选择后的选区

4．输入相应文字，完成操作，保存文件。

1.3　图像与选区：聊天工具标志

● 难易程度：★★☆☆

● 教学重点：椭圆选框工具、多边形选框工具

● 教学难点：选区的绘制与编辑

● 实例描述：运用椭圆工具和多边形套索工具绘制椭圆及规则的选区，通过羽化选区、移动选区、填充颜色绘制完成

● 实例文件：

效 果 图：素材包→Ch01 图像与选区→1.3 聊天工具标志→聊天工具标志.jpg

一、新建文件，制作背景

1. 打开 Photoshop CS6 软件，按 Ctrl+N 组合键（菜单法：执行“文件”→“新建”命令），在弹出的“新建”对话框中，设置文件宽度为 16 厘米，高度为 11 厘米，分辨率为 300 像素/英寸，颜色模式为 RGB 颜色，背景内容为白色，具体参数如图 1-3-1 所示。

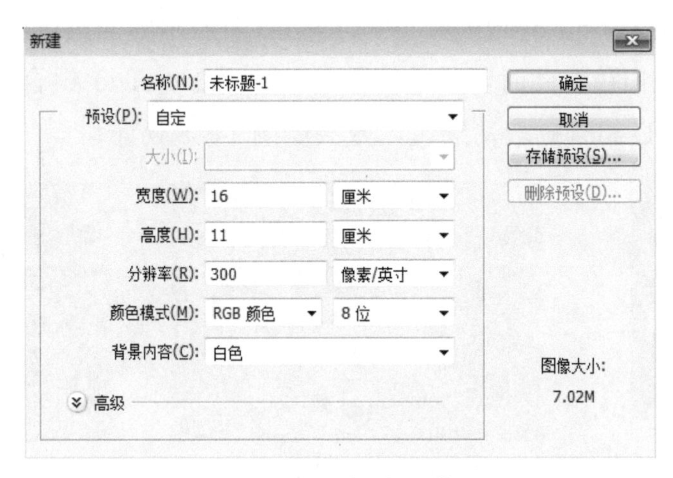

图 1-3-1　新建文件

2. 单击工具箱中的“设置前景色”按钮，在弹出的“拾色器（前景色）”对话框中设置颜色为“#058dd4”，如图 1-3-2 所示。

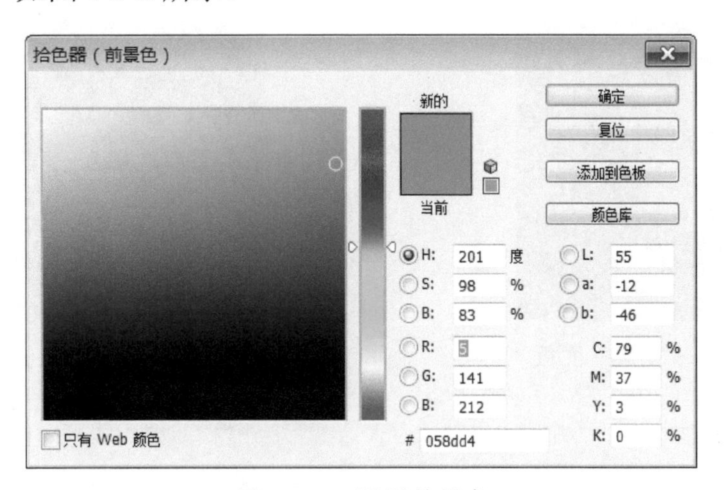

图 1-3-2　设置前景色

3. 按 Alt+Delete 组合键将背景图层填充成天蓝色，如图 1-3-3 所示。

图 1-3-3　填充后的背景

4. 按 M 快捷键，激活“矩形选框工具”，在该图标处长按鼠标左键（或右击），在弹出的图 1-3-4 所示的选框工具菜单中，选择“椭圆选框工具”，在属性栏中设置羽化值为 200 像素，具体参数如图 1-3-5 所示。

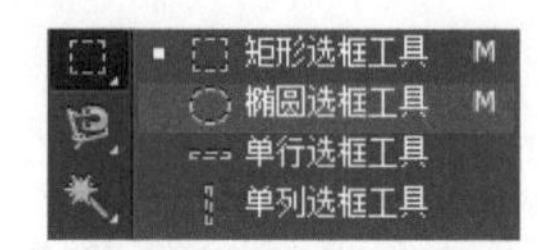

图 1-3-4　选框工具菜单

图 1-3-5　设置羽化值

5．在“图层”面板中，选中“背景”图层，单击“创建新图层”按钮，在“背景”图层上方创建“图层 1”，如图 1-3-6 所示。绘制图 1-3-7 所示的椭圆选区，按 D 快捷键，将前景色和背景色还原为黑白色，此时前景色为黑色。按 Alt+Delete 组合键将“图层 1”填充前景色（黑色），按 Ctrl+D 组合键取消选区，效果如图 1-3-8 所示。

图 1-3-6　创建“图层 1”

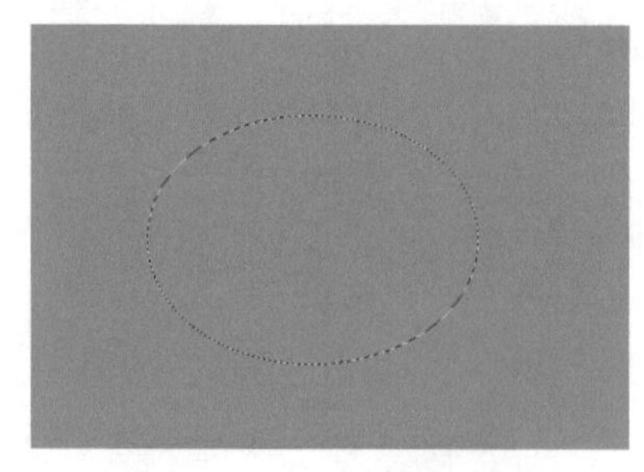

图 1-3-7　绘制椭圆选区

图 1-3-8　填充黑色

6．在“图层”面板中将“图层 1”的不透明度设置为 40%，如图 1-3-9 所示，此时得到图 1-3-10 所示的效果。

图 1-3-9　“图层”面板

图 1-3-10　设置不透明度后的效果

二、绘制标志

1．按 M 快捷键，激活“椭圆选框工具”，设置羽化值为 0 像素。绘制图 1-3-11 所示位置及大小的椭圆选区。

2．在“图层”面板中，选中“图层 1”，单击“创建新图层”按钮，在“图层 1”上方创建“图层 2”，按 Ctrl+Delete 组合键以当前背景色（白色）填充椭圆选区，效果如图 1-3-12 所示。

3．按 Ctrl+D 组合键取消选区。按 L 快捷键，工具切换为工具箱中的“套索工具”，右击“套索工具”图标（或长按鼠标左键），在弹出的菜单中选择“多边形套索工具”，如图 1-3-13 所示。通过单击的方式绘制图 1-3-14 所示的多边形选区。

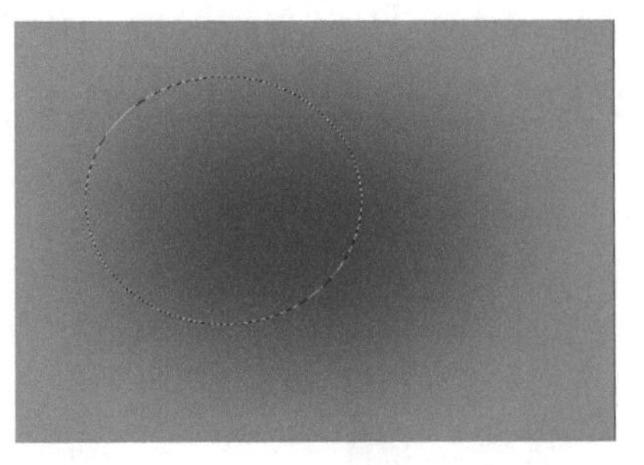

图 1-3-11　绘制椭圆选区

图 1-3-12　填充椭圆选区后的效果

图 1-3-13　套索工具

图 1-3-14　绘制多边形选区

小知识 | 套索工具

（1）通过套索工具可以自由地创建选区。其操作方法是：在图像中单击，然后按住鼠标左键拖动，随着鼠标指针的移动可以形成任意形状的选区，放开鼠标左键后会自动形成封闭的选区。

（2）多边形套索工具主要用来创建边界为直线的多边形选区。其操作方法是：在被选取对象的各个转折点上单击，可创建直线选区边界，将鼠标指针移动到选区的起点处，鼠标指针旁边出现一个圆圈，此时再次单击可以封闭选区。

（3）磁性套索工具适合快速选择复杂边缘，对比度越高的图像，就越容易快速创建选区。其操作方法是：单击图像边缘，然后沿着边缘拖动，当鼠标指标移动到选区的起点处时，鼠标指针旁边会出现一个小圆圈，此时再次单击可以封闭选区。

4．选中“图层 2”，按 Ctrl+Delete 组合键以当前背景色填充该多边形选区，按 Ctrl+D 组合键取消选区，得到图 1-3-15 所示的效果。

5．按 M 快捷键，激活“椭圆选框工具”，按住 Shift 键，在图 1-3-16 所示的位置绘制出一个正圆，按 Delete 键删除正圆内选区，得到图 1-3-17 所示的效果，在椭圆选区工具的状态下，将正圆选区移动到右侧，按 Delete 键删除，继续向右移动该椭圆选区并删除，按 Ctrl+D 组合键取消选区，得到图 1-3-18 所示的效果。

6．选中“图层 2”，按 Ctrl+J 组合键复制图层（或将“图层 2”拖到“图层”面板中的“新建图层”按钮），得到“图层 2 副本”，如图 1-3-19 所示。

7. 按 Ctrl+T 组合键对“图层 2 副本”中的对象进行自由变换，在右键菜单中选择“水平翻转”选项，如图 1-3-20 所示。将水平翻转后的图像进行缩放变换，并移动到图 1-3-21 所示的位置。

图 1-3-15　填充多边形选区

图 1-3-16　绘制小正圆

图 1-3-17　删除小正圆选区

图 1-3-18　删除右侧小正圆选区

图 1-3-19　“图层”面板

图 1-3-20　水平翻转

8. 单击“图层 2”前的眼睛图标，隐藏该图层，如图 1-3-22 所示。

9. 按 M 快捷键，选择椭圆选区工具，绘制图 1-3-23 所示的椭圆。

图 1-3-21　缩放式自由变换

图 1-3-22　隐藏图层

图 1-3-23　绘制椭圆选区

小知识 | 变换选区

“选择”→“变换选区”命令能对选择好的选区（蚂蚁线区域）进行变换，调整的对象是选区。

10. 在椭圆选区工具的状态下，将椭圆选区移动到图 1-3-24 所示的位置。单击“图层 2”前的眼睛图标，显示隐藏的图层。选中“图层 2”，按 Delete 键，将多余部分删除，按 Ctrl+D 组合键取消选区，最终效果如图 1-3-25 所示。

图 1-3-24　移动椭圆选区

图 1-3-25　删除多余部分

三、保存文件

按 Ctrl+S 组合键保存文件（菜单法：执行“文件”→“存储为”命令），在弹出的对话框中，输入文件名“聊天工具标志”，格式选择“.jpg”。

1.4 拓展练习：光盘正面

●素　材：素材包→Ch01 图像与选区→1.4 拓展练习：光盘正面→素材
●效果图：素材包→Ch01 图像与选区→1.4 拓展练习：光盘正面→光盘正面.jpg

图 1-4-1 为光盘正面设计效果图，该图形主要通过椭圆选框工具、描边命令绘制完成。

1．新建文件，设置文件大小为 800 像素×800 像素，分辨率为 200 像素/英寸，背景色为白色。按 Ctrl+R 组合键打开标尺，在纵向标尺 400 像素、横向标尺 400 像素处拖出辅助线，如图 1-4-2 所示。

图 1-4-1　光盘正面设计效果图

图 1-4-2　绘制辅助线

2．选择椭圆选框工具，设置羽化值为 0 像素，如图 1-4-3 所示。按住 Alt+Shift 组合键从中心开始绘制正圆，如图 1-4-4 所示。新建“图层 1”，用浅灰色描边（在选区内右击，在弹出的快捷菜单中选择“描边”选项），如图 1-4-5 所示。描边后的效果如图 1-4-6 所示。

图 1-4-3　设置羽化值

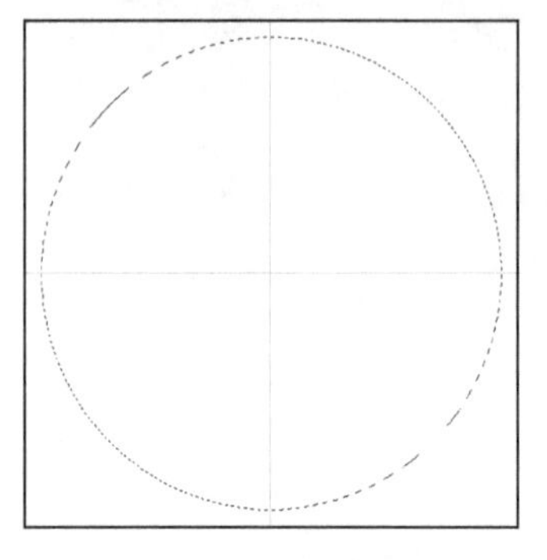

图 1-4-4　绘制正圆

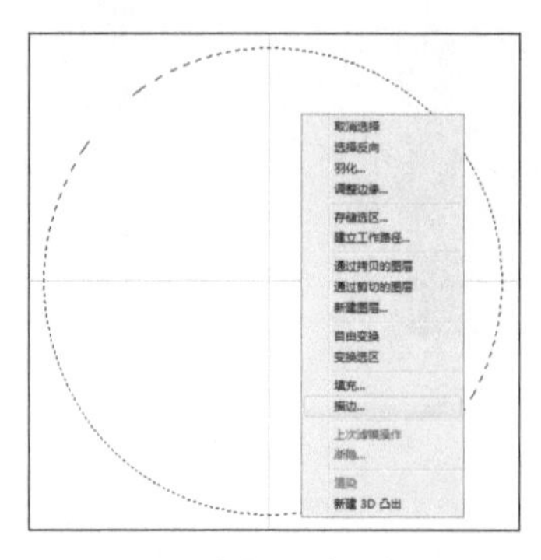

图 1-4-5　选择“描边”选项

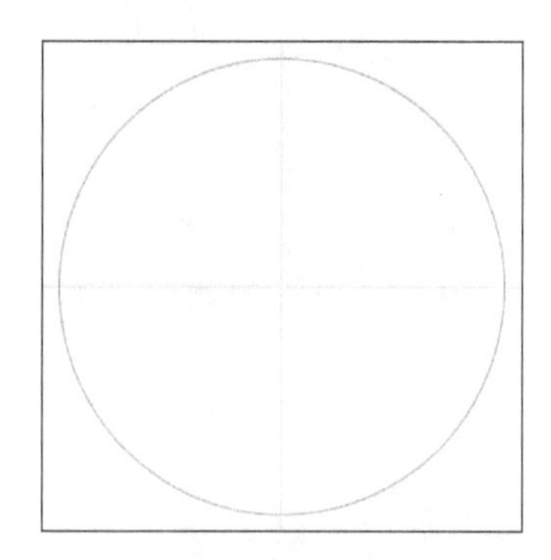

图 1-4-6　描边后的效果

3．重复步骤 2，分别绘制另外 3 个同心圆，并进行描边，描边后效果如图 1-4-7 所示。

4．打开素材图片，拖入新建文件中，得到“图层 2”，通过自由变换命令将素材缩放并移动到图 1-4-8 所示的位置。

5．用魔棒工具在“图层 1”中选择中间两个圆之间的区域（容差选择相对较小的值），得到图 1-4-9 所示的选区。

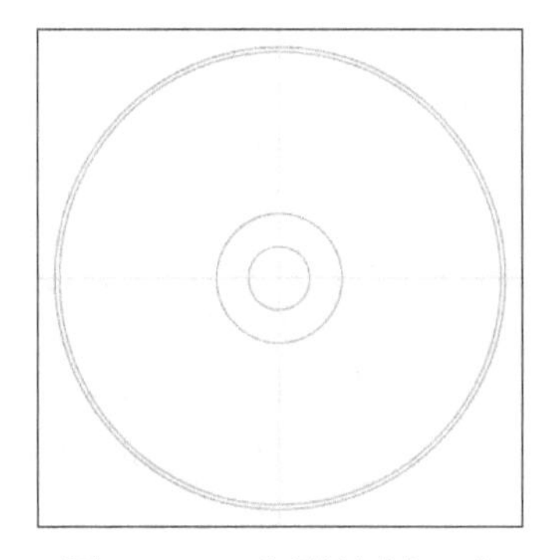

图 1-4-7　分别绘制 3 个同心圆并描边

图 1-4-8　拖入素材图片

图 1-4-9　选择选区

6．选中“图层 2”，按 Ctrl+Shift+I 组合键，使选区反向，如图 1-4-10 所示。按 Delete 键删除选区里的内容，按 Ctrl+D 组合键取消选区，得到图 1-4-11 所示的效果。

图 1-4-10　反向

图 1-4-11　删除选区里的内容

7．打开文字素材，并拖入新建文件中，得到“图层 3”，将文字移动到合适的位置，得到最终效果图。

8．完成操作，保存文件。

1.5 图像与选区：52 商会

- 难易程度：★★☆☆
- 教学重点：用选框工具绘制选区
- 教学难点：选区的填充、描边及自由变换命令的应用
- 实例描述：运用网格和标尺进行辅助设计，使用多边形套索工具和椭圆选框工具绘制规则的选区和正圆选区，通过水平翻转得到对称图形
- 实例文件：

  效 果 图：素材包→Ch01 图像与选区→1.5 52 商会→52 商会.jpg

一、新建文件，设置标尺和网格

1．打开 Photoshop CS6 软件，按 Ctrl+N 组合键（菜单法：执行“文件”→“新建”命令），打开“新建”对话框，新建一个文件，输入文件名“52 商会”，设置文件宽度和高度均为 10 厘米，分辨率为 300 像素/英寸，颜色模式为 RGB 颜色，如图 1-5-1 所示。

2．按 Ctrl+R 组合键打开标尺（菜单法：执行“视图”→“标尺”命令），效果如图 1-5-2 所示。

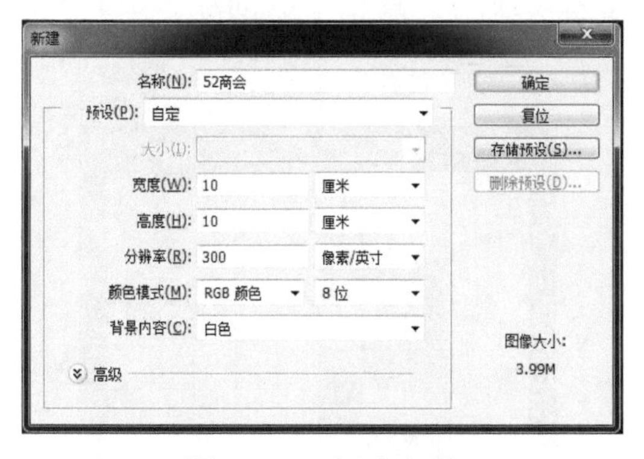

图 1-5-1 新建文件

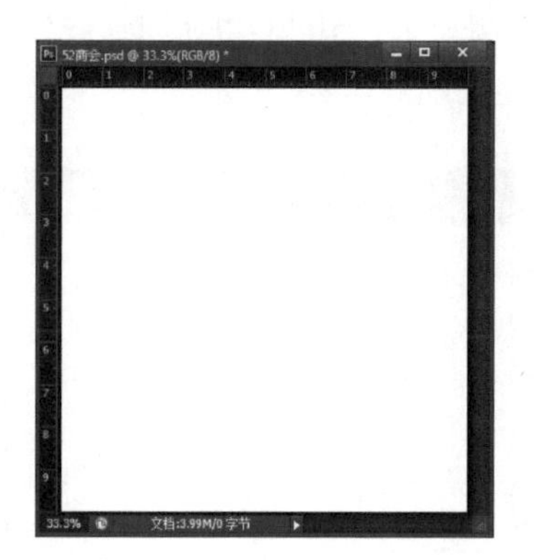

图 1-5-2 图像窗口显示标尺

3．按 Ctrl+K 组合键，打开“首选项”对话框，选择“参考线、网格和切片”（菜单法：执行“编辑”→“首选项”→“参考线、网格和切片”命令），对网格选项进行设置，具体参数如图 1-5-3 所示。

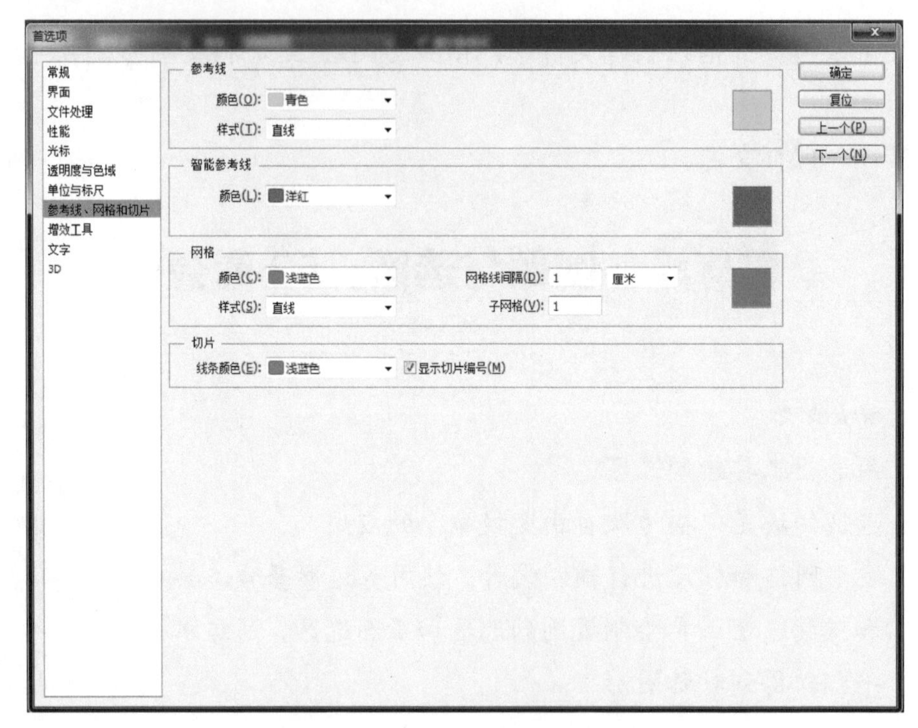

图 1-5-3 “首选项”对话框网格设置

4．按 Ctrl+’（就是双引号那个键）组合键（菜单法：执行“视图”→“显示”→“网格”命令），在画布窗口中显示网格线。

二、绘制标志

1．以网格线为基准，选择多边形套索工具，移动鼠标绘制左边 52 商会标志的多边形选区，如图 1-5-4 所示。

2．在“图层”面板中，单击“创建新图层”按钮，在背景图层上方创建“图层 1”，单击“设置前景色”按钮，在“拾色器（前景色）”对话框中设置颜色为“#ff0000”，单击“确定”按钮。按 Alt+Delete 组合键以当前色填充选区（或用工具箱中的油漆桶填充），效果如图 1-5-5 所示。

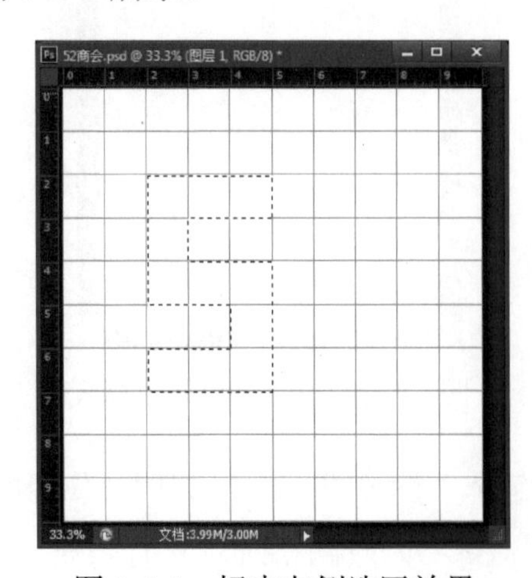

图 1-5-4 标志左侧选区效果

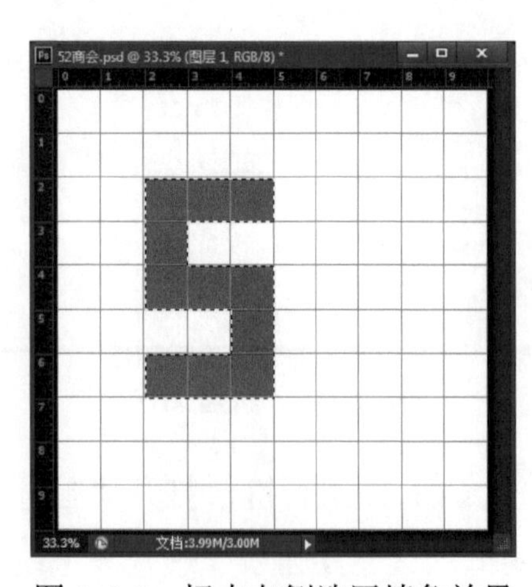

图 1-5-5 标志左侧选区填色效果

3. 按 Ctrl+D 组合键取消选区，选择“图层 1”，按 Ctrl+J 组合键复制“图层 1”（或将“图层 1”拖到“创建新图层”按钮），得到“图层 1 副本”。

4. 选择“图层 1 副本”，执行“编辑”→“变换”→“水平翻转”命令，将“图层 1 副本”水平翻转。选择“移动工具”，按住 Shift 键的同时向右水平拖动图像，使翻转后的图像与左边的图像呈轴对称。效果如图 1-5-6 所示。

5. 选择“图层 1 副本”，按 Ctrl+E 组合键（或右击“图层 1 副本”，在弹出的菜单中选择“向下合并”选项），合并得到“图层 1”，如图 1-5-7 所示。按 Ctrl+'组合键（菜单法：执行“视图”→“显示”→“网格”命令）即可隐藏网格线，效果如图 1-5-8 所示。

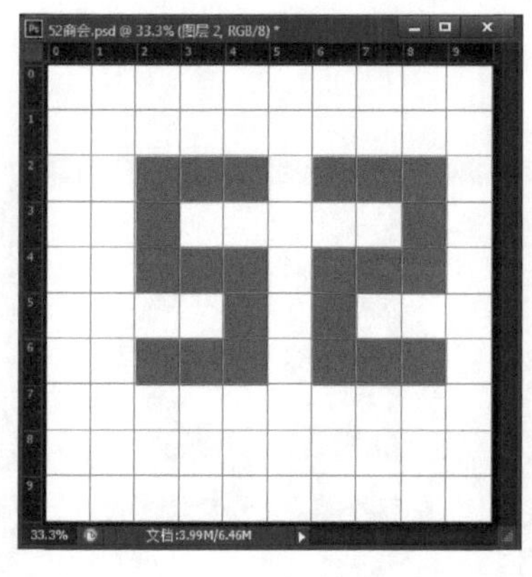

图 1-5-6　水平翻转后效果图

图 1-5-7　合并图层

6. 选择“移动工具”，并以中心控制点为基准创建水平、垂直交叉参考线。选中合并所得的“图层 1”，按 Ctrl+T 组合键（菜单法：执行“编辑”→“自由变换”命令），按住 Shift 键的同时等比例缩小图像，用鼠标将图像移动到中心位置后，按 Enter 键确认变换（或单击属性栏上方的按钮），如图 1-5-9 所示。

图 1-5-8　隐藏网格线

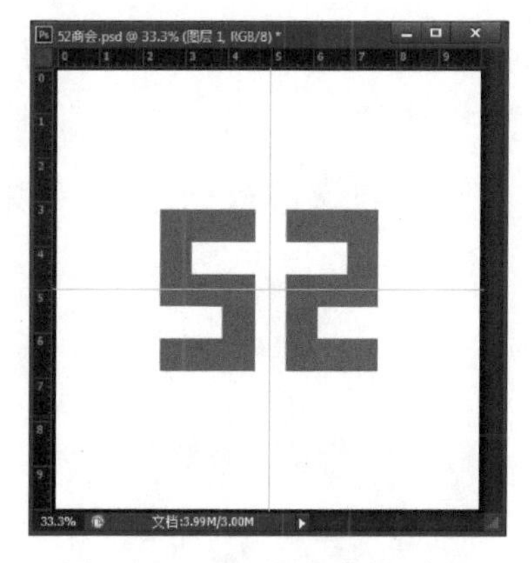

图 1-5-9　设置参考线效果

7. 选择“椭圆工具”，以辅助线的中心点为基准，按 Alt+Shift 组合键从中心点向外画圆，效果如图 1-5-10 所示。在选区状态下，执行“编辑”→“描边”命令，在打开的“描边”对话框中设置“宽度”为 40 像素，“颜色”为红色“#ff0000”，如图 1-5-11 所示。单击“确定”按钮，得到图 1-5-12 所示的效果。

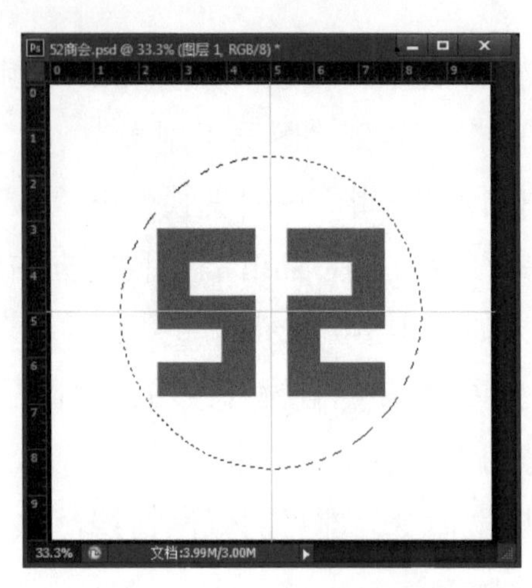

图 1-5-10　创建正圆选区

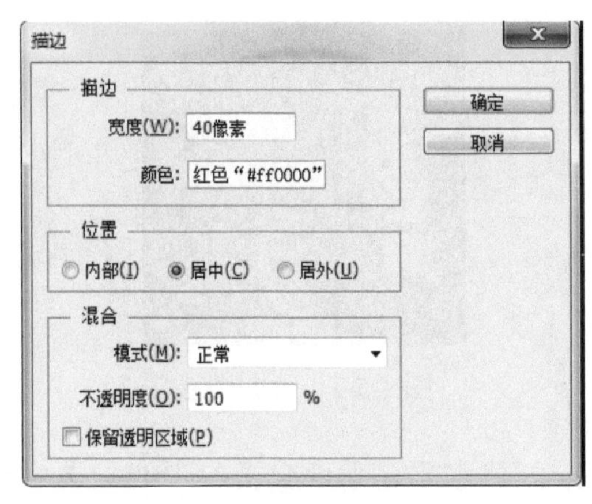

图 1-5-11　“描边”对话框

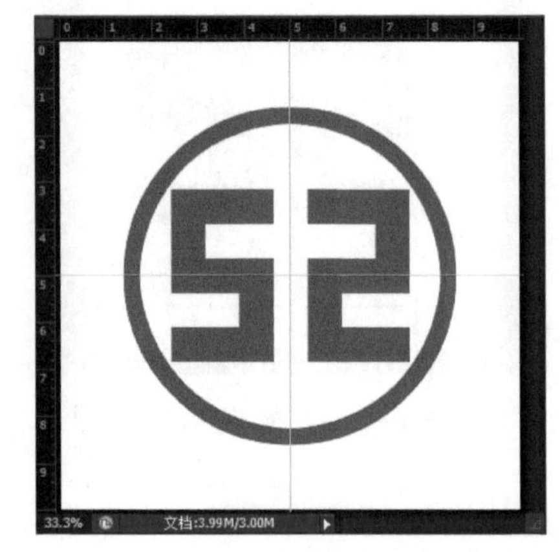

图 1-5-12　描边后的效果

8．按 Ctrl+D 组合键取消选区，选择“背景”图层，单击“设置前景色”按钮，在“拾色器（前景色）”对话框中设置颜色为“#e1e1e1”，单击“确定”按钮。按 Alt+Delete 组合键以当前色填充背景（或用工具箱中的“油漆桶”填充），效果如图 1-5-13 所示。

9．选中“图层 1”，按 V 快捷键并将该图像移动到文件的中上部（如需改变图像大小可按 Ctrl+T 组合键再次进行调整），效果如图 1-5-14 所示。

图 1-5-13　背景填色后效果

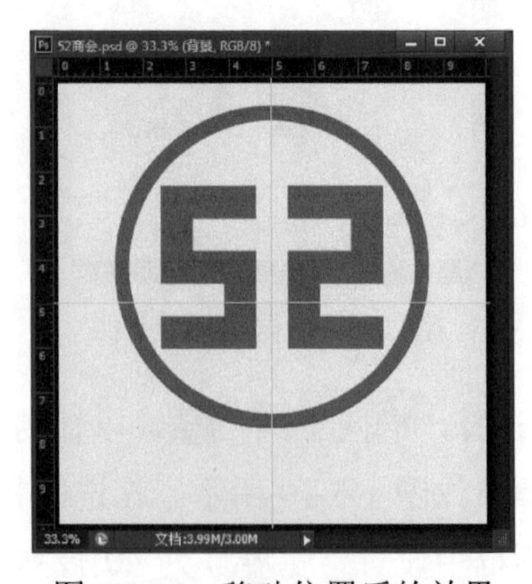

图 1-5-14　移动位置后的效果

三、添加文字

按 Ctrl+H 组合键隐藏参考线，选择“横排文字工具”T，如图 1-5-15 所示。在“横排文字工具”属性栏中，设置字体为“黑体”，字号为 50 点，颜色为红色“#ff0000”，并输入文字“52 商会”，效果如图 1-5-16 所示。

图 1-5-15　文字工具的选择

图 1-5-16　绘制完成后的效果

四、保存文件

按 Ctrl+S 组合键保存（菜单法：执行“文件”→“存储为”命令），在弹出的对话框中，输入文件名“52 商会”，格式选择“.jpg”。

1.6 拓展练习：优惠券

●素　材：素材包→Ch01 图像与选区→1.6 拓展练习：优惠券→素材
●效果图：素材包→Ch01 图像与选区→1.6 拓展练习：优惠券→优惠券.jpg

图 1-6-1 为优惠券效果图，该图形主要通过矩形选框工具、多边形套索工具完成。

图 1-6-1　优惠券效果图

1．新建文件，设置文件大小为 10 厘米×4 厘米，分辨率为 300 像素/英寸。

2．设置网格参数，如图 1-6-2 所示。

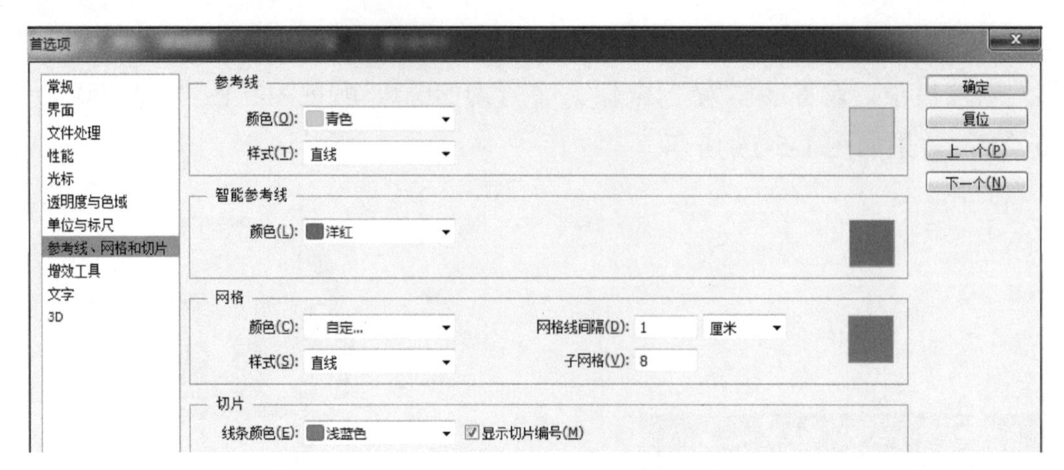

图 1-6-2　设置网格参数

3．显示网格，得到图 1-6-3 所示的界面。

4．新建“图层 1”，绘制图 1-6-4 所示的矩形，并填充天蓝色。

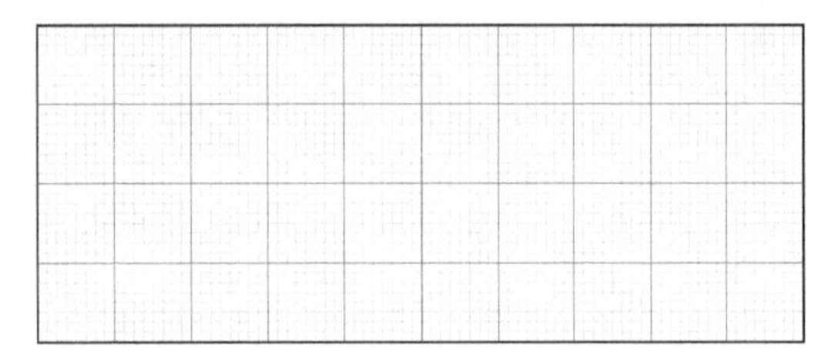

图 1-6-3　显示网格

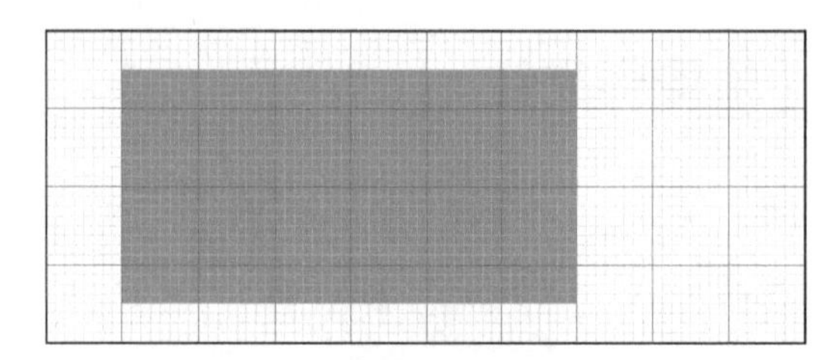

图 1-6-4　绘制矩形并填充天蓝色

5．选中背景图层，新建图层，得到“图层 2”，利用多边形工具绘制选区，并填充橙黄色，效果如图 1-6-5 所示。

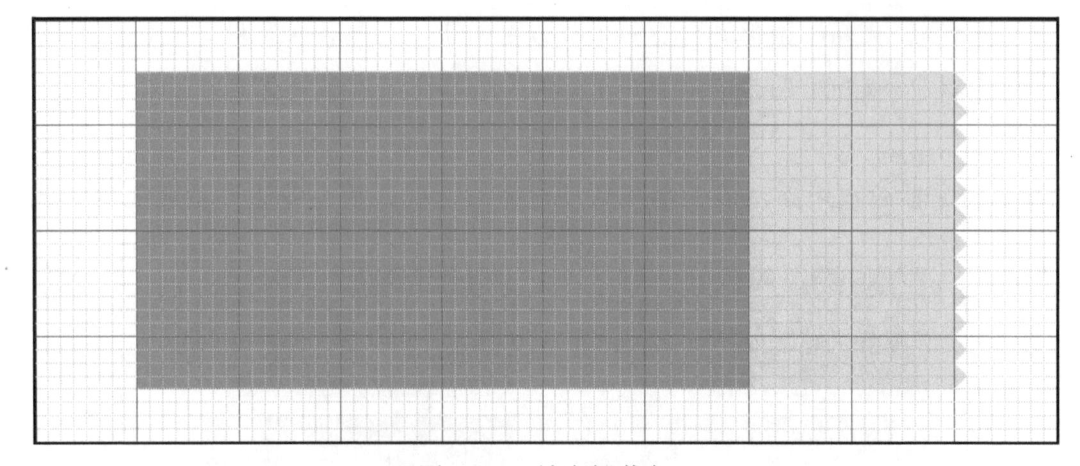

图 1-6-5　填充橙黄色

6．在“图层 2”上方新建“图层 3”，再用相同方法绘制左侧区域，并填充玫红色，如图 1-6-6 所示。

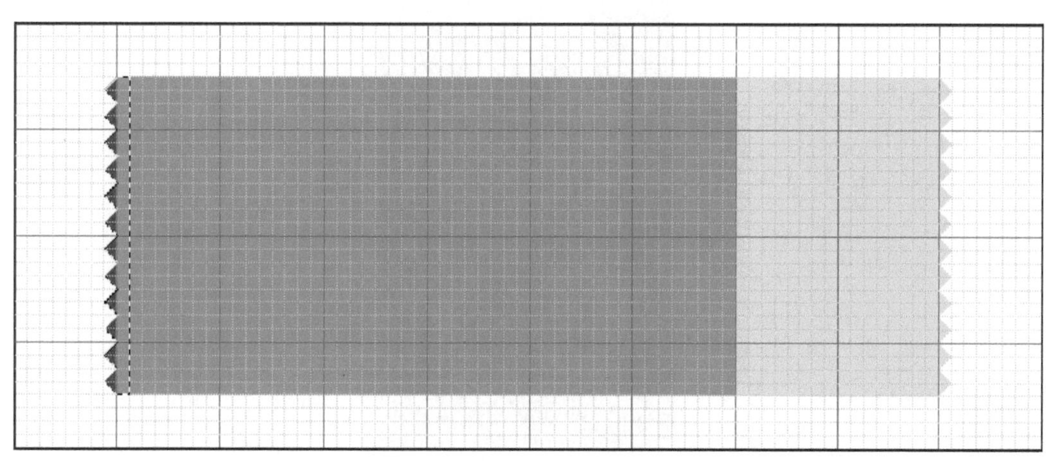

图 1-6-6　填充玫红色

7．隐藏网格，将素材文件“间隔线.png”拖入新建文件中，得到“图层 4”，并将该间隔线移动到合适的位置，如图 1-6-7 所示。

图 1-6-7　加入间隔线

8．输入文字，得到图 1-6-8 所示最终效果，“图层”面板如图 1-6-9 所示。

图 1-6-8　输入文字的效果

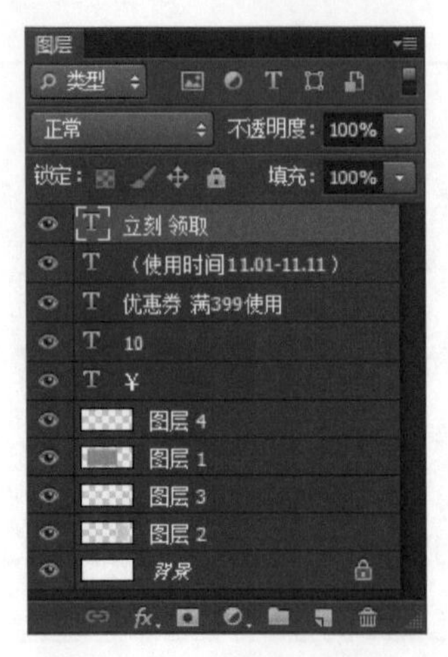

图 1-6-9 “图层”面板

1.7 图像与选区：阈值海报

● 难易程度：★★☆☆

● 教学重点：色彩范围的使用技巧

● 教学难点：阈值工具的使用和调节

● 实例描述：通过执行阈值命令和色彩范围命令，将“风景”选中并抠出，进行背景色填充等操作完成艺术特效制作

● 实例文件：

素　　材：素材包→Ch01 图像与选区→1.7 阈值海报→素材

效 果 图：素材包→Ch01 图像与选区→1.7 阈值海报→阈值海报.jpg

一、新建文件

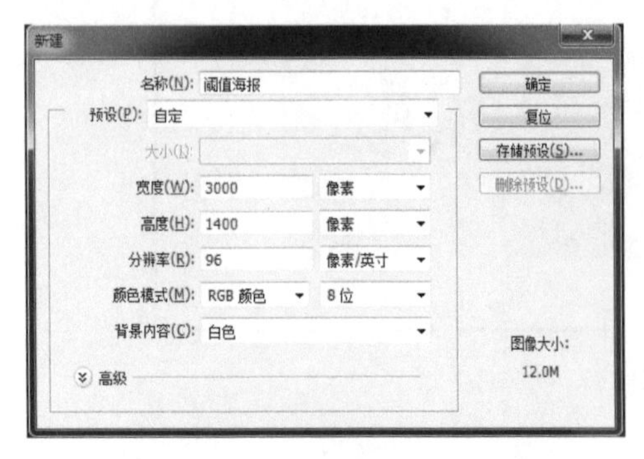

图 1-7-1 “新建”对话框

打开 Photoshop CS6 软件，按 Ctrl+N 组合键（菜单法：执行“文件”→“新建”命令），打开“新建”对话框，新建“阈值海报”文件，设置文件宽度为 3000 像素，高度为 1400 像素，分辨率为 96 像素/英寸，颜色模式为 RGB 颜色，如图 1-7-1 所示。

二、制作效果

1. 按 Ctrl+O 组合键（菜单法：执行“文件”→“打开”命令）打开“风景.jpg”素材，如图 1-7-2 所示。

图 1-7-2 “风景.jpg”素材

2. 执行“图像”→“调整”→“阈值”命令，弹出“阈值”对话框，设置“阈值色阶”的参数为 100，如图 1-7-3 所示，单击“确定”按钮后，得到如图 1-7-4 所示的效果。

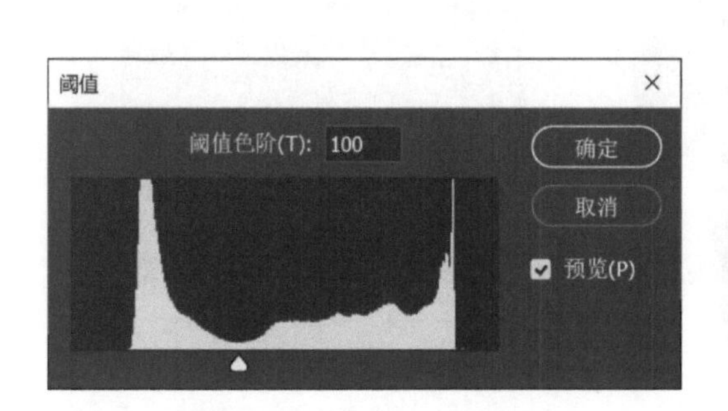

图 1-7-3 “阈值”对话框

图 1-7-4 执行“阈值”命令后的效果

3. 继续选择背景素材，执行“选择”→“色彩范围”命令，弹出“色彩范围”对话框，将鼠标指针移至素材深色区域单击一次，并在“色彩范围”对话框中设置色彩容差为 40，如图所示 1-7-5 所示。单击“确定”按钮，“风景”中的部分图像被蚂蚁线包围，即为被选中部分，效果如图 1-7-6 所示。

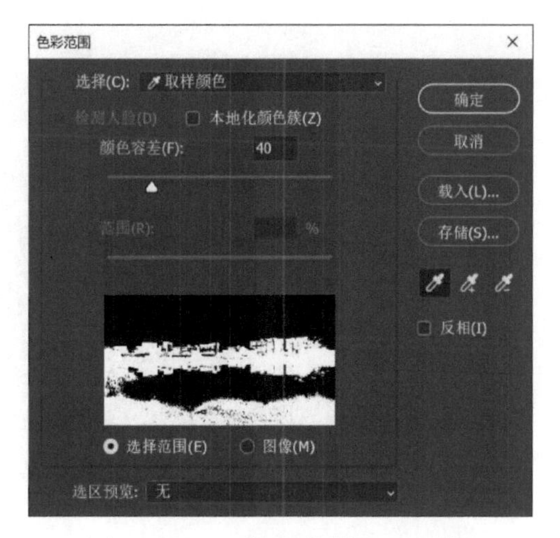

图 1-7-5 “色彩范围”对话框

图 1-7-6　执行“色彩范围”命令后的效果

4．按 V 快捷键，切换至移动工具，将鼠标指针移至蚂蚁线内，按住鼠标左键，拖曳选区里的内容至“阈值海报”文件后释放鼠标，在“阈值海报”文件中生成新图层“图层 1”。按 Ctrl+T 组合键将“风景”进行自由变换，调整图像的大小，并移动到合适的位置，如图 1-7-7 所示。“图层”面板如图 1-7-8 所示。

图 1-7-7　移动风景图像

图 1-7-8　“图层”面板

5．设置前景色为绿色（#2f7745），选中“背景”图层，按 Alt+Delete 组合键给“背景”图层填充颜色，效果如图 1-7-9 所示，对应的“图层”面板如图 1-7-10 所示。

图 1-7-9　填色效果图

图 1-7-10　“图层”面板

6．置入素材“文字.png”，最终效果如图 1-7-11 所示。

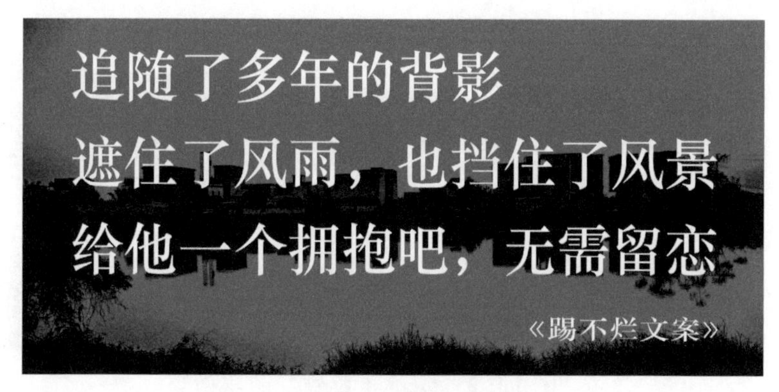

图 1-7-11　最终效果图

三、保存文件

按 Ctrl+S 组合键保存文件（菜单法：执行“文件”→“存储为”命令），在弹出的对话框中，输入文件名“阈值海报”，格式选择“.jpg”。

1.8　拓展练习：水彩海报

- 素　材：素材包→Ch01 图像与选区→1.8 拓展练习：水彩海报→素材
- 效果图：素材包→Ch01 图像与选区→1.8 拓展练习：水彩海报→水彩海报.jpg

图 1-8-1 所示为水彩海报效果图，该效果图主要通过“阈值”命令、“色彩范围”命令抠取图像，并设置图层模式等操作完成。

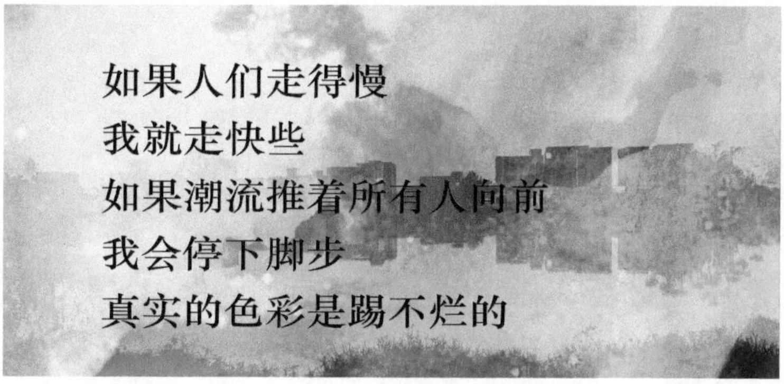

图 1-8-1　水彩海报效果图

1．打开素材“风景.jpg”，利用“阈值”命令和“色彩范围”命令找出风景实物轮廓，参数与 1.7 案例方法一致。按 Ctrl+J 组合键复制并建立“图层 1”，隐藏“背景”图层（单击“图层”面板前的按钮），效果如图 1-8-2 所示。

图 1-8-2　隐藏“背景”图层效果

2．置入“素材 2”，通过“自由变换”命令将该素材进行缩放和移动，在“图层”面板中将该图层的混合模式设置为“强光”，得到图 1-8-3 所示的效果。

图 1-8-3　强光效果

3．置入“文字”素材并调整位置，此时对应的“图层”面板如图 1-8-4 所示，最终效果如图 1-8-5 所示。

图 1-8-4　“图层”面板

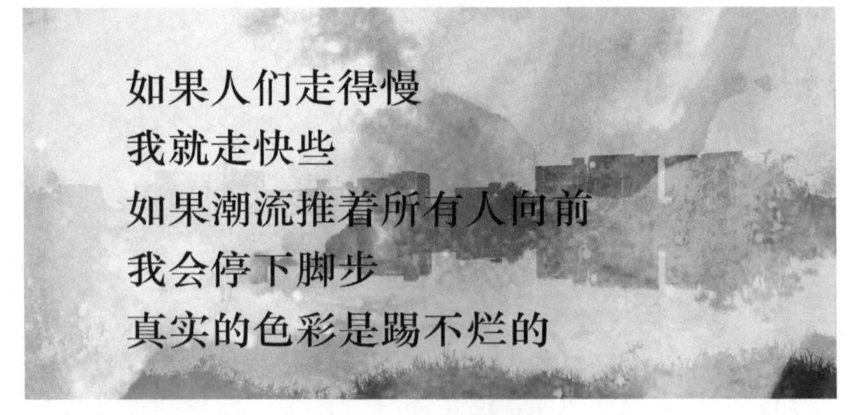

图 1-8-5　最终效果

4．完成操作，保存文件。

1.9 图像与选区：校园换天空

- 难易程度：★★★☆
- 教学重点：魔棒的使用技巧
- 教学难点：对晚霞光线的理解和调节
- 实例描述：利用魔棒工具抠出天空区域，通过反向命令得到楼群建筑选区，用曲线命令调整楼群明暗度，并利用裁剪工具等呈现更真实的晚霞景色
- 实例文件：

素　　材：素材包→Ch01 图像与选区→1.9 校园换天空→素材

效 果 图：素材包→Ch01 图像与选区→1.9 校园换天空→校园换天空.jpg

一、打开背景素材文件

打开 Photoshop CS6 软件，按 Ctrl+O 组合键（菜单法：执行“文件”→“打开”命令），弹出“打开”对话框，如图 1-9-1 所示。选择“校园.jpg”素材作为背景素材，打开后的效果如图 1-9-2 所示。

图 1-9-1　“打开”对话框

图 1-9-2　“校园.jpg”素材

二、更换天空

图 1-9-3　快速选择工具菜单

1．按 W 快捷键，激活“快速选择工具”，在该图标处长按鼠标左键（或右击）弹出图 1-9-3 所示的菜单。选择“魔棒工具”，在魔棒属性栏中按图 1-9-4 设置参数，容差值为 32，选

中“连续”复选框。

图 1-9-4　魔棒属性栏

2．用魔棒工具在“校园.jpg”素材中的天空区域单击，得到图 1-9-5 所示的部分选区。按住 Shift 键同时单击没有选中的天空区域，可以进行加选，直至天空被全部选中，如图 1-9-6 所示。

图 1-9-5　部分选区

图 1-9-6　选中全部天空

3．按 Ctrl+Shift+I 组合键进行反向选择（菜单法：执行“选择”→“反向”命令），得到图 1-9-7 所示的选区。

4．按 Ctrl+J 组合键复制选区内的图层，得到“图层 1”，此时“图层”面板如图 1-9-8 所示。

图 1-9-7　反向选择

图 1-9-8　“图层”面板

5．选中“背景”图层，置入“天空.jpg”素材，按 Ctrl+T 组合键对素材进行自由变换，通过适当缩放并将素材移动到图 1-9-9 所示的位置，此时的“图层”面板如图 1-9-10 所示。

6．选中“图层 1”，按 Ctrl+M 组合键（菜单法：执行“图像”→“调整”→“曲线”命令）打开“曲线”对话框，并按图 1-9-11 对曲线进行调整，单击“确定”按钮后，得到图 1-9-12 所示的效果。

7．按 C 快捷键，激活“裁剪工具”，移动上方裁剪框，如图 1-9-13 所示。双击即可确定裁剪，裁剪后的最终效果如图 1-9-14 所示。

图 1-9-9　置入“天空.jpg”素材

图 1-9-10　“图层”面板

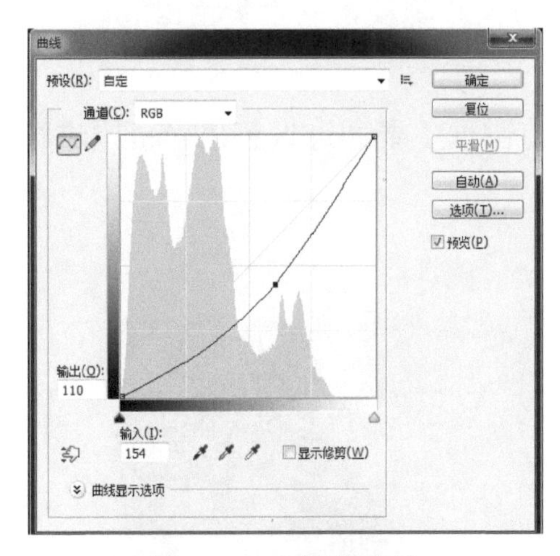

图 1-9-11　调整曲线

图 1-9-12　调整曲线后的效果

图 1-9-13　移动裁剪框

图 1-9-14　裁剪后的最终效果

小知识 | 裁剪工具

裁剪是指移去部分图像，以突出或加强构图效果的过程。

使用裁剪工具可以划定保留区域，将区域以外部分裁剪掉，起到重新定义画布大小的作用。

三、保存文件

按 Ctrl+S 组合键保存文件（菜单法：执行“文件”→“存储为”命令），在弹出的对话框中，输入文件名“校园换天空”，格式选择“.jpg”。

1.10 拓展练习：广美校园

- 素　材：素材包→Ch01 图像与选区→1.10 拓展练习：广美校园→素材
- 效果图：素材包→Ch01 图像与选区→1.10 拓展练习：广美校园→广美校园.jpg

图 1-10-1 所示为更换广美校园天空后的效果图，该图像主要通过调整色彩范围进行抠图，并完成天空的有效更换。

1. 打开“广美校园.jpg”素材，如图 1-10-2 所示。

图 1-10-1　广美校园天空效果图

图 1-10-2　“广美校园.jpg”素材

2. 执行“选择”→“色彩范围”命令，则弹出“色彩范围”对话框，单击天空区域进行取样，并调整颜色容差值为 140，并选中“反相”复选框，如图 1-10-3 所示。单击“确定”按钮后得到图 1-10-4 所示的选区（若选区不完全正确，可以利用魔棒工具、套索工具或选框工具进行增加或减少）。
3. 选中“背景”图层，置入“天空.jpg”素材，按 Ctrl+T 组合键对素材进行自由变换，通过适当缩放并将素材移动到图 1-10-5 所示的位置，此时的“图层”面板如图 1-10-6 所示。
4. 完成操作，保存文件。

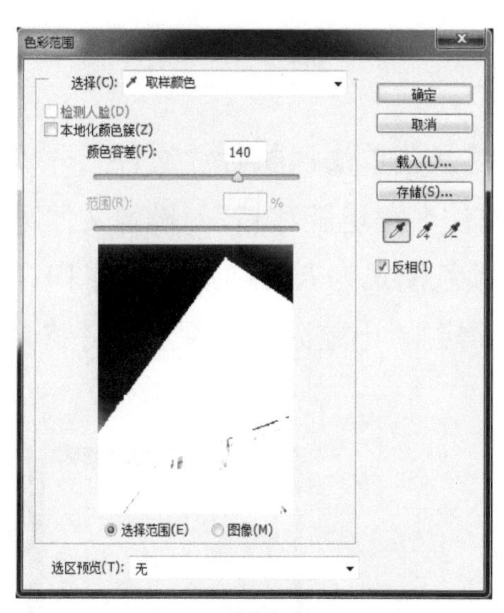

图 1-10-3 “色彩范围”对话框

图 1-10-4 选区

图 1-10-5 置入“天空.jpg”素材

图 1-10-6 “图层”面板

1.11 图像与选区：电脑冰箱

- 难易程度：★★☆☆
- 教学重点：多边形套索工具
- 教学难点：自由变换工具的使用
- 实例描述：运用多边形套索工具选出冰箱的一部分，通过自由变换命令调整大小，运用磁性套索工具选出苹果
- 实例文件：

素　　材：素材包→Ch01 图像与选区→1.11 电脑冰箱→素材

效 果 图：素材包→Ch01 图像与选区→1.11 电脑冰箱→电脑冰箱.jpg

一、新建文件

1．打开 Photoshop CS6 软件，按 Ctrl+N 组合键（菜单法：执行“文件”→“新建”命令），打开“新建”对话框，新建一个文件，输入文件名“电脑冰箱”，设置文件宽度为 11.5 厘米，高度为 16 厘米，分辨率为 300 像素/英寸，颜色模式为 RGB 颜色，如图 1-11-1 所示。

2．将素材“电脑冰箱.jpg”拖到新建文件中，得到“电脑冰箱”图层，并将素材往左移动，如图 1-11-2 所示。

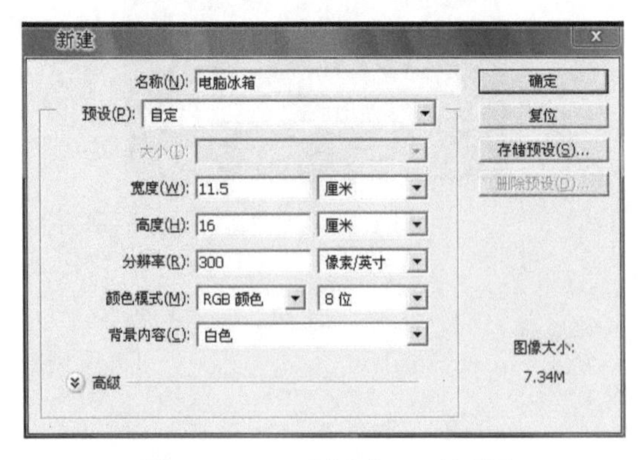

图 1-11-1　“新建”对话框

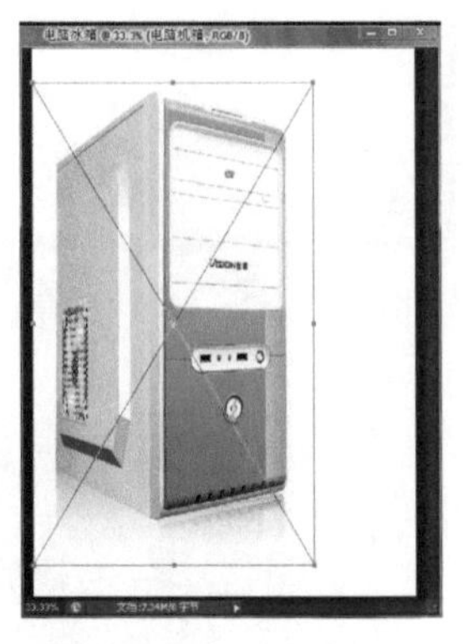

图 1-11-2　导入素材

二、选出冰箱局部

1．按 Ctrl+O 组合键（菜单法：执行“文件”→“打开”命令），在弹出的“打开”对话框中，打开文件名为“电脑冰箱.jpg”的素材。

2．按 L 快捷键，工具转换为工具箱中的“套索工具”，单击“套索工具”图标（或长按鼠标左键），在弹出的菜单中选择“多边形套索工具”，如图 1-11-3 所示。

3．沿着冰箱边缘，创建多边形选区，如图 1-11-4 所示。

图 1-11-3　套索工具

图 1-11-4　创建选区

4．按 Ctrl+C 组合键（菜单法：执行“编辑”→“拷贝”命令），选中新建的“电脑冰箱”

文件，按 Ctrl+V 组合键（菜单法：执行“编辑”→“粘贴”命令）将复制的内容粘贴到“电脑冰箱”窗口图层上，得到“图层 1”，如图 1-11-5 所示。

5．按 Ctrl+T 组合键（菜单法：执行“编辑”→“自由变换”命令），按住 Shift 键，向右上角拖到适合位置，如图 1-11-6 所示。

图 1-11-5 “图层”面板

图 1-11-6 自由变换

提示：自由变换与等比例缩放

按 Ctrl+T 组合键可以实现自由变换，按住 Shift 键可以实现等比例缩放。

三、创建“苹果”选区

1．按 Ctrl+O 组合键，打开文件名为“苹果.jpg”的素材，选择“矩形选框工具”，如图 1-11-7 所示。在苹果文件中从左上方往右下方拖动，创建图 1-11-8 所示的选区。

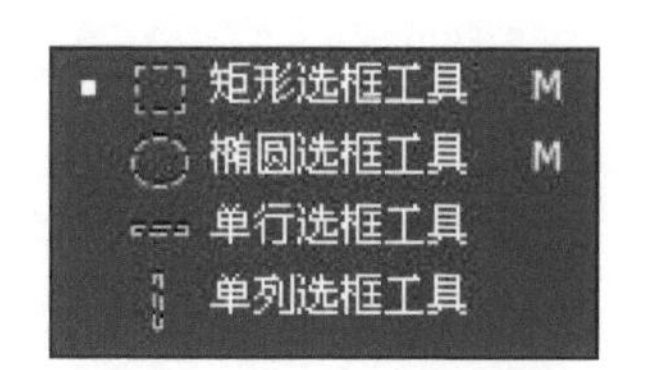

图 1-11-7 选框工具

图 1-11-8 框选素材

小知识 | 选框工具组

矩形选框工具：它是选框工具中较为常用的，运用的时候只需要在起始点按住鼠标左键不放，然后向任意方向拖动就可以拉出矩形选区，如果再配合一些键（如“Shift”“Alt”等），就可以拉出正方形选区或以起始点为中心向外扩展的任意矩形。

椭圆选框工具：它与矩形选框工具类似，不同的是，其椭圆选框工具只能拉出椭圆或正圆选区，只有配合一些快捷键才可以拉出一些不规则的选区。

单行选框工具和单列选框工具：它们主要用来绘制水平线和垂直线，可以用油漆桶工具填充颜色来制作线条，也可以通过“描边”设置像素的大小来制作粗细变化的线条。

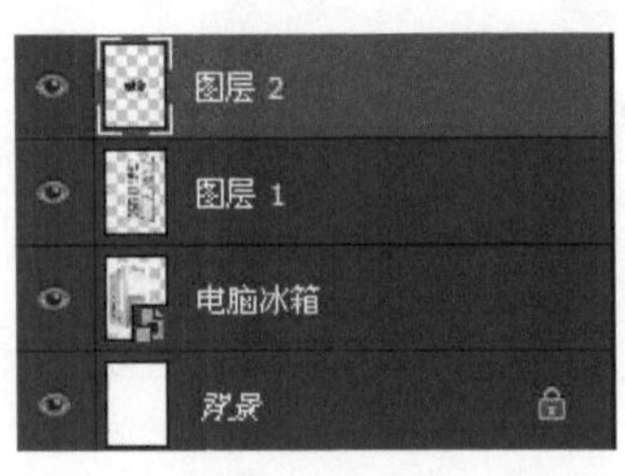

图 1-11-9 “图层”面板

2. 按 Ctrl+C 组合键，选中新建的“电脑冰箱”文件，按 Ctrl+V 组合键，将复制的内容粘贴到“电脑冰箱”文件图层上，得到“图层 2”，如图 1-11-9 所示。

3. 按 Ctrl+T 组合键，拖到右下角的位置，按住 Shift 键，等比例缩放到合适的大小，如图 1-11-10 所示。最终效果如图 1-11-11 所示。

图 1-11-10 自由变换

图 1-11-11 最终效果图

四、保存文件

按 Ctrl+S 组合键保存文件（菜单法：执行“文件”→“存储为”命令），在弹出的对话框中，输入文件名“电脑冰箱”，格式选择“.jpg”。

1.12 拓展练习：小微波炉人

●素　材：素材包→Ch01 图像与选区→1.12 拓展练习：小微波炉人→素材
●效果图：素材包→Ch01 图像与选区→1.12 拓展练习：小微波炉人→小微波炉人.jpg

图 1-12-1 所示为小微波炉人效果图，该图形主要通过魔术棒、椭圆选框工具、多边形套索工具等来完成。

1．新建文件，设置文件大小为 1920 像素×1200 像素，分辨率为 300 像素/英寸，将素材“背景.jpg”拖到新建文件中，得到背景图层，如图 1-12-2 所示。

图 1-12-1　小微波炉人效果图

图 1-12-2　背景图层

2．按 Ctrl+O 组合键打开素材“纸盒人.jpg”，运用“魔棒工具”选中白色的区域，按 Ctrl+Shift+I 组合键进行反向选择，得到反选区域，如图 1-12-3 所示。按 Ctrl+C 组合键复制选区内图像，选择新建文件，按 Ctrl+V 组合键粘贴，得到“图层 1”，按 V 快捷键，工具自动切换为“移动工具”，用移动工具将图像移动到右侧，如图 1-12-4 所示。

图 1-12-3　反选区域

图 1-12-4　移动图像

3．按 Ctrl+O 组合键打开素材“微波炉.jpg”，运用“多边形套索工具”选中微波炉的前面创建选区，如图 1-12-5 所示。把选区内图像复制粘贴到新建文件上，得到“图层 2”，将图像移动到右侧，按 Ctrl+T 组合键对图像进行自由变换，并按住 Shift 键调整到合适的位置，如图 1-12-6 所示。

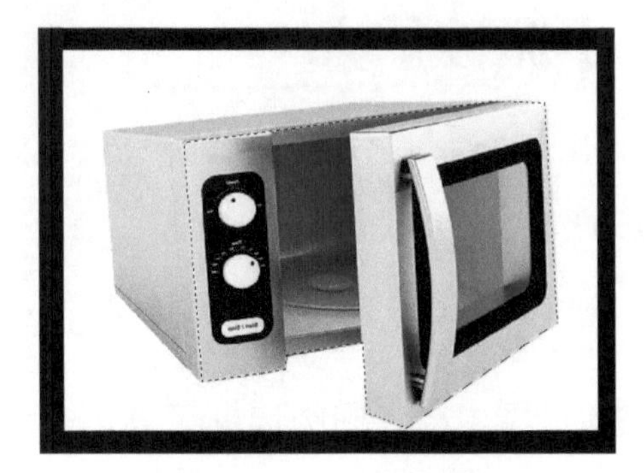

图 1-12-5　创建选区

图 1-12-6　调整位置

4．按 Ctrl+O 组合键打开素材“小黄人.jpg”，运用“椭圆选框工具”选择左侧眼睛创建选区，如图 1-12-7 所示，将其复制粘贴到新建文件上，得到“图层 3”，并调整其大小和位置。采用同样的方法将右侧眼睛复制粘贴到新建文件上，得到“图层 4”，并调整其大小和位置，如图 1-12-8 所示。

图 1-12-7　选择左侧眼睛

图 1-12-8　复制右侧眼睛

5．完成操作，保存文件。

1.13　图像与选区：茶叶包装立体盒

- 难易程度：★★☆☆
- 教学重点：矩形选框工具
- 教学难点：对选区内容进行自由变换
- 实例描述：运用矩形选框工具选出包装盒平面图各个局部，对局部进行扭曲变形，调整各图层的图层混合模式，完成茶叶包装立体盒效果图
- 实例文件：

素　　材：素材包→Ch01 图像与选区→1.13 茶叶包装立体盒→素材

效 果 图：素材包→Ch01 图像与选区→1.13 茶叶包装立体盒→茶叶包装立体盒.jpg

一、打开文件

打开 Photoshop CS6 软件，按 Ctrl+O 组合键，分别打开素材“茶叶包装平面图.jpg”“立体效果图.jpg”。

二、制作茶叶包装立体盒

1．选中“茶叶包装平面图.jpg”窗口，把图像放大到适合裁剪的大小，按 M 快捷键，选择“矩形选框工具”，在图 1-13-1 所示的位置建立选区。

2．按住 Ctrl 键和鼠标左键（或应用复制粘贴完成）将图像拖到“立体效果图.jpg”素材上，得到“图层 1”，如图 1-13-2 所示。

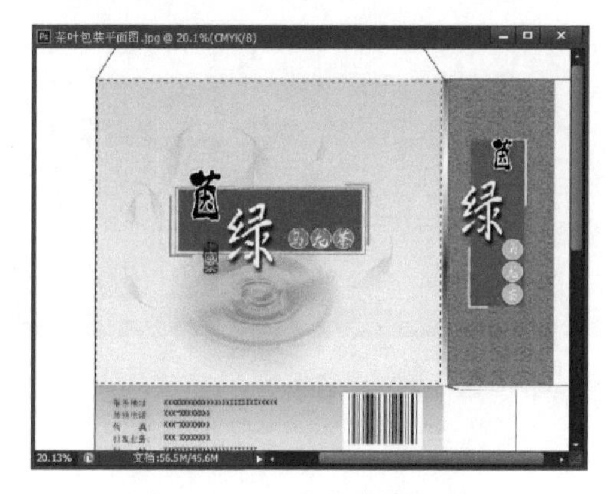

图 1-13-1　选择矩形选框

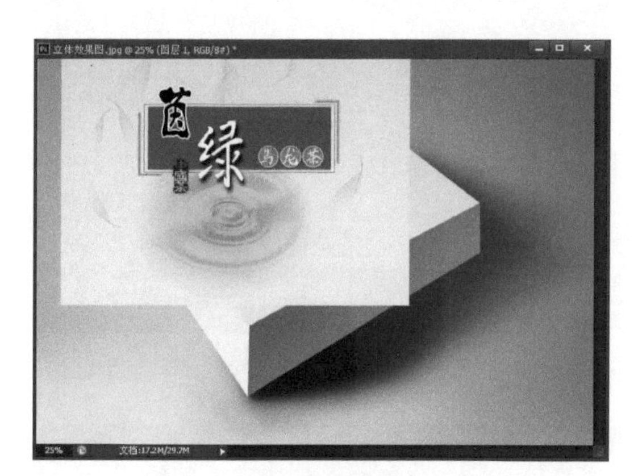

图 1-13-2　复制选区内容

提示：窗口快速放大或缩小

按住 Alt 键，向上滚动鼠标滚轮为放大，向下滚动鼠标滚轮为缩小。放大后若需查看图像中任意位置的内容，可在按住键盘空格键的同时，按住鼠标左键进行拖动。

3．先按 Ctrl+T 组合键再按 Shift 键将图像等比例缩放并放置到中心位置，如图 1-13-3 所示。按住 Ctrl 键不放，将鼠标指针移到区域左上角，此时鼠标指针由黑色图标▶变成白色图标▷，这时把左上角移到图 1-13-4 所示的位置。采用同样的方法把另外 3 个角也与立体效果图的角重叠在一起，如图 1-13-5 所示。双击鼠标左键或者按键盘的 Enter 键完成编辑。

提示：注意放大和缩小窗口来调整变换点

要把 4 个变换点都与物体的角精确贴近，就需要放大或缩小窗口来调整。

4．要让拼贴出来的图像的光影效果更加符合立体图的光影，就需要调整图层混合模式，具体操作方法是，在“图层 1”上方单击“正常”模式，在弹出的下拉列表中选择“正片叠底”，如图 1-13-6 所示。

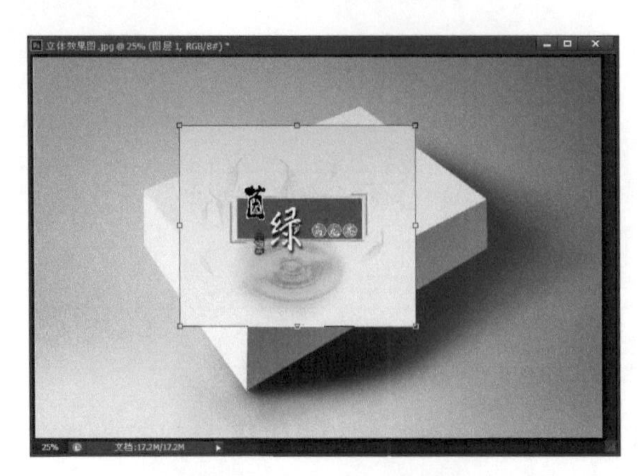

图 1-13-3　等比例缩放

图 1-13-4　将一角放大视图比较

图 1-13-5　移动其他 3 个控制点

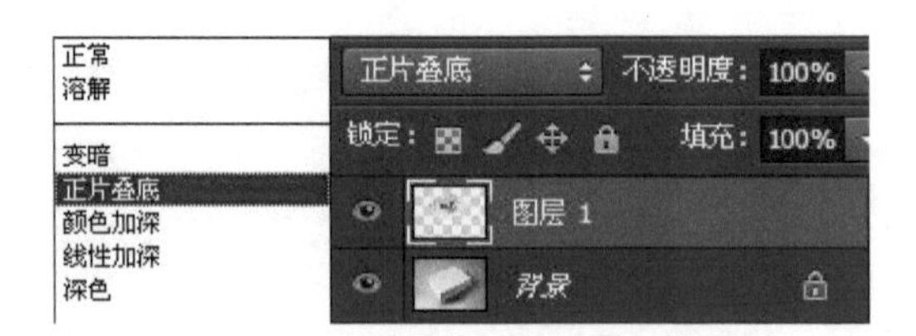

图 1-13-6　设置图层混合模式

小知识 | 图层混合模式

（1）图层混合模式决定当前图层中的像素与其下面图层中的像素以何种模式进行混合，简称图层模式。

（2）图层默认的混合模式为“正常”。

（3）“正片叠底”模式在图像合成方面应用居多，下层素材的深浅取决于上层素材的深浅，就是说深色出现，浅色不出现，以便于合成后更能贴近物体的明暗效果。

5. 运用步骤 2 的方法，把区域 2 的图像按图 1-13-7 所示复制粘贴到"立体效果图.jpg"素材上，生成"图层 2"，通过自由变换和调整图像的透视来制作图像的透视效果，如图 1-13-8 所示。双击鼠标左键或者按键盘的 Enter 键完成编辑，最后设置图层混合模式为"正片叠底"，效果如图 1-13-9 所示。

6. 运用步骤 2 的方法，把区域 3 的图像按图 1-13-7 所示复制粘贴到"立体效果图.jpg"素材上，生成"图层 3"，通过自由变换和调整图像的透视来制作图像的透视效果，如图 1-13-10 所示。双击鼠标左键或者按键盘的 Enter 键完成编辑，最后设置图层混合模式为"正片叠底"，效果如图 1-13-11 所示，最终效果如图 1-13-12 所示。

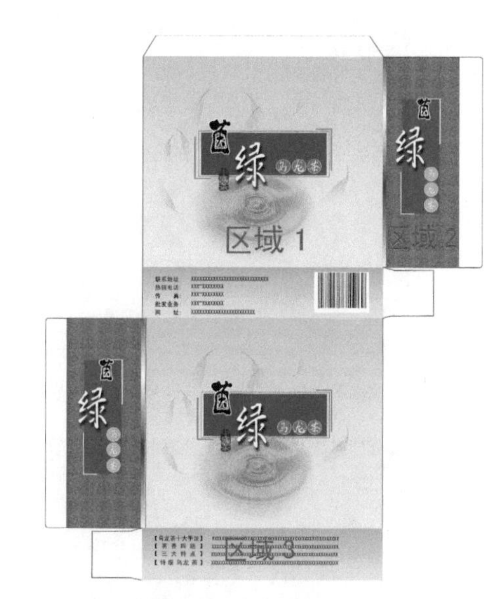

图 1-13-7　区域 1～3

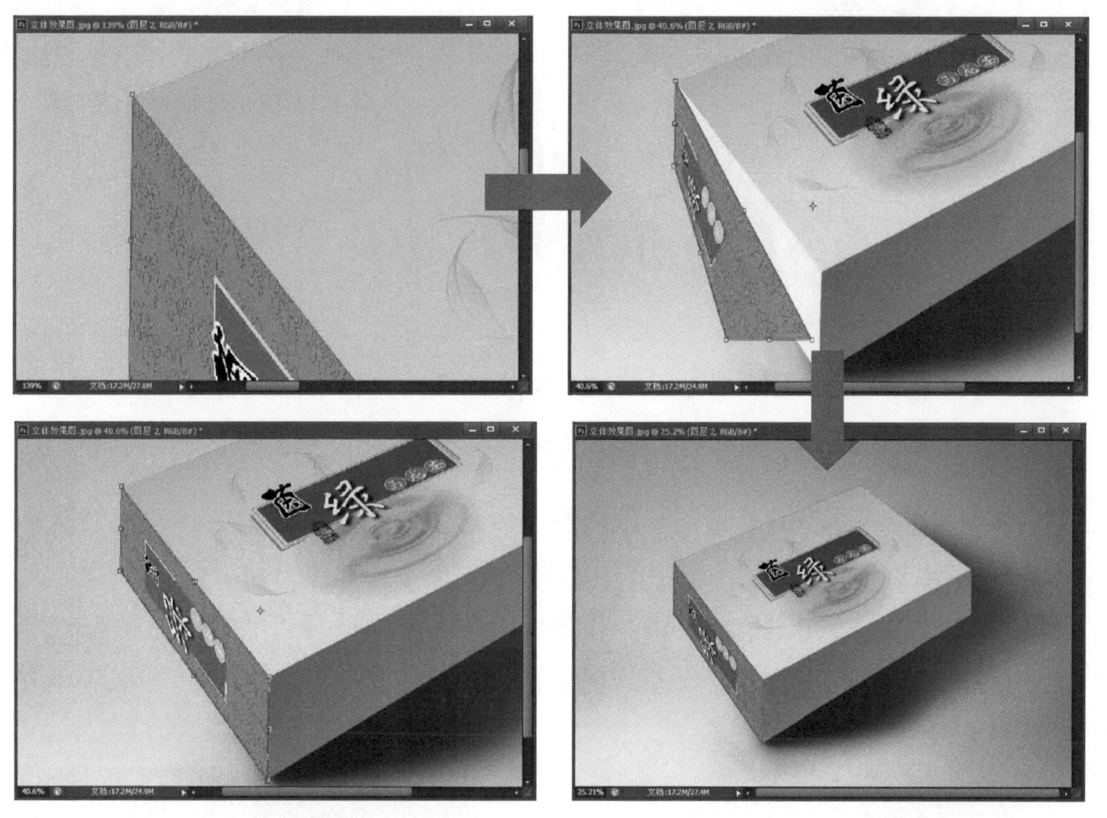

图 1-13-8　自由变换过程　　　图 1-13-9　正片叠底效果

三、保存文件

按 Ctrl+S 组合键保存文件（菜单法：执行"文件"→"存储为"命令），在弹出的对话框中，输入文件名"茶叶包装立体盒"，格式选择".jpg"。

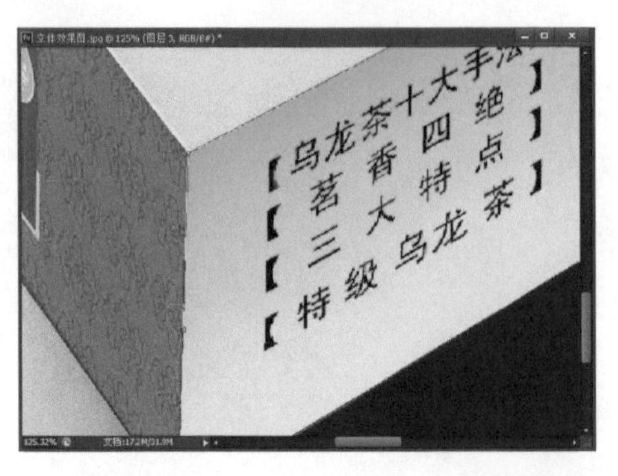

图 1-13-10　自由变换完成透视效果

图 1-13-11　设置正片叠底后的效果

图 1-13-12　最终效果图

1.14 拓展练习：立体书籍

● 素　材：素材包→Ch01 图像与选区→1.14 拓展练习：立体书籍→素材
● 效果图：素材包→Ch01 图像与选区→1.14 拓展练习：立体书籍→立体书籍.jpg

图 1-14-1 所示为立体书籍效果图，该图形主要通过运用矩形选框工具选出书籍平面图局部，对局部进行扭曲变形，调整各图层的图层混合模式得到立体书籍。

1．分别打开“立体效果图.jpg”和“书籍平面图.jpg”，选择“书籍平面图.jpg”窗口。

2．运用“矩形选框工具”选择书籍正面创建选区，如图 1-14-2 所示，并拖到“立体效果图.jpg”窗口中生成“图层 1”。

图 1-14-1　立体书籍效果图

图 1-14-2　创建矩形选区

3．按 Ctrl+T 组合键将图层 1 中的图像移动至合适位置，按住 Ctrl 键，单击，把 4 个角移动至与下方立体效果图 4 个角的位置一致，双击完成编辑，如图 1-14-3 所示。

4．将“图层 1”的混合模式调整为“正片叠底”，如图 1-14-4 所示。

图 1-14-3　自由变换（一）

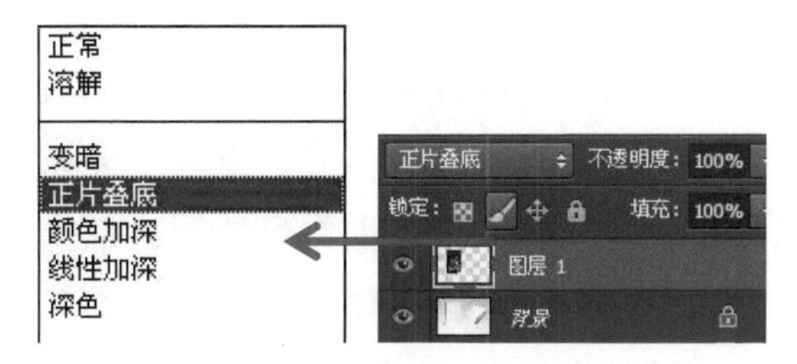

图 1-14-4　设置正片叠底

5．运用“矩形选框工具”选择书籍背面创建选区，如图 1-14-5 所示。

6．将选中的书籍背面拖到“立体效果图.jpg”窗口中，生成“图层 2”，按 Ctrl+T 组合键移动至合适位置，按住 Ctrl 键，单击，把 4 个角移动至与下方一致，双击完成编辑，如图 1-14-6 所示。将“图层 2”的混合模式调整为“正片叠底”。

图 1-14-5　创建矩形选区

图 1-14-6　自由变换（二）

7．采用上述的方法分别完成图 1-14-7 所示书脊 1 和图 1-14-8 所示书脊 2 的制作。

图 1-14-7　制作书脊 1

图 1-14-8　制作书脊 2

8．完成操作，保存文件。

1.15 图像与选区：创意 T 恤

- 难易程度：★★☆☆
- 教学重点：运用多种选区工具绘制选区
- 教学难点：对选区的操作及对图像的自由变换
- 实例描述：使用魔棒工具、多边形套索工具和磁性套索工具对各类图形绘制选区，并抠出图像，通过自由变换等命令进行变形，完成创意 T 恤

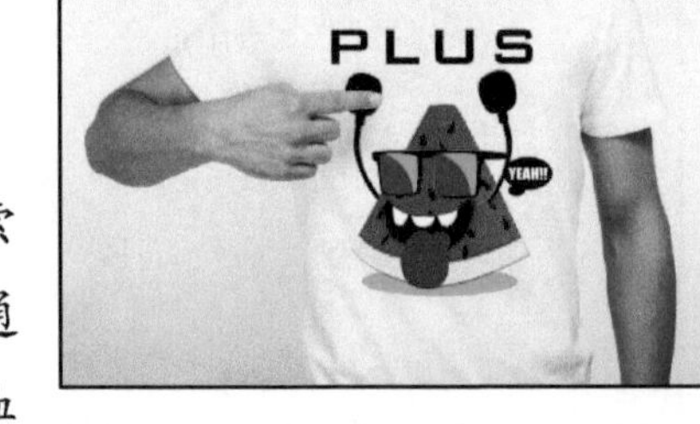

- 实例文件：

素　　材：素材包→Ch01 图像与选区→1.15 创意 T 恤→素材

效 果 图：素材包→Ch01 图像与选区→1.15 创意 T 恤→创意 T 恤.jpg

一、打开文件

打开 Photoshop CS6 软件，按 Ctrl+O 组合键（菜单法：执行“文件”→“打开”命令），弹出“打开”对话框，如图 1-15-1 所示。选择“素材 1-T 恤.jpg”，即可打开该文件，如图 1-15-2 所示。

图 1-15-1　“打开”对话框

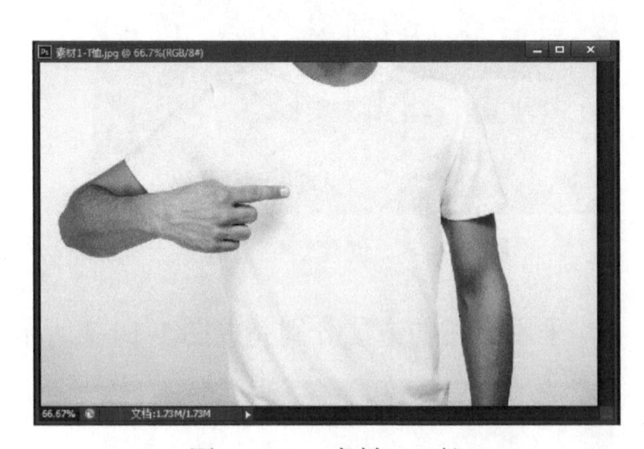

图 1-15-2　素材 1-T 恤

二、处理西瓜素材

1. 按 Ctrl+O 组合键（菜单法：执行“文件”→“打开”命令），打开“素材 2-西瓜.jpg”，如图 1-15-3 所示。

2. 按 W 快捷键，使用工具箱中的“快速选择工具”，右击该图标（或长按鼠标左键），在弹出的菜单中选择“魔棒工具”，菜单栏下方出现图 1-15-4 所示的魔棒属性栏，默认容差值为 32，选中“连续”复选框，单击素材中的白色背景，得到图 1-15-5 所示的选区。

图 1-15-3　素材 2-西瓜

图 1-15-4　魔棒属性栏

小知识 | 容差

魔棒工具是选取相同或相近颜色作为选区的工具。容差为与选定像素的差异，其数值为 0～255。值较小，则会选择与所单击像素非常相似的少数几种颜色，即选取的颜色范围较小；值较大，则会选择范围更广的颜色，即选取的颜色范围较大。

消除锯齿：创建较平滑边缘选区。

连续：只选择邻近选区的相同颜色。若不勾选，将会选中整个图像中相同颜色的所有像素。

3．按 Ctrl+Shift+I 组合键进行反向选择（菜单法：执行“选择”→“反向”命令），得到图 1-15-6 所示的选区。按 Shift+F6 组合键（菜单法：执行“选择”→“修改”→“羽化”命令），在弹出的“羽化选区”对话框中将羽化半径设置为 1 像素，如图 1-15-7 所示。

图 1-15-5　运用魔棒后的选区

图 1-15-6　反向后的选区

4．按 V 快捷键，鼠标指针自动转换成“移动工具”，用移动工具将羽化后的西瓜选区内图像拖入“素材 1-T 恤.jpg”文件中，得到“图层 1”，如图 1-15-8 所示。

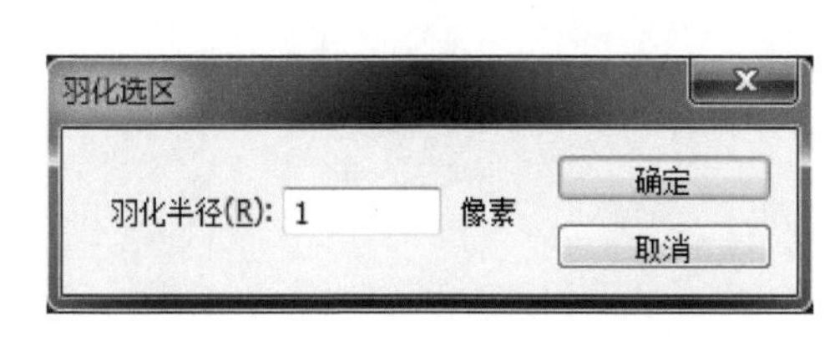

图 1-15-7　“羽化选区”对话框

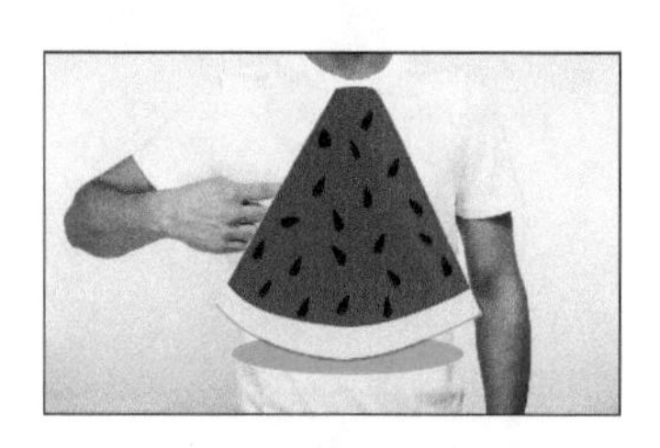

图 1-15-8　将西瓜选区内图像拖入 T 恤素材

5．按 Ctrl+T 组合键进行自由变换，将抠出的西瓜图像缩小并移动到图 1-15-9 所示的位置。

图 1-15-9　自由变换西瓜素材

三、处理嘴巴素材

图 1-15-10　素材 3-嘴巴

1．按 Ctrl+O 组合键（菜单法：执行“文件”→“打开”命令），打开“素材 3-嘴巴.jpg”，如图 1-15-10 所示。

2．按 W 快捷键，选择“魔棒工具”，在属性栏里设置容差为 100，取消选中“连续”复选框，如图 1-15-11 所示。

3．用魔棒工具单击“素材 3-嘴巴.jpg”的背景，若背景选择不完整，可以按住 Shift 键对选区进行加选，直到背景被全部选择，如图 1-15-12 所示。

图 1-15-11　魔棒属性栏

4．按 Ctrl+Shift+I 组合键进行反向选择（菜单法：执行“选择”→“反向”命令），得到所需选区。按 Shift+F6 组合键打开“羽化选区”对话框（菜单法：执行“选择”→“修改”→“羽化”命令），设置羽化半径值为 1 像素。

5．按 V 快捷键，鼠标指针自动转换成“移动工具”，用移动工具将羽化后的嘴巴选区拖入“素材 1-T 恤.jpg”文件中，得到“图层 2”。按 Ctrl+T 组合键进行自由变换，将抠出的嘴巴图像缩小并移动到图 1-15-13 所示的位置。

图 1-15-12　运用魔棒后的选区

图 1-15-13　自由变换嘴巴素材

四、处理眼镜素材

1．按 Ctrl+O 组合键，打开“素材 4-眼镜.jpg”。按 W 快捷键选择“魔棒工具”，在属性栏里设置容差为 15，选中“连续”复选框，单击眼镜素材中的蓝色背景，按 Shift 键加选眼镜底部的灰色区域，如图 1-15-14 所示。

提示：操作小技巧

如果用默认容差值 32，虽然选择区域较快，但抠出的眼镜下方会出现图 1-15-15 所示的蓝色线，所以这时可以选择相对较小的容差值，精心选出蓝色线，抠出图形。

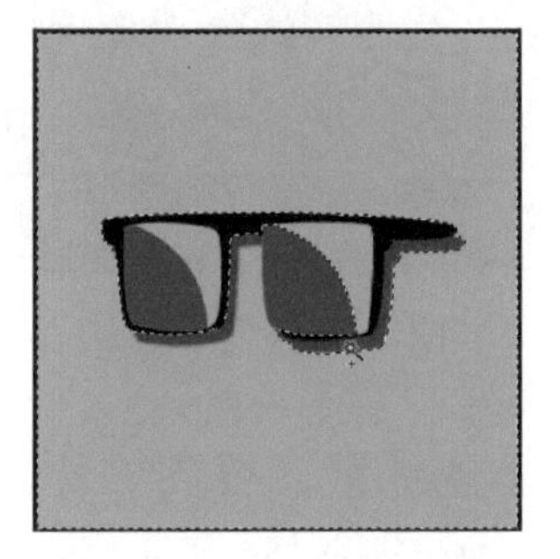

图 1-15-14　增加选区

图 1-15-15　出现蓝色线

2．按 Ctrl+Shift+I 组合键进行反向选择，得到所需选区。按 Shift+F6 组合键打开“羽化选区”对话框，设置羽化半径值为 1 像素。

3．用移动工具将羽化后的嘴巴选区拖入“素材 1-T 恤.jpg”文件中，得到“图层 3”。按 Ctrl+T 组合键进行自由变换，将抠出的眼镜图像缩小并移动到图 1-15-16 所示的位置。

图 1-15-16　自由变换眼镜素材

五、处理耳机素材

1．按 Ctrl+O 组合键，打开“素材 5-耳机.jpg”。按 W 快捷键，选择“魔棒工具”，在属性栏里设置容差值为 10，选中“连续”复选框，单击“耳机”素材中的白色背景。

2．按 Ctrl+Shift+I 组合键进行反向选择，抠出耳机选区。

3．按 D 快捷键，还原前景色和背景色为黑白色，此时前景色为黑色。按 Alt+Delete 组合键以当前前景色填充选区，效果如图 1-15-17 所示。

4．按 Ctrl+J 组合键将素材复制到新的图层，得到“图层 1”，隐藏“背景”图层，如图 1-15-18 所示。

图 1-15-17　填充“耳机”选区

图 1-15-18　“图层”面板（一）

5．选择“多边形套索工具”，绘制出图 1-15-19 所示的选区，得到“耳麦”选区。

6．用移动工具将选择好的“耳麦”选区拖入“素材 1-T 恤.jpg”文件中，得到“图层 4”。按 Ctrl+T 组合键进行自由变换，将抠出的耳麦图像进行缩小、旋转并移动到图 1-15-20 所示的位置。

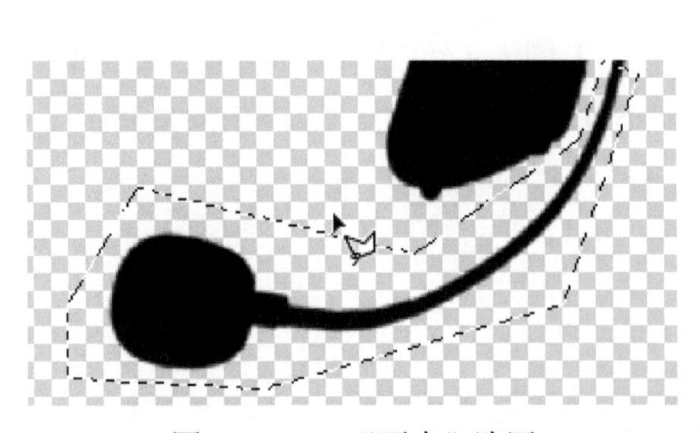

图 1-15-19　“耳麦”选区

图 1-15-20　自由变换“耳麦”素材

7．将耳麦图像所在的“图层 4”移到“图层 1”西瓜素材的下方，如图 1-15-21 所示。按 Ctrl+J 组合键将“图层 4”复制得到“图层 4 副本”。

8．按 Ctrl+T 组合键进行自由变换，使“图层 4 副本”水平翻转，并移动到图 1-15-22 所示的位置。

9．隐藏左边耳麦图像所在的“图层 4”，选择“背景”图层，用磁性套索工具选中图 1-15-23 所示的手指头选区，按 Shift+F6 组合键打开“羽化选区”对话框，设置羽化半径值为 1 像素。恢复“图层 4”的小眼睛图标，选中“图层 4”，按 Delete 快捷键删除相应内容，得到图 1-15-24 的效果。

图 1-15-21 “图层”面板（二）

图 1-15-22 水平翻转后的效果

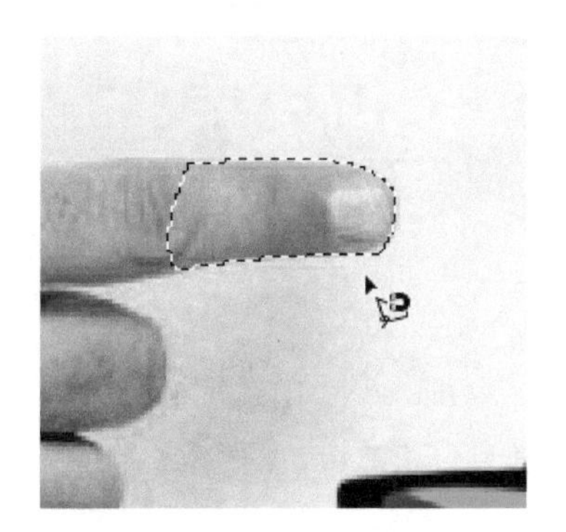

图 1-15-23 手指头选区

图 1-15-24 删除选区后的效果

小知识 | 磁性套索工具

选择磁性套索工具后的属性栏如图 1-15-25 所示。

宽度：用来指定检测宽度，可以在“宽度”文本框中输入像素值。磁性套索工具只检测从指针开始指定距离以内的边缘。

对比度：要指定套索对图像边缘的灵敏度，可以在对比度中输入 1%～100%的值。输入较大的数值将只检测与其周边对比鲜明的边缘，输入较小的数值将检测低对比度边缘。

频率：若要指定套索以什么频率设置紧固点，可以在“频率”文本框中输入 0～100 的数值，输入较大的数值会更快地固定选区边框。在边缘精确的图像上，可以试用更大的宽度和更高的边对比度，然后大致地跟踪边缘，在边缘较柔和的图像上，可尝试使用较小的宽度和较低的边对比度，然后更精确地跟踪边框。

光笔压力：在使用光笔绘图板时，可以选择或取消选择“光笔压力”选项。选中了该选项，表示增大光笔压力，将导致边缘宽度减小。在创建选区时，按右方括号键“]”可将磁性套索边缘宽度增大 1 像素，按左方括号键“[”可将宽度减小 1 像素。

图 1-15-25 磁性套索属性栏

六、处理文字素材

1．按 Ctrl+O 组合键，打开“素材 6-plus.jpg”，如图 1-15-26 所示。

2．按 W 快捷键选择“魔棒工具”，在属性栏里设置容差值为 32，取消选中“连续”复选框，用魔棒工具单击“素材 6-plus.jpg”的背景。

3．按 Ctrl+Shift+I 组合键进行反向选择，得到所需选区。

4．按 V 快捷键，鼠标指针自动转换成“移动工具”，用移动工具将羽化后的文字选区拖入“素材 1-T 恤.jpg”文件中，得到“图层 5”。按 Ctrl+T 组合键进行自由变换，将抠出的文字图像缩小并移动到图 1-15-27 所示的位置。

图 1-15-26　素材 6-plus.jpg

图 1-15-27　自由变换文字素材

七、保存文件

按 Ctrl+S 组合键保存（菜单法：执行“文件”→“存储为”命令），在弹出的对话框中，输入文件名“创意 T 恤”，格式选择“.jpg”。

1.16　拓展练习：水果自行车

●素　材：素材包→Ch01 图像与选区→1.16 拓展练习：水果自行车→素材

●效果图：素材包→Ch01 图像与选区→1.16 拓展练习：水果自行车→水果自行车.jpg

图 1-16-1　水果自行车效果图

图 1-16-1 所示为水果自行车效果图，该图形主要通过魔棒工具、套索工具和矩形选框工具抠出各个图像，再通过自由变换命令完成变形。

1．新建文件（1200 像素×800 像素，分辨率为 200 像素/英寸）。

2．打开各素材，如图 1-16-2（a）～（f）所示。

3．利用魔棒工具、套索工具、矩形选框工具等，将图 1-16-2（a）～（e）所示的图像抠出，通过自由变换命令将抠出的图像缩小、旋转、移动到图 1-16-1 所示的合适位置。

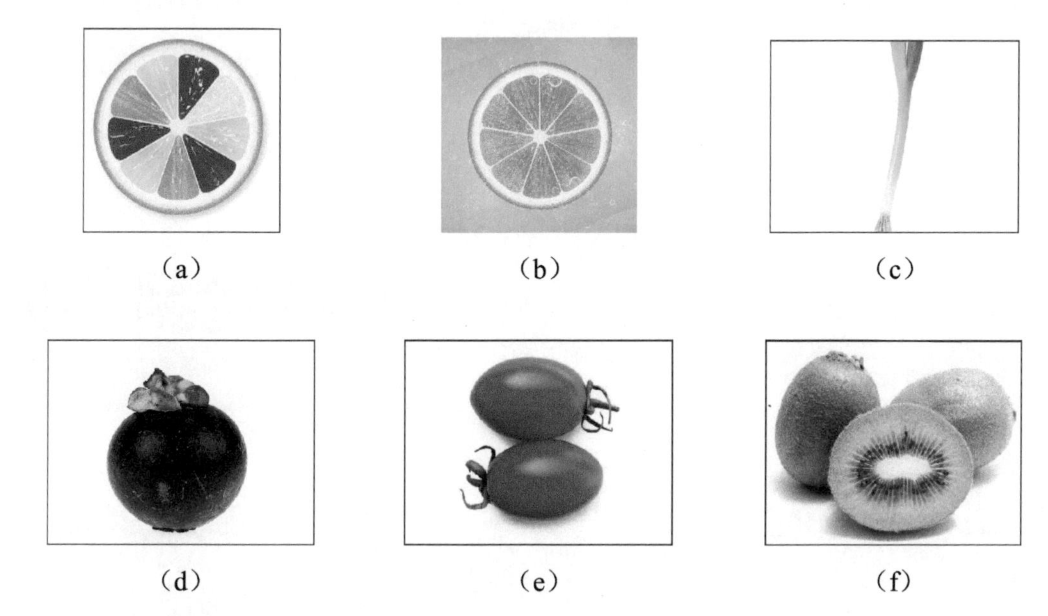
（a） （b） （c）
（d） （e） （f）

图 1-16-2　打开各素材

提示：操作小技巧

（1）素材（a）、素材（d）用魔棒工具抠图，素材（b）用磁性套索工具抠图，素材（c）先用魔棒工具再用多边形套索工具或矩形工具抠图。

（2）素材（e）可先裁剪保留上方的水果，再使用魔棒工具抠图。

（3）素材（f）用磁性套索工具抠出带切面的猕猴桃图像，再用矩形选框工具修剪后抠出所需要的图像。

4．完成操作，保存文件。

Chapter 2

第 2 章

图像绘制与修饰

案例讲解

- ◎ 2.1 水晶球
- ◎ 2.3 梦幻背景
- ◎ 2.5 风景绘制
- ◎ 2.7 旋转花朵

拓展案例

- ◎ 2.2 七彩光盘
- ◎ 2.4 星空
- ◎ 2.6 云海
- ◎ 2.8 七彩光圈

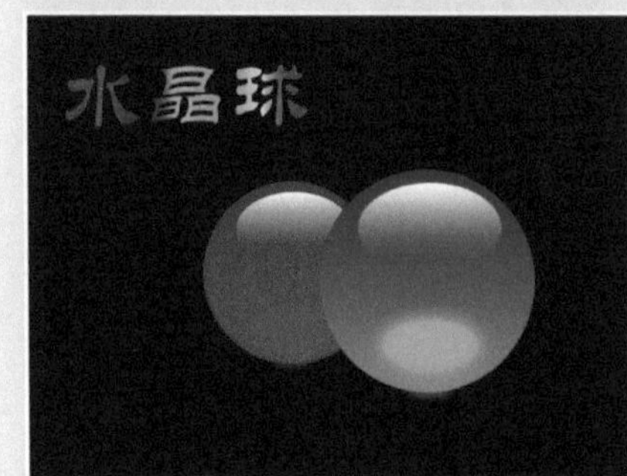

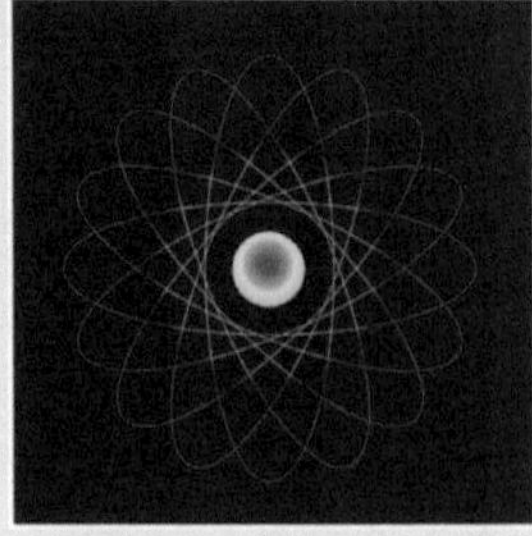

 图像绘制与修饰：水晶球

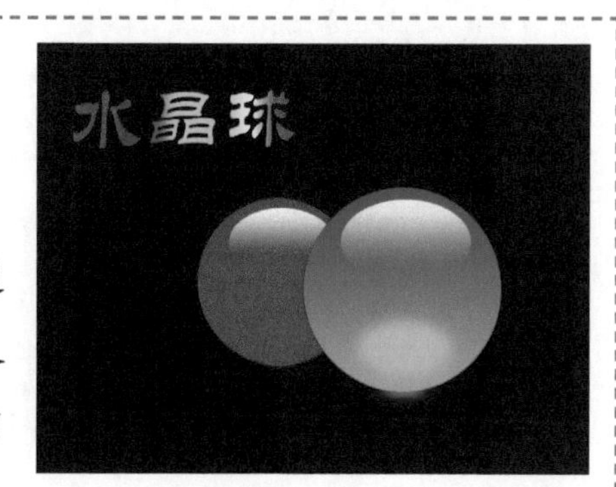

● 难易程度：★★☆☆

● 教学重点：渐变工具

● 教学难点：渐变工具的设置与应用

● 实例描述：运用椭圆工具、渐变工具、文字工具，并通过对“渐变编辑器”对话框中颜色的修改及渐变类型的设置，完成水晶球及相关文字的渐变特效

● 实例文件：

效 果 图：素材包→Ch02 图像绘制与修饰→2.1 水晶球→水晶球.jpg

一、新建文件，绘制渐变正圆

1．打开 Photoshop CS6 软件，按 Ctrl+N 组合键（菜单法：执行“文件”→“新建”命令），在弹出的“新建”对话框中，设置文件宽度为 800 像素，高度为 800 像素，分辨率为 300 像素/英寸，颜色模式为 RGB 颜色，背景色为白色，具体参数如图 2-1-1 所示。

2．按 D 快捷键，还原前景色和背景色为黑白色，按 Alt+Delete 组合键，将背景填充为黑色。新建“图层 1”，选择椭圆选框工具，按住 Shift 键，绘制一个正圆，如图 2-1-2 所示。

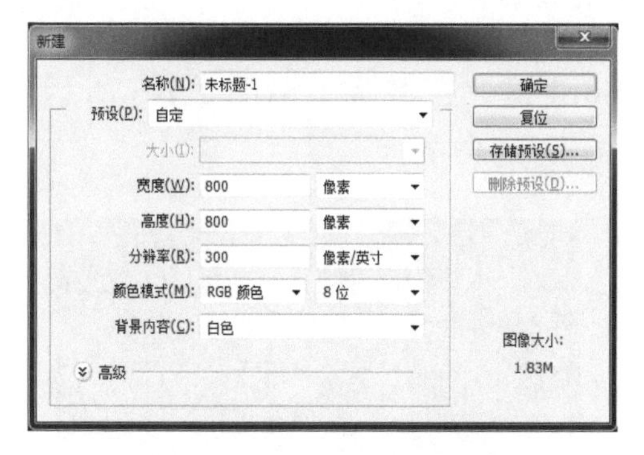

图 2-1-1 “新建”对话框

图 2-1-2 绘制正圆

3．按 G 快捷键，选择“渐变工具”，单击属性栏中的“渐变编辑器”按钮，弹出图 2-1-3 所示的“渐变编辑器”对话框，双击 A 处的色标按钮，在弹出的图 2-1-4 所示的“拾色器”对话框中，在红色方框处输入“0034d0”，单击“确定”按钮。

4．用相同的方法将 B 处的色标值设置为“00a8f3”，这时“渐变编辑器”的颜色效果如图 2-1-5 所示。

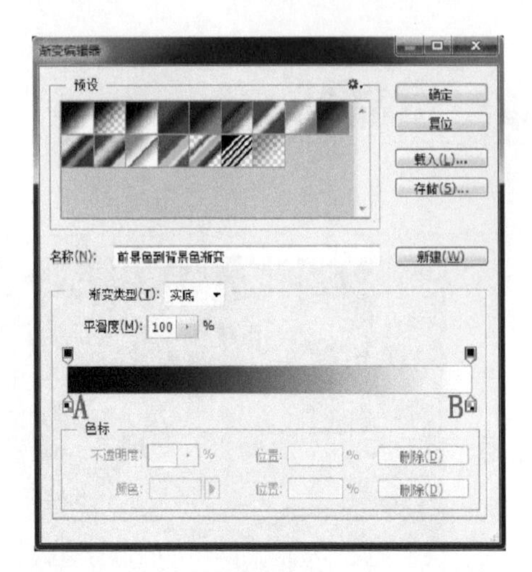

图 2-1-3 “渐变编辑器”对话框

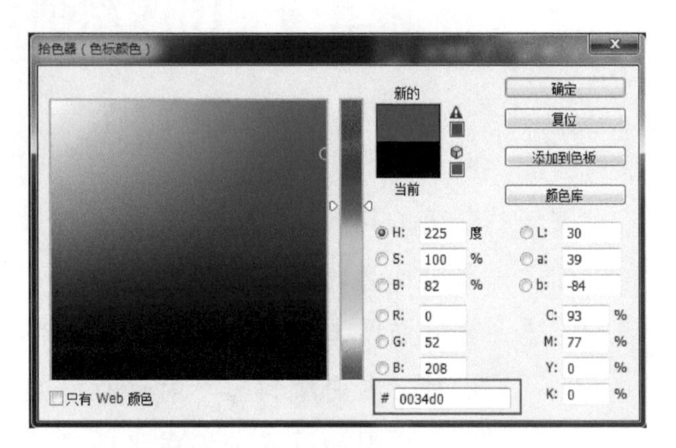

图 2-1-4 “拾色器”对话框

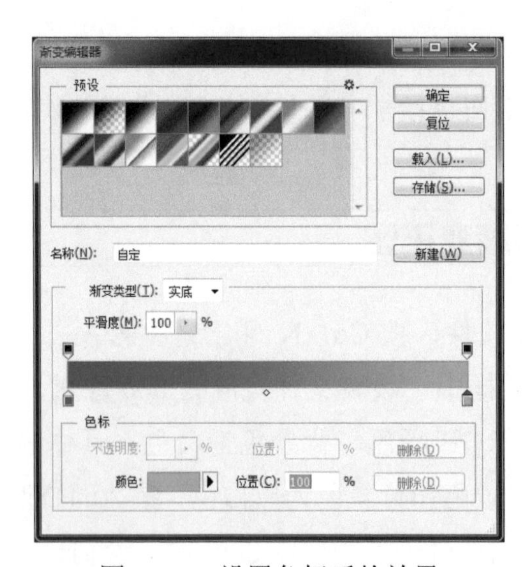

图 2-1-5 设置色标后的效果

5．单击属性栏中的“线性渐变”按钮，按住 Shift 键，在椭圆中沿图 2-1-6 所示方向自上而下进行竖直方向上的线性渐变填充，得到图 2-1-7 所示效果。

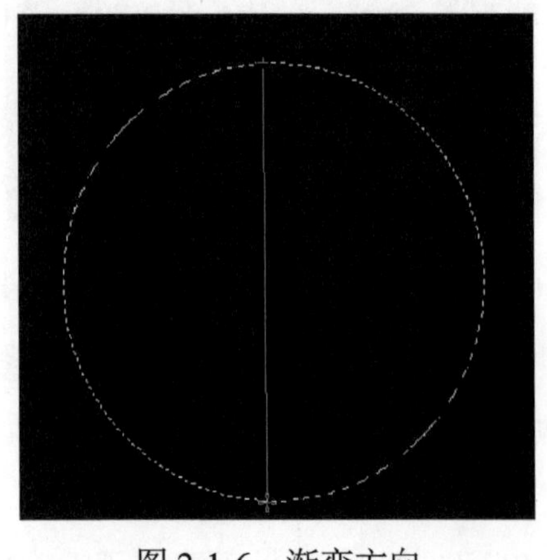

图 2-1-6 渐变方向

图 2-1-7 渐变效果

6．按 Ctrl+D 组合键取消选区。

小知识 | 渐变工具

渐变类型：

线性渐变，可以以直线方式创建从起点到终点的渐变；

径向渐变，可以以圆形方式创建从起点到终点的渐变；

角度渐变，可以创建围绕起点以逆时针扫描方式的渐变；

对称渐变，可以使用均衡的线性渐变在起点的任意一侧创建渐变；

菱形渐变，可以以菱形方式从起点向外产生渐变，终点为菱形的一个角。

各渐变类型的效果如图 2-1-8 所示。

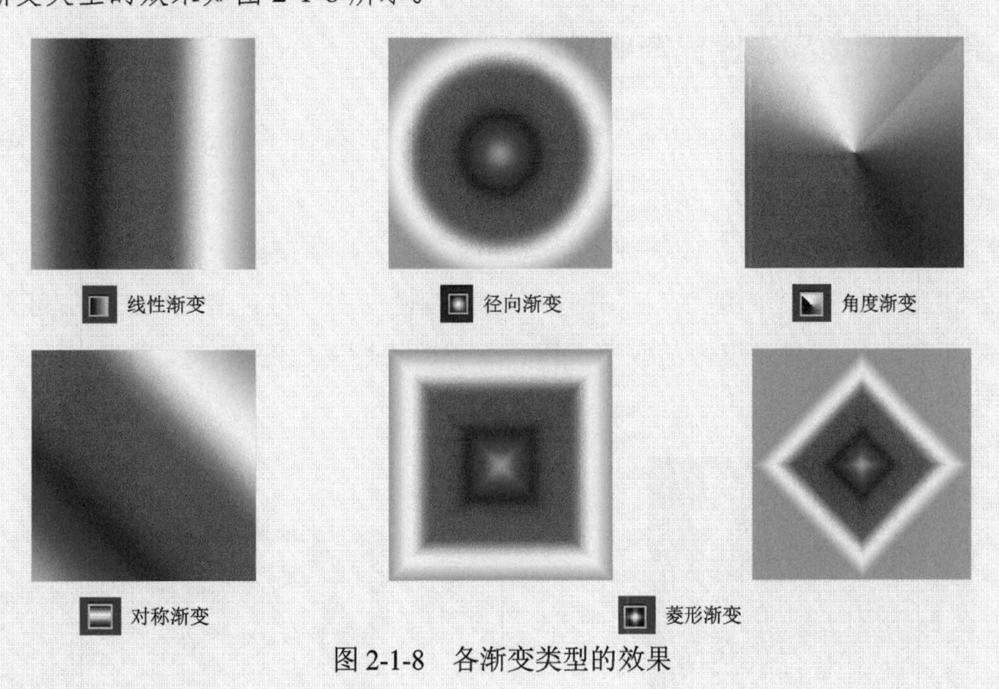

图 2-1-8　各渐变类型的效果

二、绘制羽化椭圆

1．单击“前景色”按钮，设置前景色为“#00d5fe”。新建“图层 2”，选择椭圆工具，在属性栏里设置羽化值为 10 像素，绘制图 2-1-9 所示的椭圆，并用前景色填充，按 Ctrl+D 组合键取消选区，得到图 2-1-10 所示的效果。

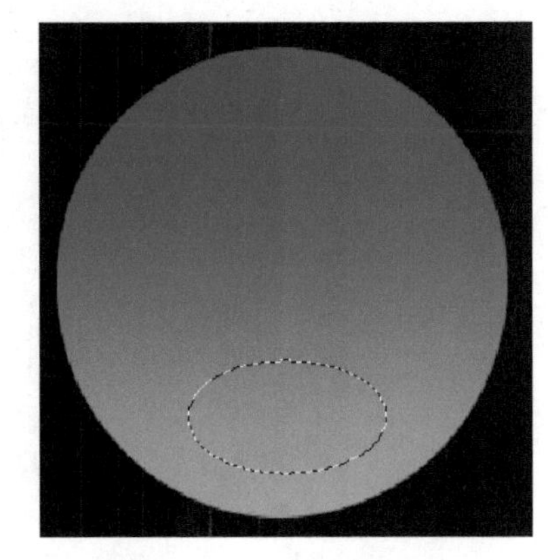

图 2-1-9　羽化的椭圆

2．选择“背景”图层，新建“图层 3”，用相同的方法，绘制一个羽化值为 10 像素的椭圆，按 Alt+Delete 组合键填充当前前景色，在“图层”面板中将“图层 3”的不透明度设置为“70%”，按 Ctrl+D 组合键取消选区，得到图 2-1-11 所示的效果。

图 2-1-10　填充羽化的椭圆（一）

图 2-1-11　填充羽化的椭圆（二）

三、绘制前景色到透明的渐变椭圆

1. 选中“图层 2”，在“图层 2”的上方新建图层，得到“图层 4”。选择椭圆工具，绘制一个羽化值为 0 像素的椭圆，如图 2-1-12 所示。

2. 设置前景色为白色，按 G 快捷键，选择渐变工具，单击渐变编辑器的下拉按钮，选择“前景色到透明渐变”，如图 2-1-13 所示。选择线性渐变，按住 Shift 键，在椭圆中自上而下进行线性渐变，按 Ctrl+D 组合键取消选区，渐变后的效果如图 2-1-14 所示。此时的“图层”面板如图 2-1-15 所示。

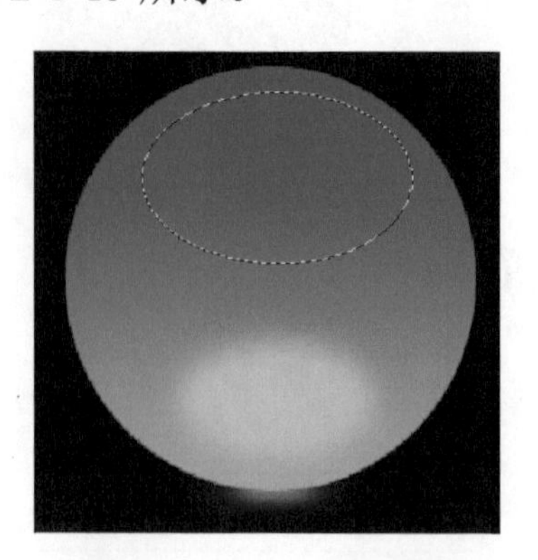

图 2-1-12　绘制椭圆

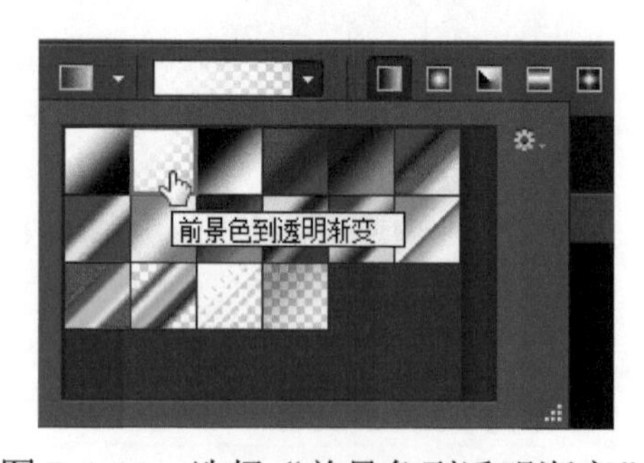

图 2-1-13　选择“前景色到透明渐变”

图 2-1-14　渐变后的效果

图 2-1-15　“图层”面板

3．选中“图层 4”，按住 Shift 键，单击“图层 3”，将“图层 1”“图层 2”“图层 3”“图层 4”全部选中，按 Ctrl+E 组合键合并图层，得到新的“图层 4”，按 Ctrl+J 组合键复制图层，得到“图层 4 副本”。

4．选中“图层 4”，按 Ctrl+T 组合键，将“图层 4”进行缩放，并移动到图 2-1-16 所示的位置。

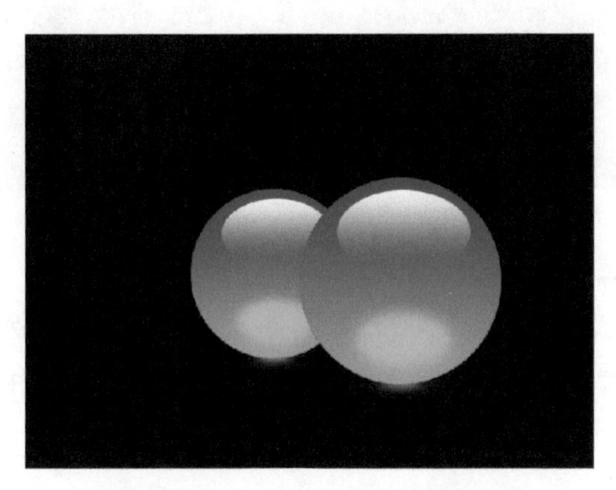

图 2-1-16　自由变换后的效果

5．按 Ctrl+U 组合键打开“色相/饱和度”对话框（菜单法：执行“图像”→“调整”→“色相/饱和度”命令），设置图 2-1-17 所示的参数，得到图 2-1-18 所示的效果。

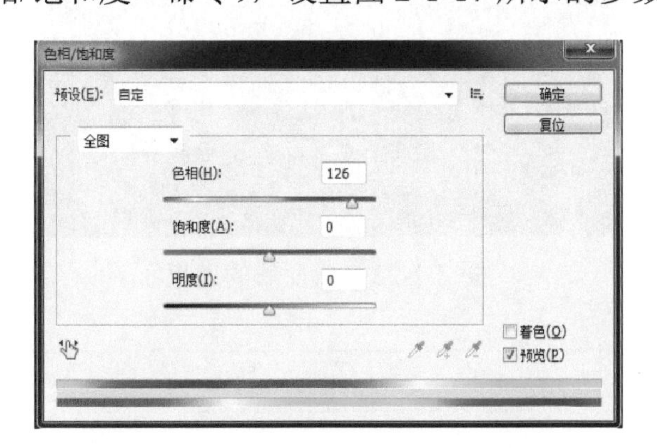

图 2-1-17　“色相/饱和度”对话框

图 2-1-18　改变色相/饱和度后的效果

提示：图像调整的提前引入

步骤 5 是后面图像调整内容的提前引入。对于本例中的红色渐变球，若不采用色相/饱和度的调整，也可以重复本节中图 2-1-2～图 2-1-15 的步骤。

6．选择“图层 4 副本”，新建图层，得到“图层 5”。按 T 快捷键，工具自动切换为“文字工具”按钮，按住左键不放（或右击），在弹出的菜单中选择“横排文字蒙版工具”选项，如图 2-1-19 所示。在属性栏处设置字体为隶书，字号为 40 点，输入文字“水晶球”，得到图 2-1-20 所示的文字选区。

图 2-1-19　文字工具命令

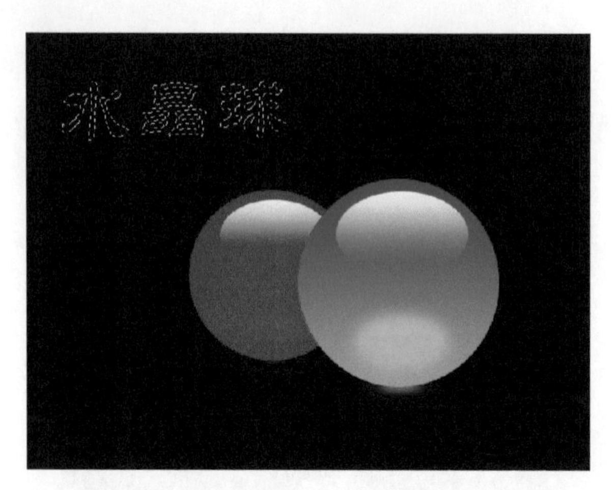

图 2-1-20　文字选区

7．按 G 快捷键选择渐变工具，在渐变编辑器的下拉列表中选择图 2-1-21 所示的“色谱”渐变。按住 Shift 键，在“图层 5”中，对文字选区进行从左至右的水平线性渐变，得到图 2-1-22 所示的效果。

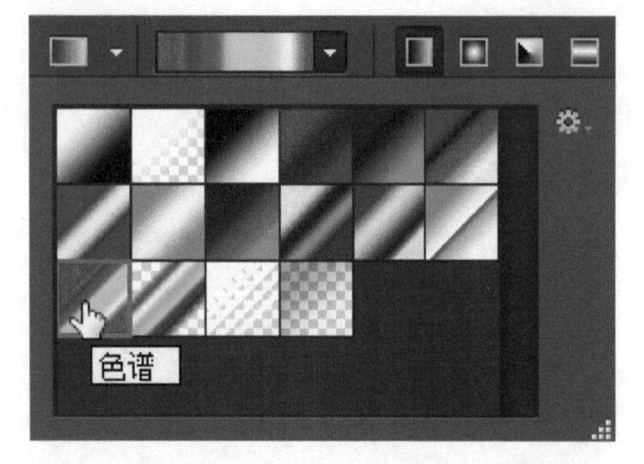

图 2-1-21　选择“色谱”渐变

图 2-1-22　渐变后的效果

四、保存文件

最终效果图如图 2-1-23 所示。按 Ctrl+S 组合键保存文件（菜单法：执行“文件”→“存储为”命令），在弹出的对话框中，输入文件名“水晶球”，格式选择“.jpg”。

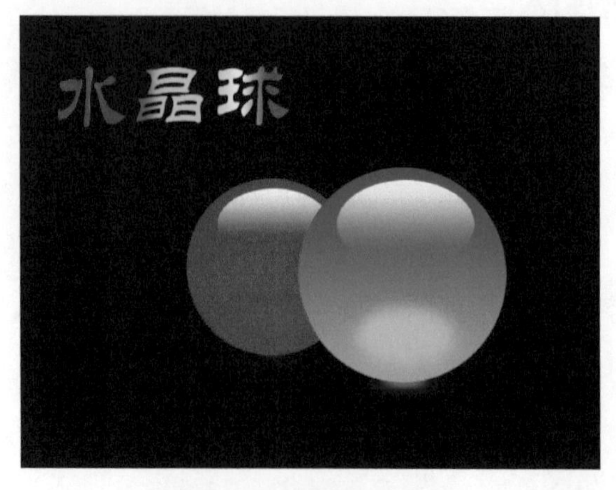

图 2-1-23　最终效果图

2.2 拓展练习：七彩光盘

●效果图：素材包→Ch02 图像绘制与修饰→2.2 拓展练习：七彩光盘→七彩光盘.jpg

图 2-2-1 所示为七彩光盘效果图，该图形主要通过椭圆工具、描边命令、渐变填充等操作完成。

1．新建文件，设置文件宽度为 800 像素，高度为 800 像素，分辨率为 200 像素/英寸，颜色模式为 RGB 颜色，背景色为白色。

2．设置图 2-2-2 所示的辅助线，选择椭圆工具，绘制圆；新建图层，并用灰色进行描边（2 像素），效果如图 2-2-2 所示。

图 2-2-1　七彩光盘效果图

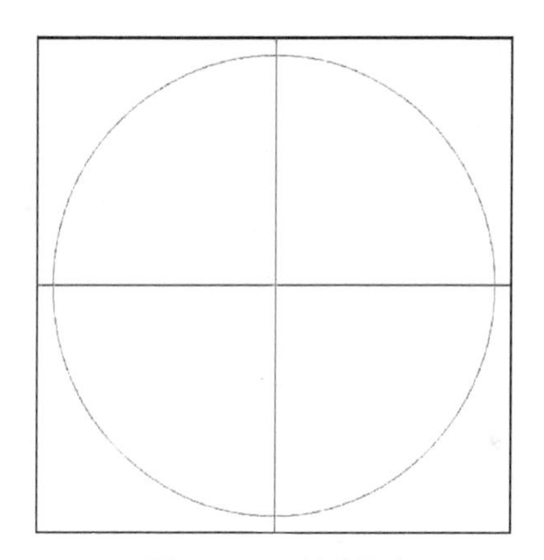

图 2-2-2　绘制圆

3．继续绘制里面的 3 个同心圆，描边（2 像素，灰色），效果如图 2-2-3 所示。

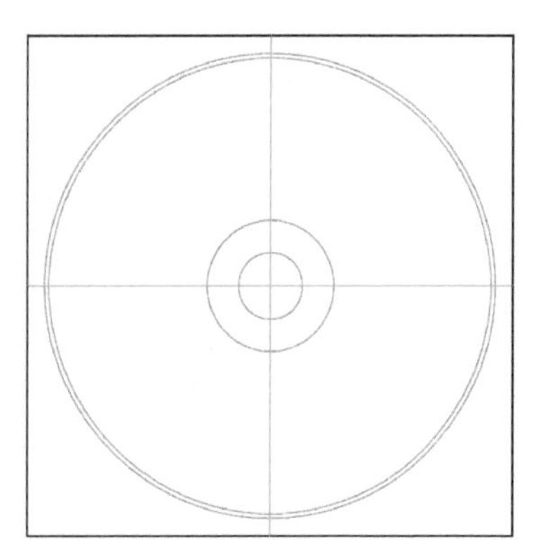

图 2-2-3　绘制同心圆

4．设置图 2-2-4 所示的渐变颜色。

5．用魔棒工具选中第 2 个圆和第 3 个圆之间的区域，新建图层，选择角度渐变，渐变后的效果如图 2-2-5 所示。

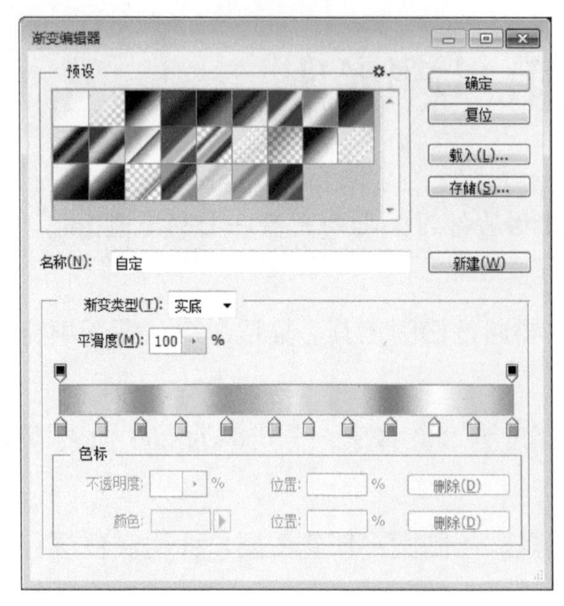

图 2-2-4　设置渐变颜色

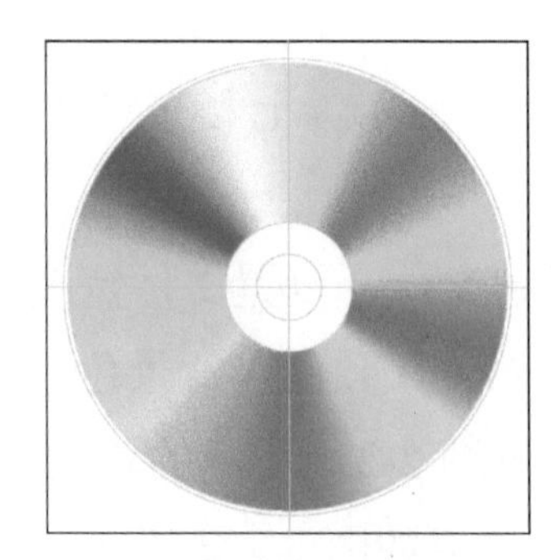

图 2-2-5　渐变后的效果

6．完成操作，保存文件。

2.3 图像绘制与修饰：梦幻背景

●难易程度：★★☆☆

●教学重点：自定义画笔，画笔预设的设置

●教学难点：画笔的间距、数量、大小抖动的调整

●实例描述：创建画笔，设置“画笔预设”中的“形状动态”和“散布”等，运用高斯模糊来增加层次感以制作梦幻背景

●实例文件：

素　　材：素材包→Ch02 图像绘制与修饰→2.3 梦幻背景→素材

效 果 图：素材包→Ch02 图像绘制与修饰→2.3 梦幻背景→梦幻背景.jpg

一、制作画笔

1．将素材“背景.jpg”导入 Photoshop CS6 中，并创建新图层，如图 2-3-1 所示。

2．制作笔刷。隐藏“背景”图层，在按住 Shift 键的同时用“椭圆工具”拉出圆形选区，设置前景色为黑色，按 Alt+Delete 组合键填充前景色，按 Ctrl+D 组合键取消选区，设置填充为 30%，如图 2-3-2 所示。相应的“图层”面板如图 2-3-3 所示。

图 2-3-1　创建新图层

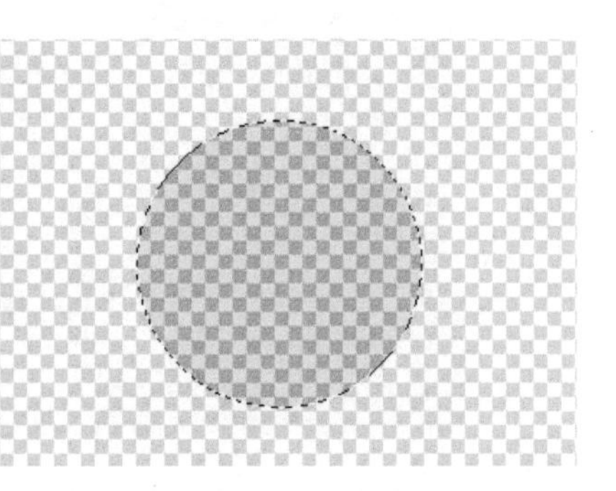

图 2-3-2　绘制圆形

3．双击“图层 1”，在弹出的“图层样式”对话框中，选中“描边”样式，参数设置如图 2-3-4 所示。

图 2-3-3　“图层”面板

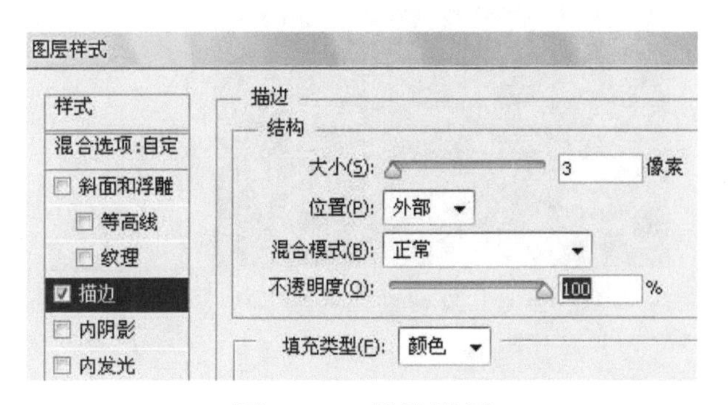

图 2-3-4　描边设置

4．执行“编辑”→“自定义画笔预设”命令，打开“画笔名称”对话框，输入名称“光圈”，单击“确定”按钮，如图 2-3-5 所示。

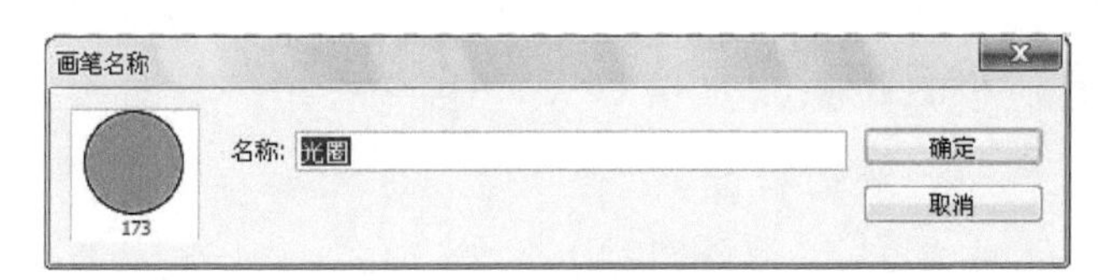

图 2-3-5　自定义画笔

二、设置画笔

1．选择“画笔工具”，按 F5 键打开“画笔”面板，选中刚才创建的画笔，如图 2-3-6 所示。

2．调整画笔大小为“158 像素”，调整间距为“188%”，如图 2-3-7 所示。

3．调整大小抖动为“100%”，调整最小直径为“32%”，如图 2-3-8 所示。

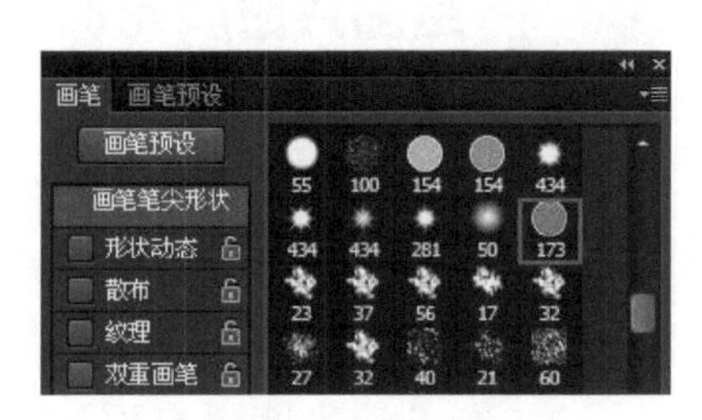

图 2-3-6　选择画笔

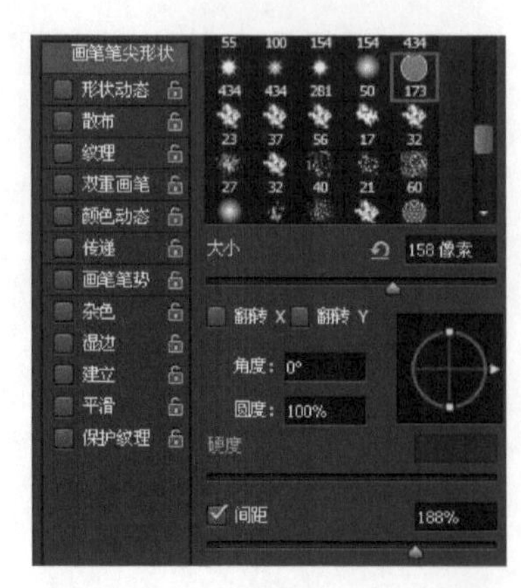

图 2-3-7　设置画笔大小参数

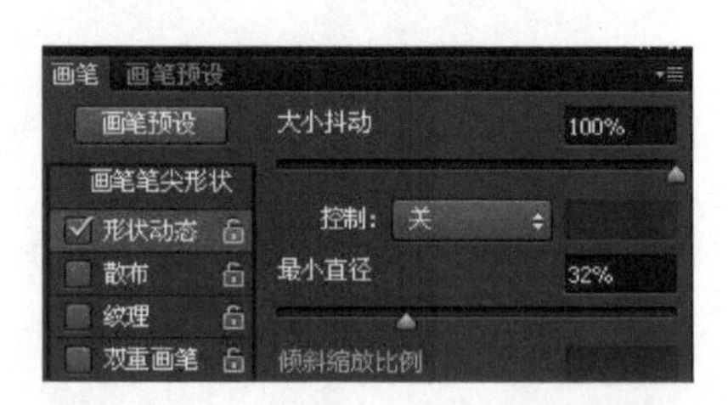

图 2-3-8　设置形状动态参数

4．调整散布为“1000%”，调整数量为“5”，调整数量抖动为“3%”，如图 2-3-9 所示。

5．调整不透明度抖动为“50%”，调整流量抖动为“50%”，如图 2-3-10 所示。

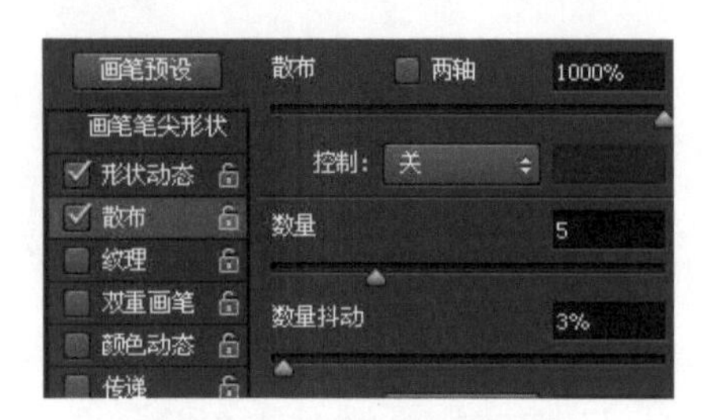

图 2-3-9　设置散布参数

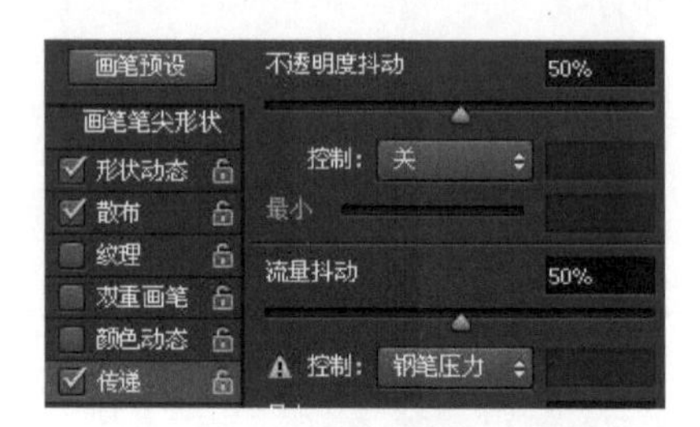

图 2-3-10　设置传递参数

小知识 | 画笔预设

（1）间距：使画笔的线条隔开，如果一条直线设置了间距就可以绘制出一条虚线。

（2）散布：包括散布、数量、数量抖动，如果要设置随机分布的画笔，散布的设置必不可少。散布表示画笔分布的距离，数值越大，距离越大；数量表示画笔分布的数量；数量抖动表示画笔不规则、不一致的程度。

（3）传递：包括不透明度抖动、流量抖动、湿度抖动、混合抖动。常用的有不透明度抖动、流量抖动，分别表示不透明度和填充颜色的不规则程度。

三、给图片添加光斑

1．新建“图层 2”，隐藏“图层 1”，显示“背景”图层，设置前景色为白色，用刚刚设置好的画笔在“图层 2”上单击几下，效果如图 2-3-11 所示。相应的“图层”面板如图 2-3-12 所示。

2．为了使光圈更有层次感，可添加高斯模糊特效（菜单法：执行“滤镜”→“模糊”→“高斯模糊”命令），参数设置如图 2-3-13 所示，设置效果如图 2-3-14 所示。

图 2-3-11　绘制圆形

图 2-3-12　“图层”面板

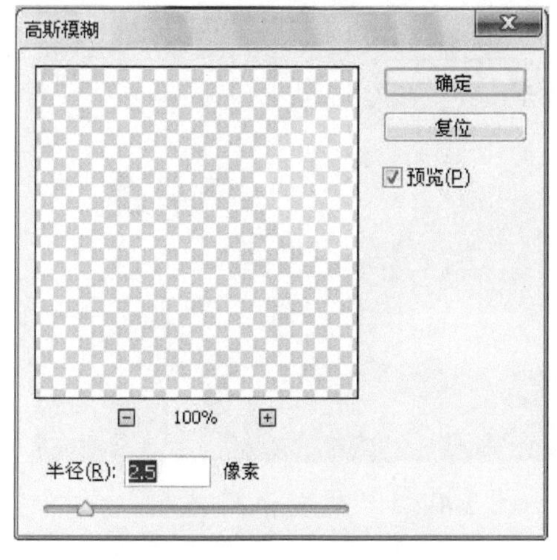

图 2-3-13　设置高斯模糊

图 2-3-14　设置高斯模糊后的效果

3．新建“图层 3”，在画面上随机用画笔点几下，最终效果如图 2-3-15 所示。

图 2-3-15　梦幻背景效果

2.4 拓展练习：星空

● 素　材：素材包→Ch02 图像绘制与修饰→2.4 拓展练习：星空→素材
● 效果图：素材包→Ch02 图像绘制与修饰→2.4 拓展练习：星空→星空.jpg

图 2-4-1 为星空效果图，该图形主要通过制作画笔、设置画笔来完成。

1．打开“星空.jpg”素材，如图 2-4-2 所示。

图 2-4-1　星空效果图

图 2-4-2　“星空.jpg”素材

2．新建“图层 1”，设置图 2-4-3 所示的参数，拉出图 2-4-4 所示的自上而下的线性渐变。

图 2-4-3　设置渐变色

图 2-4-4　线性渐变

3．在“图层”面板中将“图层 1”的图层混合模式设置成“滤色”，不透明度设置为 80%，如图 2-4-5 所示，得到的效果如图 2-4-6 所示。

图 2-4-5 “图层”面板

图 2-4-6 滤色效果

4．新建“图层 2”，在“图层”面板中单击“背景”图层和“图层 1”前面的按钮。按 B 快捷键选择“画笔工具”，单击属性栏中的按钮，在弹出的菜单中选择“混合画笔”，如图 2-4-7 所示。选择“混合画笔”后弹出图 2-4-8 所示的提示框，单击“追加”按钮即可增加各种混合画笔。

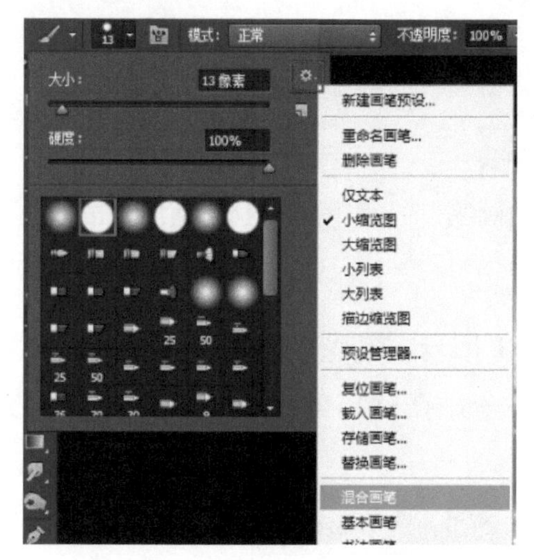

图 2-4-7 选择“混合画笔”

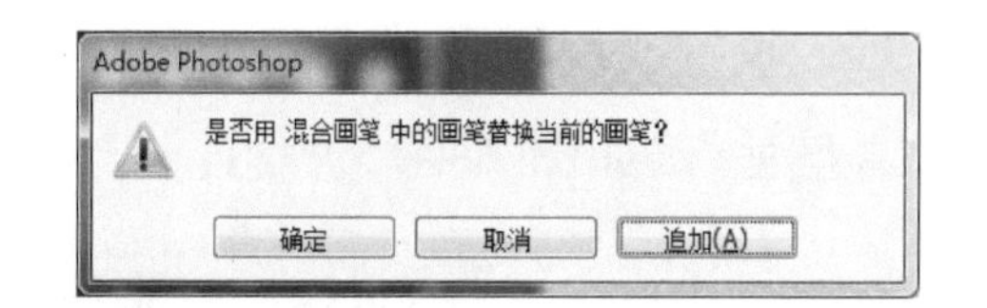

图 2-4-8 提示框

5．在增加的混合画笔中选择“交叉排线 4”画笔，如图 2-4-9 所示。按“]”键，将画笔放大到 125 像素，将前景色设为黑色，在新建的“图层 2”中单击，得到图 2-4-10 所示的效果。

6．按 Ctrl+J 组合键，将“图层 2”复制得到“图层 2 副本”以加深颜色，选中“图层 2”和“图层 2 副本”后，按 Ctrl+E 组合键将两个图层合并为新的“图层 2”，得到图 2-4-11 所示的效果。

7．按 Ctrl+J 组合键，复制“图层 2”得到“图层 2 副本”，按 Ctrl+T 组合键，将“图层 2 副本”中的图像旋转 45°，得到图 2-4-12 所示的效果。

8．新建“图层 3”，选择柔边画笔，如图 2-4-13 所示。设置画笔的大小为 70 像素，在“图层 3”中图 2-4-14 所示的位置单击两次，此时一颗星星的图形绘制完成。

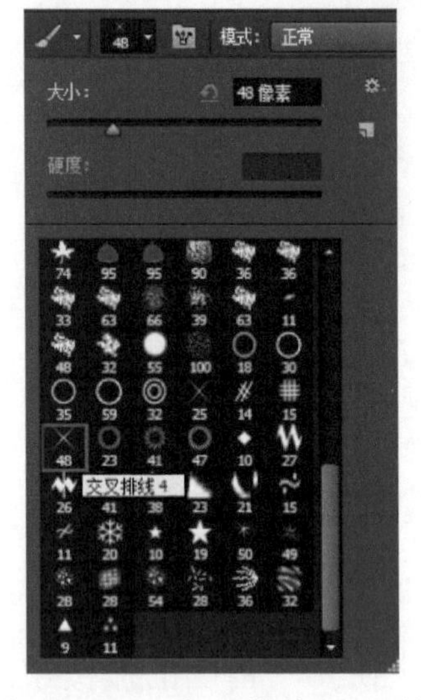

图 2-4-9　“交叉排线 4”画笔

图 2-4-10　单击画笔后的效果

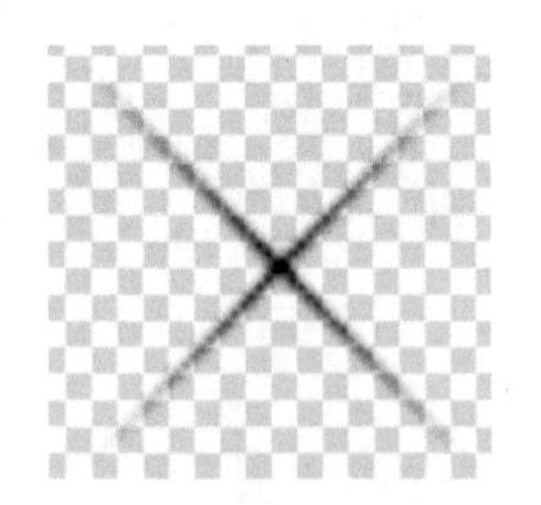

图 2-4-11　复制画笔的效果

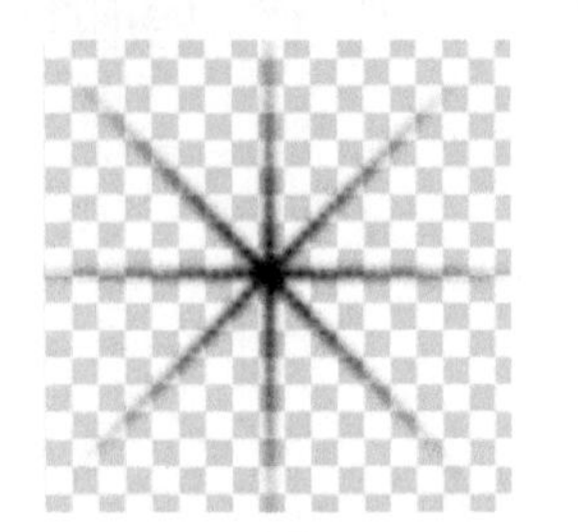

图 2-4-12　复制画笔并旋转后的效果

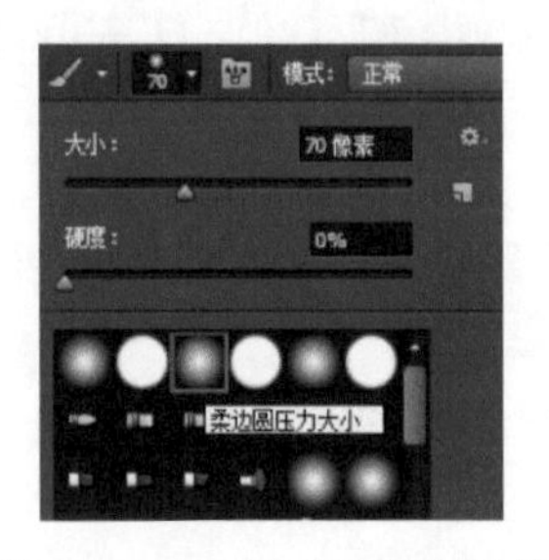

图 2-4-13　选择柔边画笔

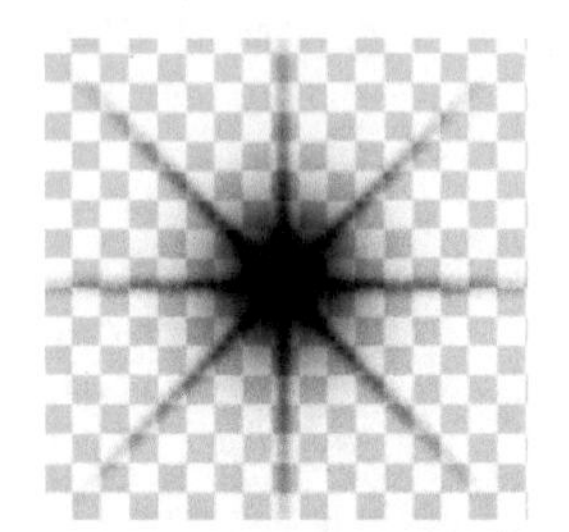

图 2-4-14　两次单击柔边画笔

9．选中“图层 2”“图层 2 副本”“图层 3”，按 Ctrl+E 组合键将这三个图层合并为新的“图层 2”。执行“编辑”→“定义画笔预设”菜单命令，在弹出的对话框的“名称”文本框中输入“星星”，如图 2-4-15 所示。

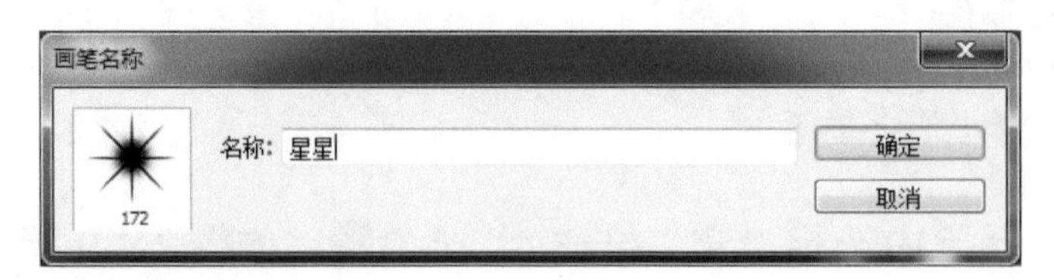

图 2-4-15　“画笔名称”对话框

图 2-4-16　设置“形状动态”参数

10．隐藏“图层 2”，显示“背景”图层和“图层 1”，选中刚刚新建的“星星”画笔，按 F5 快捷键，在弹出的“画笔”面板中分别设置“形状动态”“散布”“传递”等参数，具体参数如图 2-4-16～图 2-4-18 所示。

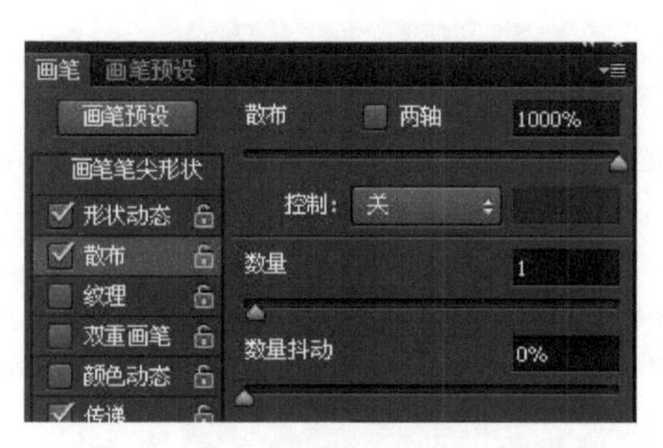

图 2-4-17　设置“散布”参数

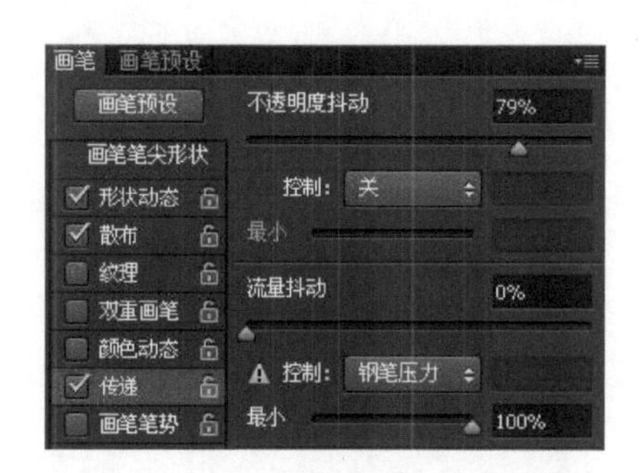

图 2-4-18　设置“传递”参数

11．新建“图层 3”，将前景色设置为白色，用画笔工具在页面中随意单击，最终得到图 2-4-1 所示的效果。

12．完成操作，保存文件。

2.5　图像绘制与修饰：风景绘制

● 难易程度：★★☆☆

● 教学重点：载入画笔来绘制风景

● 教学难点：搭配画笔绘制树、草地和云朵

● 实例描述：利用载入的“叶子笔刷”来绘制树和云朵，利用自带的画笔绘制草地，设置画笔参数来绘制草地上散落的树叶

● 实例文件：

素　　材：素材包→Ch02 图像绘制与修饰→2.5 风景绘制→素材

效 果 图：素材包→Ch02 图像绘制与修饰→2.5 风景绘制→风景绘制.jpg

1．打开 Photoshop CS6 软件，按 Ctrl+N 组合键，在弹出的“新建”对话框中，设置文件宽度为 1200 像素，高度为 900 像素，分辨率为 200 像素/英寸，颜色模式为 RGB 颜色。

2．新建“图层 1”，按 G 快捷键选择“渐变工具”，设置前景色为青色（R：25，G：163，B：238），设置背景色为浅蓝色（R：181，G：250，B：255），按住 Shift 键从上往下拉出线性渐变颜色，如图 2-5-1 所示。

3．新建“图层 2”，按 B 快捷键选择“画笔工具”，按 F5 快捷键调出“画笔预设”面板，选择右边的画笔设置，在面板右上角单击，打开下拉菜单，选择“载入画笔”，如图 2-5-2 所示。

4．在“2.5 风景绘制”文件夹中选择“叶子笔刷.abr”载入画笔，如图 2-5-3 所示。

5．在“画笔预设”面板中选择画笔窗口栏，并选择图 2-5-4 所示的云朵画笔。

图 2-5-1　拉出线性渐变颜色

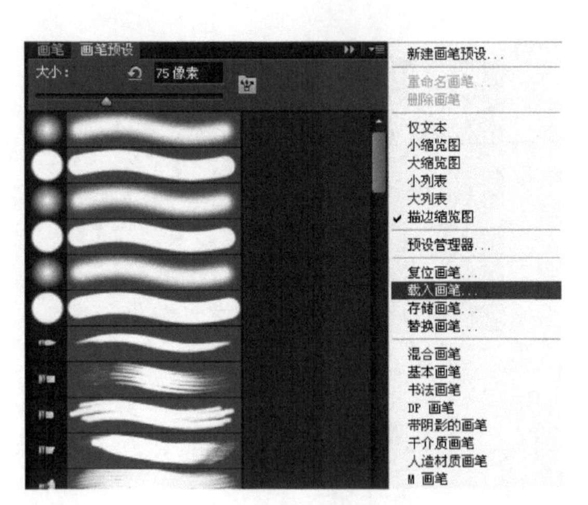

图 2-5-2　选择“载入画笔”

图 2-5-3　选择“叶子笔刷.abr”

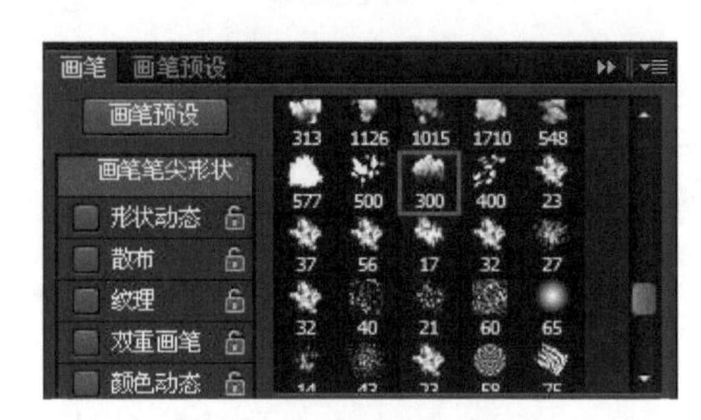

图 2-5-4　选择云朵画笔

6．右击，在弹出的画笔大小设置面板中，设置大小为“600 像素”，如图 2-5-5 所示。设置前景色为白色，在“图层 2”中用画笔绘制云朵，如图 2-5-6 所示。

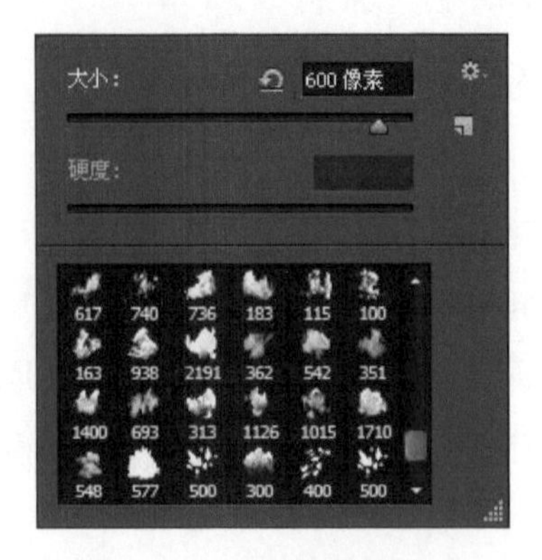

图 2-5-5　设置画笔大小

图 2-5-6　绘制云朵（一）

7．在画笔菜单栏将“流量”值设置为“50%”，如图 2-5-7 所示。运用快捷键“]”或“[”分别快速放大或缩小画笔来绘制图 2-5-8 所示效果。

图 2-5-7　设置流量值

8. 选择图 2-5-9 所示的另一种云朵画笔，接着按“[”或“]”快捷键改变画笔的大小，将其他云朵绘制完成，注意越往下的云越小，可以在同一个地方多次单击画出更白的云，如图 2-5-10 所示。

图 2-5-8 绘制云朵（二）

提示：配用“[”和“]”键改变画笔的大小

用画笔绘画的时候往往需要改变画笔大小，因此采用快捷键会更加快捷，但必须把输入法设置为默认状态，否则此快捷键不能用。

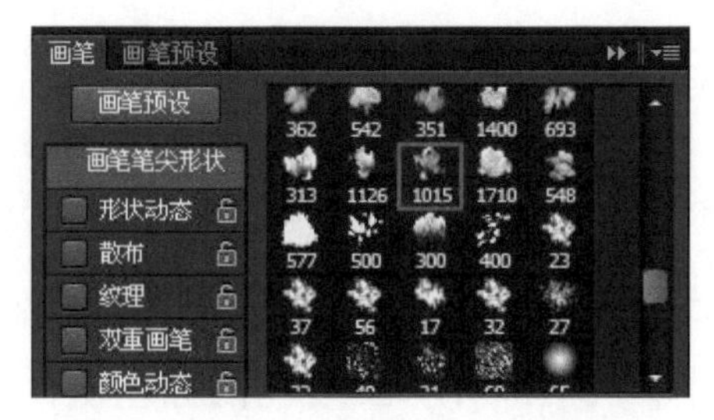

图 2-5-9 选择另一种云朵画笔

图 2-5-10 绘制云朵（三）

9. 新建“图层 3”，选择如图 2-5-11 所示的画笔，设置前景色为橄榄绿色（R：59，G：87，B：28），在下方绘制草地的形状，注意边缘不要过于平整，效果如图 2-5-12 所示。在画笔预设中选择画笔，将画笔的“流量”值还原成“100%”，在草地上方绘制两棵树，注意用快捷键“[”和“]”来改变画笔的大小，通过间断地单击鼠标来绘制，效果如图 2-5-13 所示。

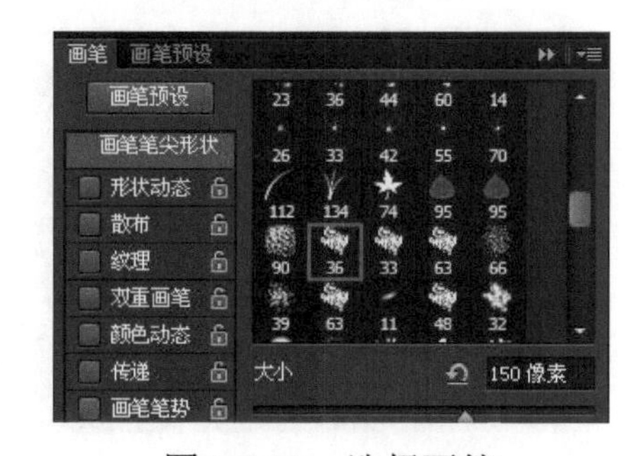

图 2-5-11 选择画笔

图 2-5-12 绘制草地

图 2-5-13 绘制两棵树

10．新建“图层 4”，继续采用刚才的画笔，设置前景色为深橄榄绿色（R：39，G：59，B：15），通过改变画笔大小和间断地单击鼠标来加深树的颜色，如图 2-5-14 所示。

图 2-5-14　加深颜色

提示：使用分层的方法来绘制

使用分层法绘制（用画笔）可以有效区分各个部分，方便管理和修改，如果全部在同一个图层绘制，修改起来会有很大的难度。

11．选择画笔，设置前景色为橄榄绿色（R：59，G：87，B：28），设置画笔大小为 90 像素，并设置“形状动态”和“散布”的参数，如图 2-5-15 所示。按住鼠标左键，在草地上绘制小草，效果如图 2-5-16 所示。

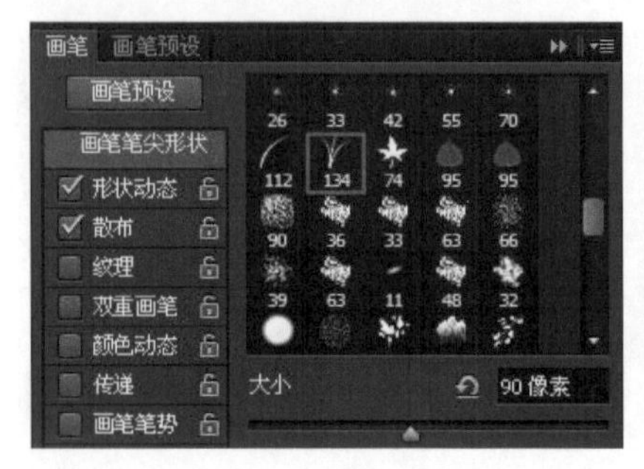

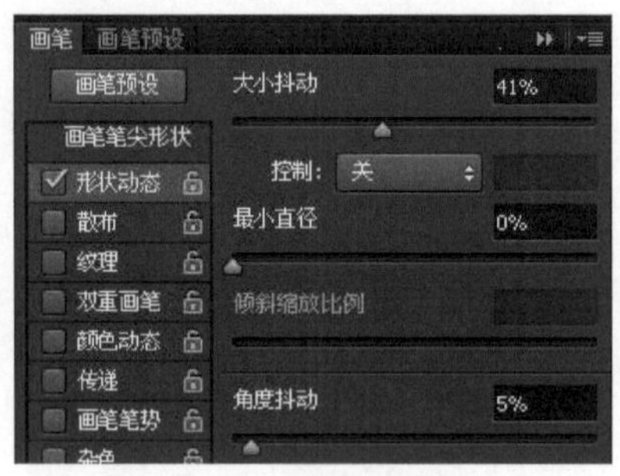

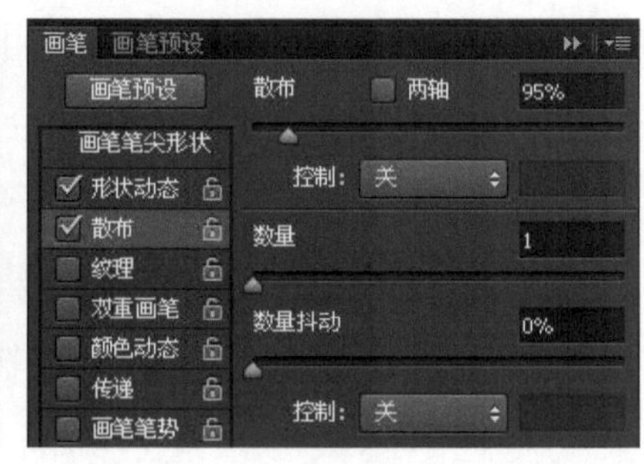

图 2-5-15　设置参数（一）

提示：用画笔绘画时鼠标间断单击和连按的区别

在绘制树、花和草等植物时，如果没有设置画笔预设参数，比较适合用间断单击结合画笔大小设置的方法绘制，这样形状会比较自然。如果设置了画笔预设中的“形状动态”“散布”“传递”等参数，连按鼠标绘制的效果也会比较理想。

12．绘制近距离的小草，设置前景色为深橄榄绿色（R：39，G：59，B：15），设置画笔大小为 200 像素，效果如图 2-5-17 所示。

图 2-5-16　绘制小草

图 2-5-17　绘制前景小草

13．选择画笔，设置前景色为深橄榄绿色（R：39，G：59，B：15），绘制大小不一的树叶，效果如图 2-5-18 所示。

图 2-5-18　绘制树叶

14．新建“图层 5”，选择画笔，设置前景色为暗橙色（R：204，G：104，B：54），设置画笔大小为 74 像素，分别设置“形状动态”“散布”和“传递”的参数，如图 2-5-19 所示。

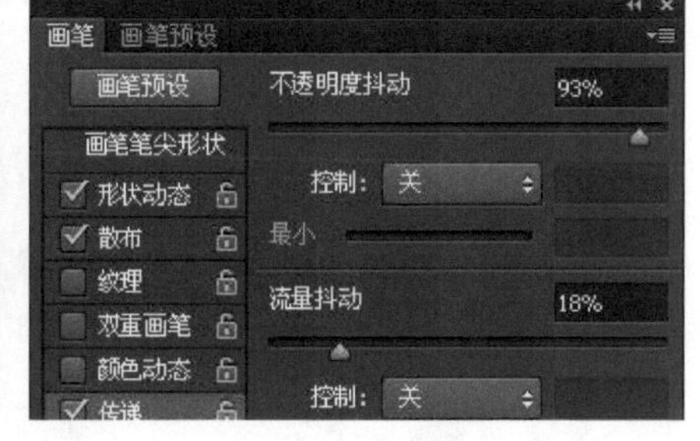

图 2-5-19　设置参数（二）

15．在草地上随机单击几下，绘制枫叶，最终效果如图 2-5-20 所示。

图 2-5-20　风景绘制效果

2.6 拓展练习：云海

●素　材：素材包→Ch02 图像绘制与修饰→2.6 拓展练习：云海→素材
●效果图：素材包→Ch02 图像绘制与修饰→2.6 拓展练习：云海→云海.jpg

图 2-6-1 为云海效果图，该图形主要通过渐变颜色绘制背景，载入画笔绘制山峰、云层和竹子来完成。

1．新建文件，大小为 800 像素×600 像素，分辨率为 200 像素/英寸，颜色模式为 RGB 颜色。

2．新建“图层 1”，选择“渐变工具”，设置前景色为“R：207，G：229，B：246”，背景色为“R：223，G：240，B：255”，按住 Shift 键从下向上拉出渐变颜色，如图 2-6-2 所示。

图 2-6-1　云海效果图

图 2-6-2　拉出渐变颜色

3．新建“图层 2”，绘制山峰，载入画笔“叶子笔刷.abr”，选择画笔，设置前景色为“R：44，G：63，B：77”，通过间断地单击鼠标来绘制，注意，可以通过在同一个边缘处单击几次来强调山峰的形状，如图 2-6-3 所示。

4．接着绘制山峰，如图 2-6-4 所示。

图 2-6-3　绘制山峰（一）

图 2-6-4　绘制山峰（二）

5．把画笔的透明度设置为 50%，绘制最远处的山峰，如图 2-6-5 所示。

6．选择画笔，设置画笔的不透明度为 70%，流量为 95%，大小为 15 像素，然后沿着山峰上的边缘间断地单击鼠标绘制树木，如图 2-6-6 所示。

图 2-6-5　绘制山峰（三）

图 2-6-6　绘制树木

7．新建“图层 3”，继续选择画笔，设置前景色为白色，画笔不透明度为 75%，流量为 80%，在浅蓝色的背景中绘制云朵，如图 2-6-7 所示。

8．新建“图层 4”，载入画笔“竹子笔刷.abr”，选择画笔，设置画笔大小为 600 像素，在图中左侧同一个地方单击两下绘制竹子，如图 2-6-8 所示。

9．选择画笔，将画笔调整到适当大小，在竹子上单击绘制单片竹叶，然后绘制多片竹叶，注意画笔大小和位置的调整，最后得到图 2-6-1 所示的效果图。

10．完成操作，保存文件。

图 2-6-7　绘制云朵

图 2-6-8　绘制竹子

2.7 图像绘制与修饰：旋转花朵

- 难易程度：★★☆☆
- 教学重点：自由变换命令
- 教学难点：自由变换命令的应用
- 实例描述：运用魔棒工具处理素材，通过使用移动工具、自由变换命令对对象进行多次复制和旋转等操作完成旋转花朵
- 实例文件：

素　　材：素材包→Ch02 图像绘制与修饰→2.7 旋转花朵→素材

效 果 图：素材包→Ch02 图像绘制与修饰→2.7 旋转花朵→旋转花朵.jpg

一、新建文件

1．打开 Photoshop CS6 软件，按 Ctrl+N 组合键（菜单法：执行“文件”→“新建”命令），在弹出的“新建”对话框中，设置文件宽度为 800 像素，高度为 800 像素，分辨率为 300 像素/英寸，颜色模式为 RGB 颜色，背景色为白色，具体参数如图 2-7-1 所示。

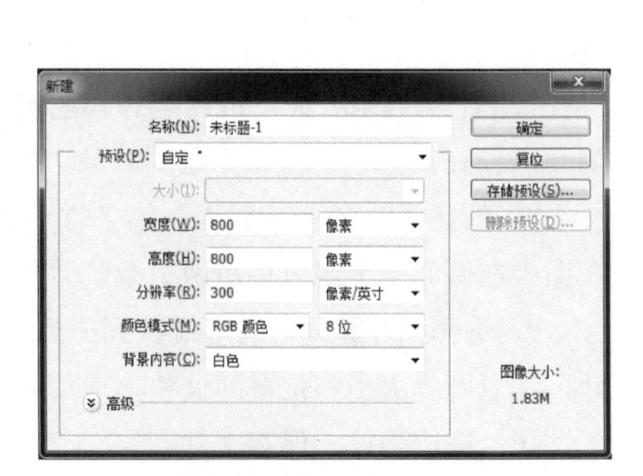

图 2-7-1　“新建”对话框

2．按 D 快捷键，还原前景色和背景色为黑白色，按 Alt+Delete 组合键，为“背景”图层填充黑色。

二、打开并处理素材，填充背景

1．按 Ctrl+O 组合键（菜单法：执行“文件”→“打开”命令。也可以双击工作区空白区域），弹出“打开”对话框，如图 2-7-2 所示。打开素材文件“红心.jpg”。

2．选择魔棒工具，单击红心图形，得到图 2-7-3 所示的选区。

图 2-7-2　“打开”对话框

图 2-7-3　单击魔棒工具后的选区

3．按 V 快捷键，鼠标指针转换为“移动工具”，将红心图形选区拖到新建文件中，得到“图层 1”，按 Ctrl+T 组合键对红心图形进行自由变换，将红心图形进行缩放，并移动到图 2-7-4 所示的位置。

图 2-7-4　自由变换并设置红心图形

三、应用自由变换命令进行变形

1．选中“图层 1”，按 Ctrl+J 组合键复制该图层（鼠标拖动法：将“图层 1”拖到图层面板下方的“创建新图层”按钮处），得到“图层 1 副本”。

2．按 Ctrl+T 组合键对“图层 1 副本”进行自由变换，选中变换控制框中间的红心，按住鼠标左键拖到图 2-7-5 所示的位置。

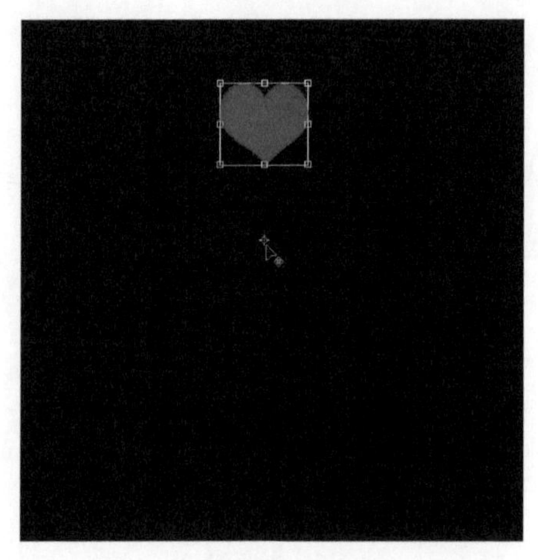

图 2-7-5 自由变换“图层 1 副本”

提示：移动时配合使用 Shift 键

移动时配合使用 Shift 键，可以让移动对象在水平、竖直或 45° 方向移动。

3．在图 2-7-6 所示的属性栏中设置旋转角度为 45°，这时“图层 1 副本”中的红心图形移动到了图 2-7-7 所示的位置，按 Enter 键进行确认（或单击属性栏中的✓按钮）。

图 2-7-6 自由变换属性栏

4．按 Ctrl+Shift+Alt+T 组合键 6 次，将步骤 3 中设置的旋转对象进行多次复制和旋转，最终得到图 2-7-8 所示的效果，此时的“图层”面板如图 2-7-9 所示。

图 2-7-7 设置角度后的效果

图 2-7-8 反复复制和旋转的效果

5．若旋转后的花朵图形未在画面中居中，可以利用裁剪工具（按 C 快捷键）将其裁剪成图 2-7-10 所示的效果，最终得到图 2-7-11 所示的效果。

图 2-7-9　自由变换后的“图层”面板

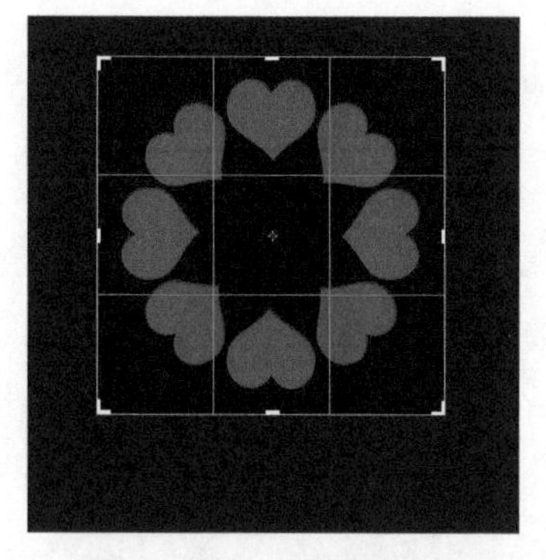

图 2-7-10　裁剪对象

图 2-7-11　最终效果

四、保存文件

按 Ctrl+S 组合键保存文件（菜单法：执行“文件”→“存储为”命令），在弹出的对话框中，输入文件名“旋转花朵”，格式选择“.jpg”。

2.8 拓展练习：七彩光圈

●效果图：素材包→Ch02 图像绘制与修饰→2.8 拓展练习：七彩光圈→七彩光圈.jpg

图 2-8-1 为七彩光圈效果图，该图形主要通过移动工具、自由变换工具、渐变颜色等操作完成。

1．新建文件，设置文件宽度为 800 像素，高度为 800 像素，分辨率为 200 像素/英寸，颜色模式为 RGB 颜色，背景色为黑色。

2．选择椭圆工具绘制图 2-8-2 所示的椭圆，新建图层，并用白色进行描边（2 像素），效果如图 2-8-2 所示。

3．取消选区。复制“图层 1”，并利用自由变换工具，设置旋转角度为 22.5°，按 Ctrl+Shift+Alt+T 组合键 6 次，得到图 2-8-3 所示的效果。

图 2-8-1　七彩光圈效果图

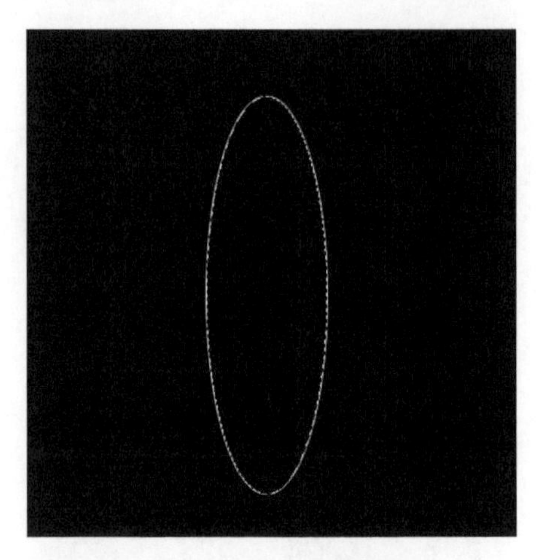

图 2-8-2　绘制椭圆

4．在图形的中间绘制一个白色圆形，如图 2-8-4 所示。

图 2-8-3　自由变换

图 2-8-4　绘制白色圆形

5．新建图层，选择渐变工具，设置“色谱”渐变，渐变方式为径向渐变，如图 2-8-5 所示。设置渐变图层的模式为“变暗”，参数设置如图 2-8-6 所示。

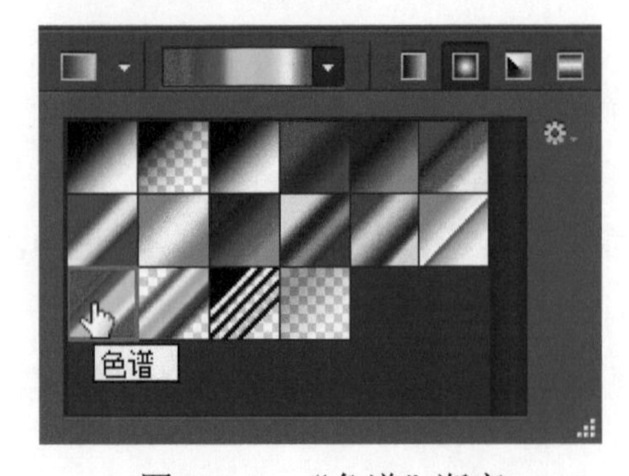

图 2-8-5　“色谱”渐变

图 2-8-6　设置“变暗”模式

6．完成操作，保存文件。

Chapter 3

第3章

图像修复

案例讲解

- ◎ 3.1 修补樱桃
- ◎ 3.3 美容祛痘
- ◎ 3.5 风景修复
- ◎ 3.8 场景广告牌

拓展案例

- ◎ 3.2 雪景修复
- ◎ 3.4 去除皱纹
- ◎ 3.6 去除黑眼圈
- ◎ 3.7 去除风景人物
- ◎ 3.9 去除地板杂物
- ◎ 3.10 去除杂物

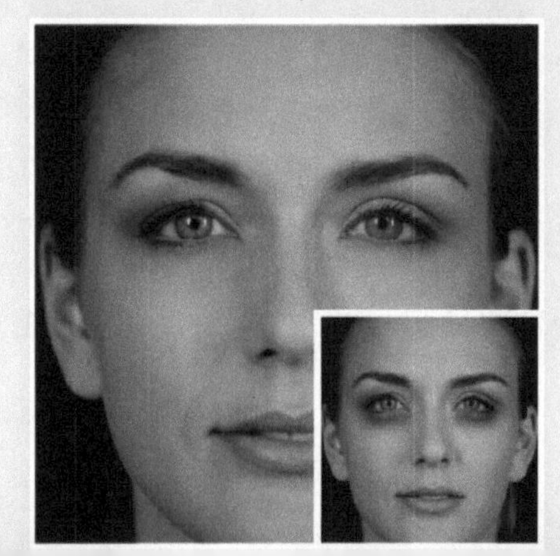

3.1 图像修复：修补樱桃

● 难易程度：★☆☆☆
● 教学重点：修补工具使用方法
● 教学难点：修补工具的应用
● 实例描述：运用修补工具将选中的图像修补替换到目标区域。它会让源区域和目标区域的纹理、明暗等相匹配
● 实例文件：
素　　材：素材包→Ch03 图像修复→3.1 修补樱桃→素材
效 果 图：素材包→Ch03 图像修复→3.1 修补樱桃→修补樱桃.jpg

1．打开 Photoshop CS6 软件，按 Ctrl+O 组合键（菜单法：执行“文件”→“打开”命令），打开“樱桃.jpg”素材，如图 3-1-1 所示。

2．按 J 快捷键，选择“污点修复画笔工具”，在该按钮处右击（或长按鼠标左键），弹出的图 3-1-2 所示的菜单中，选择“修补工具”。

图 3-1-1　“樱桃.jpg”素材

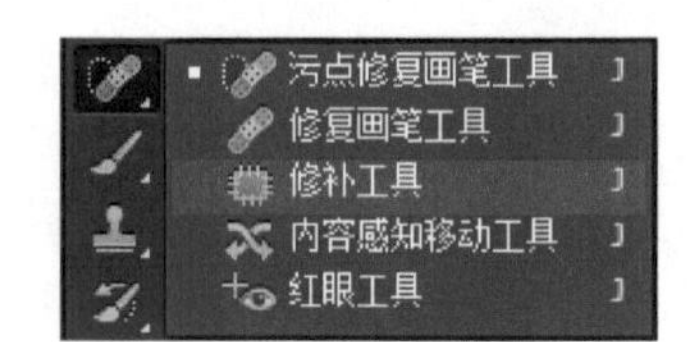

图 3-1-2　选择“修补工具”

小知识 | 修补工具

修补工具用于修复有明显裂痕或污点等缺陷的图像。选择需要修复的选区，把需要修复的选区拖到附近完好的区域方可实现修补。一般在修复照片时，修补工具可以用来修复一些大面积的皱纹等，细节处理则需要用仿制图章工具。

3．在修补工具属性栏中选中“目标”单选按钮，如图 3-1-3 所示。

图 3-1-3　修补工具属性栏

提示：修补工具操作原理

选择状态为“源”时，可把污点选区拖到完好区域实现修补。

选择状态为“目标”时，可选取足够盖住污点区域的选区，拖到污点区域实现修补。

修补工具可以用其他区域或图案中的像素来修复选中的区域。像修复画笔工具一样，修补工具会将样本像素的纹理、光照和阴影与源像素进行匹配。

4．用“修补工具”绘制一个选区，将樱桃图形选中，效果如图 3-1-4 所示。

图 3-1-4　绘制“樱桃”选区

5．按住鼠标左键不放，将选区水平向右拖动（配用 Shift 键可水平移动），“樱桃”图形被复制到了右侧，得到图 3-1-5 所示的效果。

图 3-1-5　移动选区

6．重复步骤 5，完成下一个樱桃图形的复制，按 Ctrl+D 组合键取消选区，得到图 3-1-6 所示的效果。

7．图 3-1-6 为最终效果图，按 Ctrl+S 组合键保存文件（菜单法：执行“文件”→“存储为”命令），在弹出的对话框中，输入文件名“修补樱桃”，格式选择“.jpg”。

图 3-1-6　再次移动选区

3.2 拓展练习：雪景修复

●素　材：光盘→Ch03 图像修复→3.2 拓展练习：雪景修复→素材
●效果图：素材包→Ch03 图像修复→3.2 拓展练习：雪景修复→雪景修复.jpg

图 3-2-1 为雪景效果图，该图形主要运用修补工具完成。

1．打开“雪景.jpg”素材，如图 3-2-2 所示。

图 3-2-1　雪景效果图

图 3-2-2　“雪景.jpg”素材

2．选择修补工具，按图 3-2-3 所示设置参数。绘制出多余小狗的选区，如图 3-2-4 所示。将其拖到左侧的雪景区域，得到图 3-2-1 所示的效果。

图 3-2-3　修补工具属性栏

3．完成操作，保存文件。

图 3-2-4　小狗选区

3.3 图像修复：美容祛痘

- 难易程度：★☆☆☆
- 教学重点：污点修复画笔工具的使用方法
- 教学难点：污点修复画笔工具的应用
- 实例描述：使用污点修复画笔工具，通过单击或拖动的方式修饰图像，去除人物图像面部的痘痘
- 实例文件：

素　　材：素材包→Ch03 图像修复→3.3 美容祛痘→素材

效 果 图：素材包→Ch03 图像修复→3.3 美容祛痘→美容祛痘.jpg

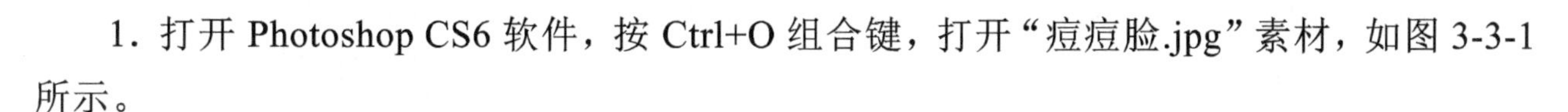

1．打开 Photoshop CS6 软件，按 Ctrl+O 组合键，打开“痘痘脸.jpg”素材，如图 3-3-1 所示。

2．按 J 快捷键，激活“污点修复画笔工具”，在该按钮处右击（或长按鼠标左键），在弹出的图 3-3-2 所示的菜单中，选择“污点修复画笔工具”。

图 3-3-1　“痘痘脸.jpg”素材

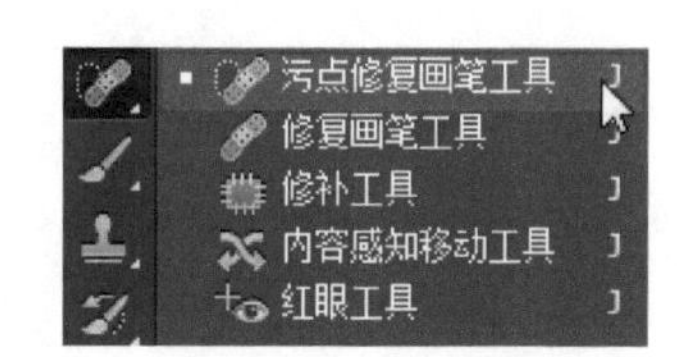

图 3-3-2　选择“污点修复画笔工具”

小知识 | 污点修复画笔工具

污点修复画笔工具用于去除图像中比较小的杂点或杂斑，它不需要设置取样点，可以自动从所修饰区域的周围进行取样。污点修复画笔工具属性栏如图 3-3-3 所示。

近似匹配：以单击点周围的像素为准，覆盖在单击点上，从而达到修复效果。

创建纹理：在单击点创建一些相近的纹理来模拟图像信息。

内容识别：在污点上涂抹时可以自动识别内容进行填充。

78 模式：正常 类型：近似匹配 创建纹理 内容识别 对所有图层取样

图 3-3-3　污点修复画笔工具属性栏

对所有图层取样：选中此复选框，然后新建图层，再进行修复，会把修复的部分建在新的图层上，这样就不会对源图像产生任何影响。

3．在污点修复画笔工具属性栏中选中“近似匹配”单选按钮，在人物图像面部有痘痘的地方单击，如图 3-3-4 所示，松开鼠标后痘痘会自动被清除，如图 3-3-5 所示。

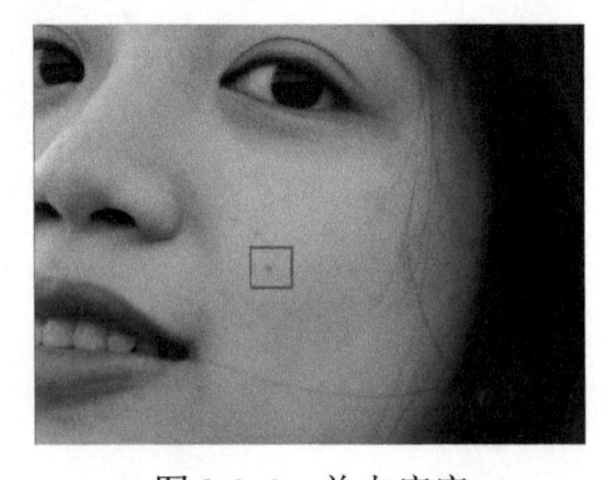

图 3-3-4　单击痘痘

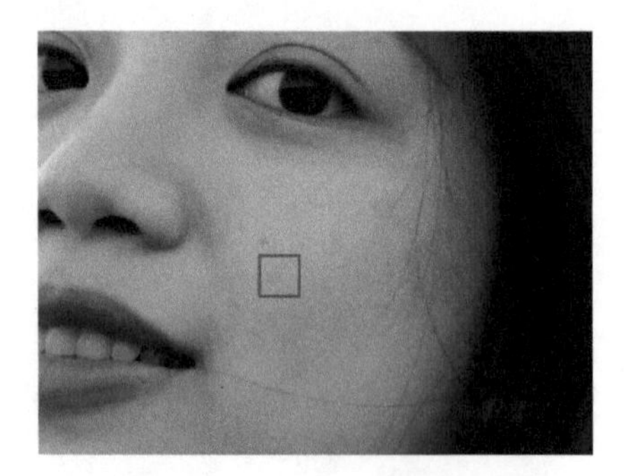

图 3-3-5　自动清除痘痘

4．同样，在脸部其他地方单击进行修复，处理大小不同的痘痘时需要在属性栏中设置不同的污点修复画笔的大小，也可以用中括号键（“[”和“]”）来改变污点修复画笔的大小。

5．通过多次单击的方式修复后，得到图 3-3-6 所示的最终效果。

图 3-3-6　最终效果

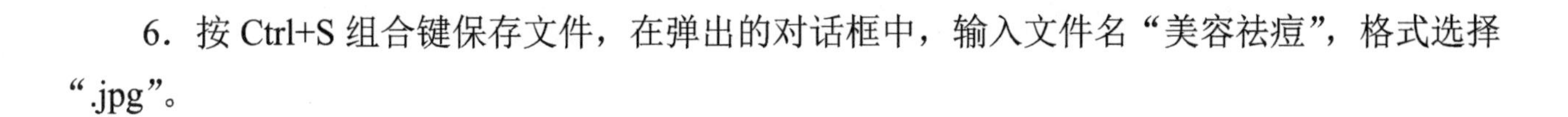

6．按 Ctrl+S 组合键保存文件，在弹出的对话框中，输入文件名“美容祛痘”，格式选择“.jpg”。

3.4 拓展练习：去除皱纹

●素　材：素材包→Ch03 图像修复→3.4 拓展练习：去除皱纹→素材
●效果图：素材包→Ch03 图像修复→3.4 拓展练习：去除皱纹→去除皱纹.jpg

图 3-4-1 为去除皱纹效果图，该图形主要运用修补工具和污点修复画笔工具完成。

1．打开“微笑女士.jpg”素材，如图 3-4-2 所示。

图 3-4-1　去除皱纹效果图

图 3-4-2　“微笑女士.jpg”素材

2．选择污点修复画笔工具，按图 3-4-3 所示设置参数，单击图 3-4-4 所示脸部区域，松开鼠标后，斑点自动消除，得到图 3-4-5 所示的效果。

图 3-4-3　污点修复画笔工具参数设置

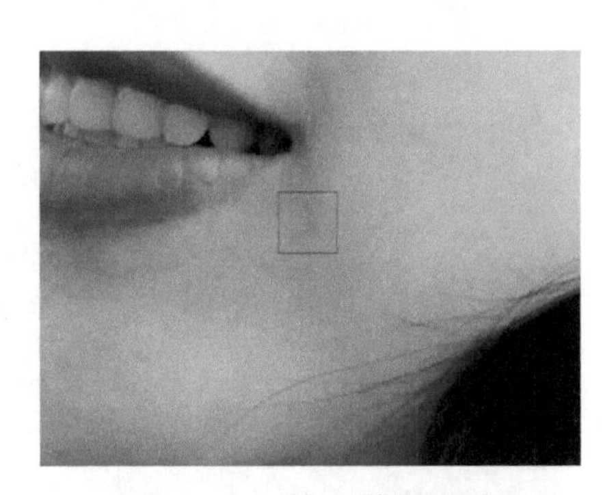

图 3-4-4　单击脸部斑点

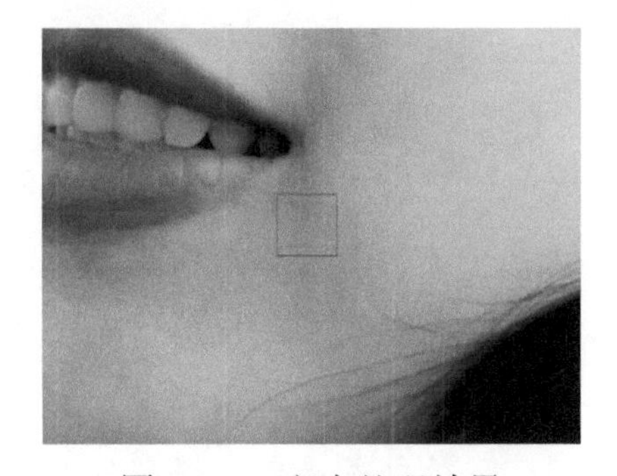

图 3-4-5　斑点处理效果

3．选择修补工具，选中“源”单选按钮，参数设置如图 3-4-6 所示。用修补工具选取图 3-4-7 所示的皱纹区域，按住鼠标左键不放，将选区拖到下方完好的皮肤处，则选区里的皱纹被自动修复，效果如图 3-4-8 所示。

修补：正常 源 目标 透明 使用图案

图 3-4-6　修补工具参数设置

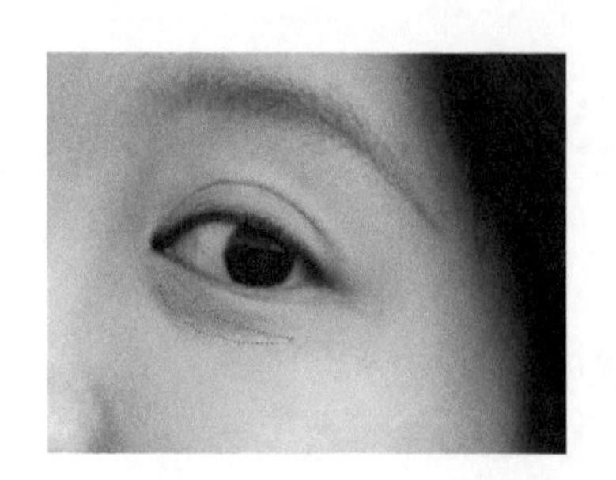

图 3-4-7　皱纹选区

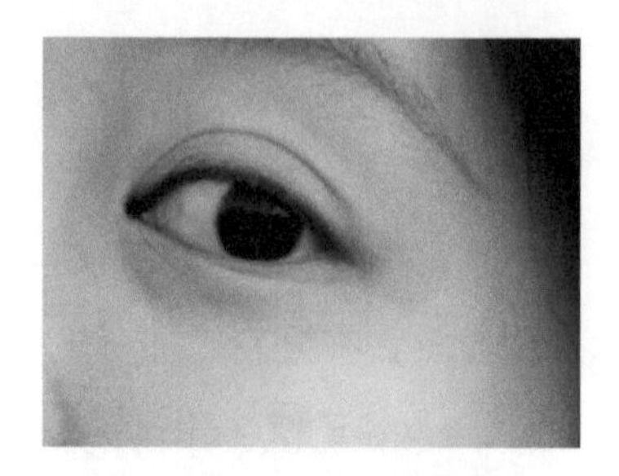

图 3-4-8　皱纹修复效果

4．重复步骤 3，直到完成眼部及另一侧脸中有皱纹区域（见图 3-4-9 中修复前的状态）的修复，最后得到图 3-4-10 所示的效果。

图 3-4-9　皱纹修复前状态

图 3-4-10　皱纹修复最终效果

5．完成操作，保存文件。

3.5 图像修复：风景修复

● 难易程度：★★☆☆

● 教学重点：仿制图章工具的使用方法

● 教学难点：仿制图章工具的应用

● 实例描述：本案例主要使用仿制图章工具，通过反复取样并单击修复，去除风景中多余的对象或对风景进行修复

● 实例文件：

素　　材：素材包→Ch03 图像修复→3.5 风景修复→素材

效 果 图：素材包→Ch03 图像修复→3.5 风景修复→风景修复.jpg

1．打开 Photoshop CS6 软件，按 Ctrl+O 组合键，打开“风景.jpg”素材，如图 3-5-1 所示。

2．按 S 快捷键，激活“仿制图章工具”，在该按钮处右击（或长按鼠标左键），在弹出的图 3-5-2 所示的菜单中，选择“仿制图章工具”。

图 3-5-1 “风景.jpg”素材

图 3-5-2 选择“仿制图章工具”

小知识 | 仿制图章工具

“仿制图章工具”对于复制对象或修复图像中的缺陷非常有用，选择该工具，在画面中按住 Alt 键单击即可进行样本的拾取，然后将鼠标指针移动到其他位置，按住鼠标左键进行绘制，便可以对之前拾取的样本位置像素进行绘制。其属性栏如图 3-5-3 所示。

图 3-5-3 仿制图章工具属性栏

对齐：选中该复选框以后，可以连续对像素进行取样，即使在释放鼠标以后，也不会丢失当前的取样点。如果取消选中“对齐”复选框，则会在每次停止并重新开始绘制时使用初始取样点中的样本像素。

样本：从指定的图层中进行数据取样。

3．设置仿制图章工具属性栏中的参数，如图 3-5-3 所示。按住 Alt 键，在图 3-5-4 所示的位置进行取样，松开鼠标后在钓鱼竿处进行绘制，如图 3-5-5 所示。

图 3-5-4 取样

图 3-5-5 绘制修复区域

4．重复步骤 3，在需要修复的区域继续进行绘制，直到得到图 3-5-6 所示的效果。

5．重复步骤 3、步骤 4，重新进行多次取样，对钓鱼人及地面上的钓鱼桶进行修复，直到得到图 3-5-7 所示的最终效果。

图 3-5-6　修复后效果

图 3-5-7　最终效果

6．按 Ctrl+S 组合键保存文件，在弹出的对话框中，输入文件名“风景修复”，格式选择“.jpg”。

3.6 拓展练习：去除黑眼圈

●素　材：素材包→Ch03 图像修复→3.6 拓展练习：去除黑眼圈→素材

●效果图：素材包→Ch03 图像修复→3.6 拓展练习：去除黑眼圈→去除黑眼圈.jpg

图 3-6-1 为去除黑眼圈效果图，该图形主要运用仿制图章工具完成。

1．打开“黑眼圈.jpg”素材，如图 3-6-2 所示。

图 3-6-1　去除黑眼圈效果图

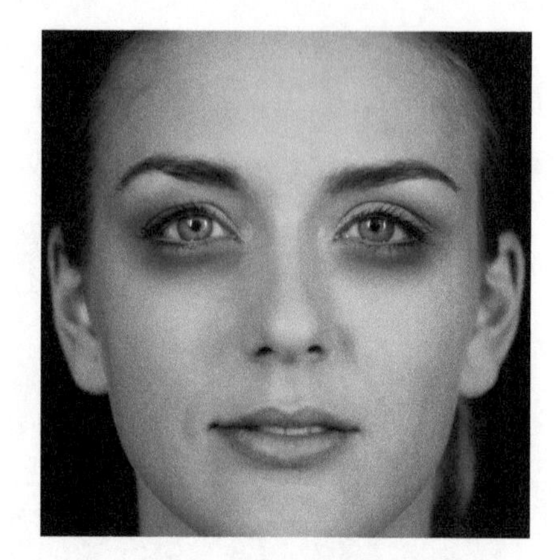

图 3-6-2　“黑眼圈.jpg”素材

2．按 S 快捷键，在“仿制图章工具”图标处右击，在弹出的菜单中选择“仿制图章工具”，设置仿制图章工具属性栏中的参数，如图 3-6-3 所示。

图 3-6-3　设置仿制图章工具属性栏中的参数

3．按住 Alt 键，在图 3-6-4 所示的位置进行取样，松开鼠标后在左边黑眼圈处进行绘制，直到得到图 3-6-5 所示的效果。

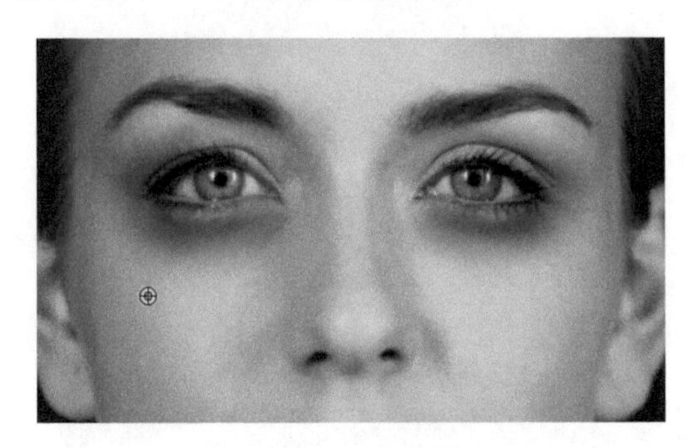

图 3-6-4　取样

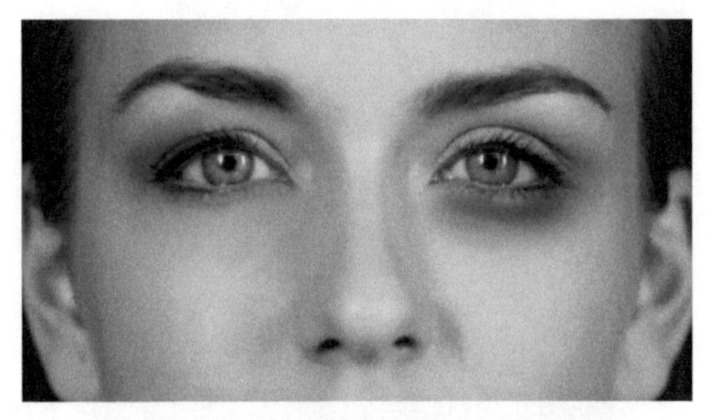

图 3-6-5　左边黑眼圈处理效果

4．运用相同的方法，在右边脸上重新取样，并在右边黑眼圈处进行绘制，直到得到图 3-6-6 所示的效果。

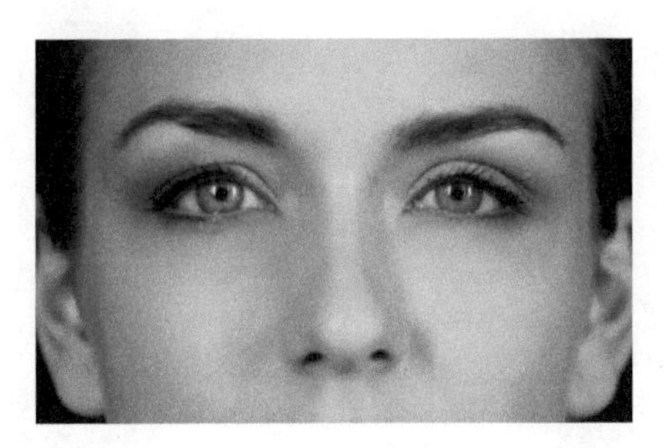

图 3-6-6　右边黑眼圈处理效果

5．完成操作，保存文件。

3.7　拓展练习：去除风景人物

●素　材：素材包→Ch03 图像修复→3.7 拓展练习：去除风景人物→素材

●效果图：素材包→Ch03 图像修复→3.7 拓展练习：去除风景人物→去除风景人物.jpg

图 3-7-1 为去除风景中人物后的效果图，该图像主要运用仿制图章工具完成。

1．打开“风景人物.jpg”素材，如图 3-7-2 所示。

2．按 S 快捷键，在“仿制图章工具”图标处右击，在菜单中选择“仿制图章工具”，设置仿制图章工具属性栏中的参数，如图 3-7-3 所示。

3．按住 Alt 键，在图 3-7-4 所示的位置进行取样，松开鼠标后在人物处进行绘制。

4．通过多次取样和反复绘制，得到图 3-7-5 所示的效果。

图 3-7-1　去除风景中人物后的效果图

图 3-7-2　“风景人物.jpg”素材

图 3-7-3　仿制图章工具属性栏参数设置

图 3-7-4　取样

图 3-7-5　多次取样和绘制处理效果

5．利用选框工具，选择图 3-7-6 所示的选区，按 Ctrl+B 组合键，打开“色彩平衡”对话框（菜单法：执行“图像”→“调整”→“色彩平衡”命令），对修复后的图像进行色彩调整，参数设置如图 3-7-7 所示。

图 3-7-6　选择选区

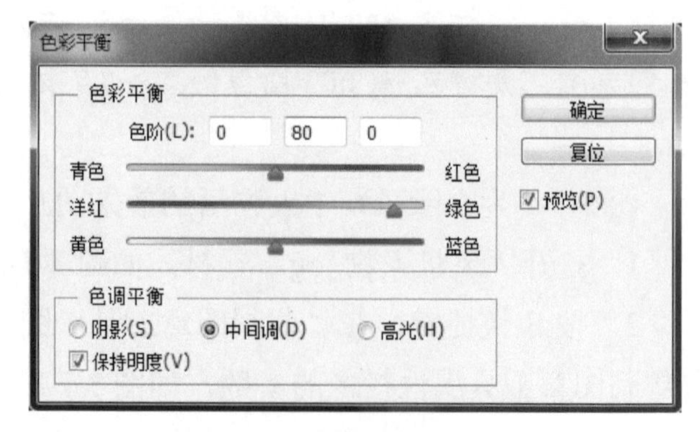

图 3-7-7　“色彩平衡”对话框

6．按 Ctrl+D 组合键取消选区，完成操作，保存文件。

3.8 图像修复：场景广告牌

● 难易程度：★★★☆
● 教学重点：消失点的使用方法
● 教学难点：消失点的应用
● 实例描述：使用“消失点”滤镜创建透视平面，通过复制、粘贴、变换工具等，完成场景广告牌中图片的透视制作
● 实例文件：
素　　材：素材包→Ch03 图像修复→3.8 场景广告牌→素材
效 果 图：素材包→Ch03 图像修复→3.8 场景广告牌→场景广告牌.jpg

1．打开 Photoshop CS6 软件，按 Ctrl+O 组合键，打开“地铁广告牌.jpg”素材，如图 3-8-1 所示。

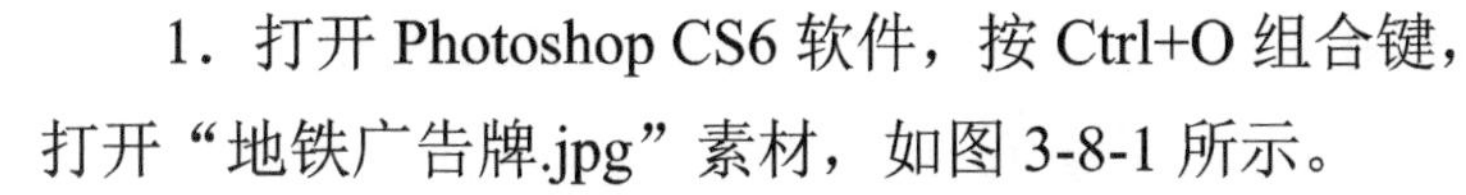

2．按 Ctrl+J 组合键复制“背景”图层，得到“图层 1”。

图 3-8-1　“地铁广告牌.jpg”素材

3．打开“Lipstick.jpg”素材，按 Ctrl+A 组合键进行全选，按 Ctrl+C 组合键将该素材内容复制到剪贴板。选择“地铁广告牌”所在图层，按 Ctrl+Alt+V 组合键（菜单法：执行“滤镜”→“消失点”命令），打开图 3-8-2 所示的“消失点”对话框。

图 3-8-2　“消失点”对话框

小知识 | “消失点”滤镜

“消失点”滤镜可以在包含透视平面（如建筑物的侧面、墙壁、地面或任何矩形对象）的图像中进行透视矫正操作。在修饰、仿制、复制、粘贴或移去图像内容时，Photoshop 可以准确确定这些操作的方向。

技术拓展：详解“消失点”滤镜

编辑平面工具：用于选择、编辑、移动平面的节点及调整平面的大小。

创建平面工具：用于定义透视平面的 4 个角节点。创建好 4 个角节点以后，可以使用该工具对节点进行移动、缩放等操作。如果按住 Ctrl 键拖曳边节点，可以拉出一个垂直平面。另外，如果节点的位置不正确，可以按 Backspace 键删除该节点。

选框工具：使用该工具可以在创建好的透视平面上绘制选区，以选中平面上的某个区域。建立选区以后，将光标放置在选区内，按住 Alt 键拖曳选区，可以复制图像。如果按住 Ctrl 键拖曳选区，则可以用源图像填充该区域。

图章工具：使用该工具时，按住 Alt 键在透视平面内单击，可以设置取样点。

画笔工具：该工具主要用来在透视平面上绘制选定的颜色。

变换工具：该工具主要用来变换选区，其作用相当于自由变换命令。

吸管工具：可以使用该工具在图像上拾取颜色，以用作画笔工具的绘画颜色。

测量工具：使用该工具可以在透视平面中测量项目的距离和角度。

抓手工具：该工具用于在预览窗口中移动图像。

缩放工具：该工具用于在预览窗口中放大或缩小图像的视图。

4. 单击“消失点”对话框左侧的“创建平面工具”按钮，绘制带有 4 个节点的透视平面，效果如图 3-8-3 所示。若对节点位置不满意，可以单击对话框左侧的“编辑平面工具”按钮，调整节点位置。另外，也可以通过放大和缩小功能将选定的节点精确地进行调整或移动。

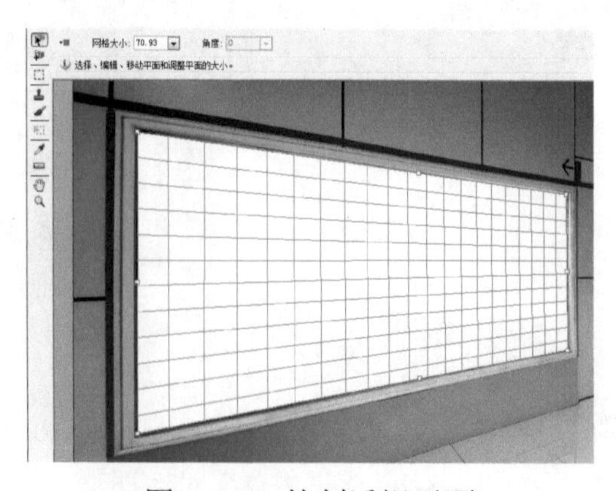

图 3-8-3　绘制透视平面

5．按 Ctrl+V 组合键将步骤 3 中复制的剪贴板的内容粘贴到“消失点”对话框中，如图 3-8-4 所示。

提示：操作小技巧

若要删除节点，可以按 Backspace 键。若要结束对节点的创建，不能按 Esc 键，否则会直接关闭“消失点”对话框，导致所做的一切操作都丢失。

创建平面时，若显示红色，则表示透视角度不正确；若显示蓝色，则表示透视角度合适。

6．单击“变换工具”按钮（或按 Ctrl+T 组合键）对粘贴后的对象进行自由变换，缩放后移动到图 3-8-5 所示的位置，图片缩小后可以小于透视平面，且不用等比例缩放。

图 3-8-4　粘贴剪贴板对象

图 3-8-5　自由变换

7．在“变换工具”状态下，将变形后的图片向透视框内拖动，图片会自动按透视框大小显示，如果图片不能填满透视框，可以用鼠标拖动图片边界进行放大，以填满整个透视框，如图 3-8-6 所示。单击“确定”按钮后，完成第一块场景广告牌。

8．重复步骤 3～7，对第二、第三块场景广告牌进行相同的操作，最终效果如图 3-8-7 所示。

图 3-8-6　填满透视框

图 3-8-7　最终效果

9．按 Ctrl+S 组合键保存文件，在弹出的对话框中，输入文件名“场景广告牌”，格式选择“.jpg”。

3.9 拓展练习：去除地板杂物

●素　材：素材包→Ch03 图像修复→3.9 拓展练习：去除地板杂物→素材
●效果图：素材包→Ch03 图像修复→3.9 拓展练习：去除地板杂物→去除地板杂物.jpg

图 3-9-1 为去除皮鞋后的效果图，该效果主要使用“消失点”滤镜完成，运用消失点中的图章工具去除多余杂物。

1．打开“地板.jpg”素材，如图 3-9-2 所示。

图 3-9-1　去除皮鞋后的效果图

图 3-9-2　“地板.jpg”素材

2．按 Ctrl+J 组合键复制背景图层，得到“图层 1”。按 Ctrl+Alt+V 组合键，打开“消失点”对话框。

3．单击该对话框左侧的“创建平面工具”按钮，创建图 3-9-3 所示的透视平面。

图 3-9-3　透视平面

4．选择图章工具，设置适当的图章直径及硬度，在透视区没有杂物的地板上取样，然后在有杂物的区域进行涂抹绘制，直到得到图 3-9-1 所示的效果。

5．完成操作，保存文件。

3.10 拓展练习：去除杂物

●素　材：素材包→Ch03 图像修复→3.10 拓展练习：去除杂物→素材
●效果图：素材包→Ch03 图像修复→3.10 拓展练习：去除杂物→去除杂物.jpg

图 3-10-1 为素材效果图，图 3-10-2 为去除杂物后效果图。该效果主要使用“消失点”滤镜完成，即运用消失点中的图章工具去除多余杂物，达到去除多余图像的效果。

图 3-10-1　素材效果图

图 3-10-2　去除杂物后效果图

Chapter 4

第 4 章 图层的应用

案例讲解

- ◎ 4.1 动漫马克杯
- ◎ 4.3 嫩滑字
- ◎ 4.5 水晶字
- ◎ 4.7 火焰 LOGO

拓展案例

- ◎ 4.2 微笑女孩
- ◎ 4.4 水晶果冻字
- ◎ 4.6 水滴
- ◎ 4.8 白银 LOGO

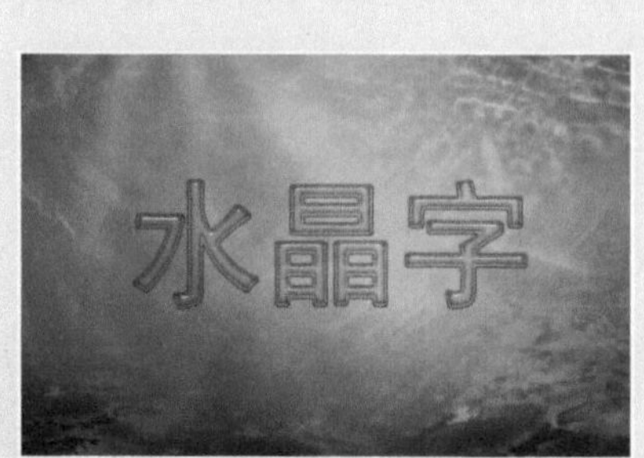

 4.1 图层的应用：动漫马克杯

- 难易程度：★☆☆☆
- 教学重点：图层模式的设置
- 教学难点：图层模式的应用
- 实例描述：通过置入图像，运用自由变换命令中的扭曲和变形命令及设置图层模式，完成马克杯的动漫特效
- 实例文件：

素　　材：素材包→Ch04 图层的应用→4.1 动漫马克杯→素材

效 果 图：素材包→Ch04 图层的应用→4.1 动漫马克杯→动漫马克杯.jpg

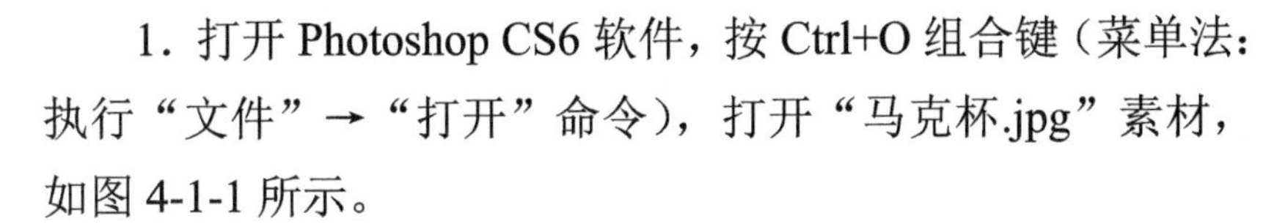

1．打开 Photoshop CS6 软件，按 Ctrl+O 组合键（菜单法：执行“文件”→“打开”命令），打开“马克杯.jpg”素材，如图 4-1-1 所示。

2．执行“文件”→“置入”命令，在弹出的图 4-1-2 所示的“置入”对话框中，选择“动漫人物.jpg”素材，单击“置入”按钮后出现图 4-1-3 所示的控制框。

图 4-1-1　“马克杯.jpg”素材

图 4-1-2　“置入”对话框

图 4-1-3　置入对象

3．按 Enter 键，得到新图层“动漫人物”，设置该图层的不透明度为“50%”，如图 4-1-4 所示。

图 4-1-4　设置图层不透明度

4．右击“动漫人物”图层，在弹出的菜单中选择“栅格化图层”命令，如图 4-1-5 所示。

5．按 Ctrl+T 组合键，在右键菜单中选择“扭曲”命令，把图片的 4 个角移动到杯子的 4 个点上，如图 4-1-6 所示。

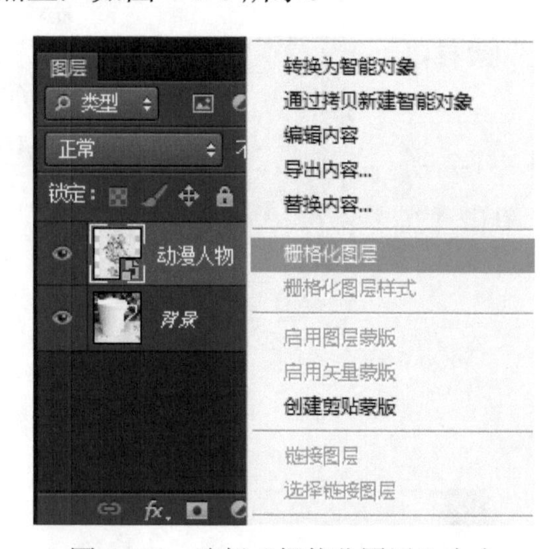

图 4-1-5　选择“栅格化图层”命令

图 4-1-6　准备扭曲变形

6．此时不要确认扭曲变形，继续在右键菜单中选择“变形”命令，如图 4-1-7 所示。

7．选择“变形”命令后，出现图 4-1-8 所示的控制框。

8．移动控制框上的手柄，拖出图 4-1-9 所示的变形效果。

9. 在全部覆盖到马克杯的侧面之后，按 Enter 键确认变形。把图层的不透明度调回 100%，此时的效果如图 4-1-10 所示。

10．在“图层”面板中设置图层的混合模式为“线性加深”，得到图 4-1-11 所示的效果。

11．按 Ctrl+S 组合键保存文件（菜单法：执行“文件”→“存储为”命令），在弹出的对话框中，输入文件名“动漫马克杯”，格式选择“.jpg”，图 4-1-11 为最终效果图。

图 4-1-7　选择“变形”命令

图 4-1-8　变形控制框

图 4-1-9　变形后的效果

图 4-1-10　调整不透明度

图 4-1-11　设置线性加深

4.2 拓展练习：微笑女孩

●素　材：素材包→Ch04 图层的应用→4.2 拓展练习：微笑女孩→素材
●效果图：素材包→Ch04 图层的应用→4.2 拓展练习：微笑女孩→微笑女孩.jpg

图 4-2-1 为微笑女孩更换 T 恤后的效果图，该图形主要通过移动工具、自由变换命令、更改图层模式等完成。

1．打开“微笑女孩.jpg”素材，如图 4-2-2 所示。

图 4-2-1　微笑女孩更换 T 恤后的效果图

图 4-2-2　“微笑女孩.jpg”素材

2．打开“奔跑.jpg”素材，如图 4-2-3 所示，并用魔术棒抠取得到奔跑人物，效果如图 4-2-4 所示。

图 4-2-3　“奔跑.jpg”素材

图 4-2-4　抠取奔跑人物

3．将抠取好的奔跑人物拖入“微笑女孩”文件中，利用自由变换工具改变文件的大小和位置，并修改图层的模式为线性加深。

4．完成操作，保存文件。

4.3 图层的应用：嫩滑字

●难易程度：★★☆☆

●教学重点：设置图层样式

●教学难点：图层样式的应用

●实例描述：运用文字工具输入文字，通过修改图层样式中的斜面和浮雕、内阴影、内发光、渐变叠加、外发光、投影等各项参数，完成嫩滑字特效的设计

●实例文件：

效 果 图：素材包→Ch04 图层的应用→4.3 嫩滑字→嫩滑字.jpg

1．打开 Photoshop CS6 软件，按 Ctrl+N 组合键新建文件，设置文件宽度为 800 像素，高度为 573 像素，分辨率为 72 像素/英寸，颜色模式为 RGB 颜色，背景色为白色。

2．按 T 快捷键，激活“文字工具”，长按该按钮，在弹出的菜单中选择“横排文字工具”，如图 4-3-1 所示。输入第一行文字“平面设计班”，设置字体为华文行楷，字号为 130 点，并调整到图 4-3-2 所示的位置。

图 4-3-1　文字工具

图 4-3-2　输入文字

3．在“图层”面板中双击“平面设计班”所在的图层，在弹出的“图层样式”对话框中，分别对斜面和浮雕、内阴影、内发光、渐变叠加、外发光、投影等选项进行设置，具体参数如图 4-3-3—图 4-3-8 所示。

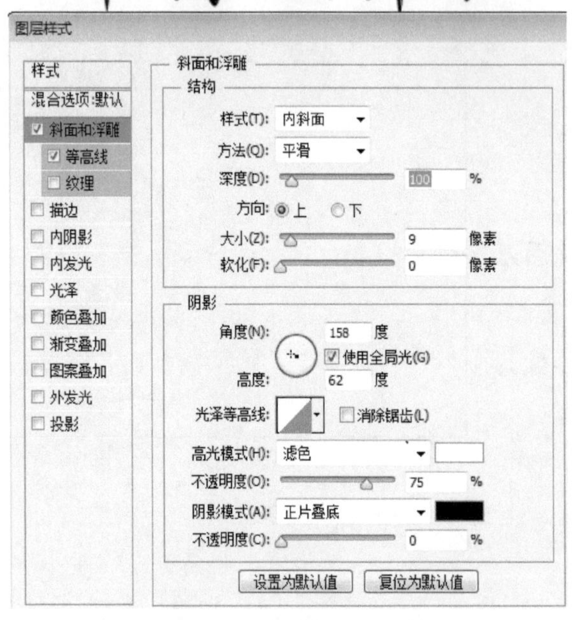

图 4-3-3 斜面和浮雕

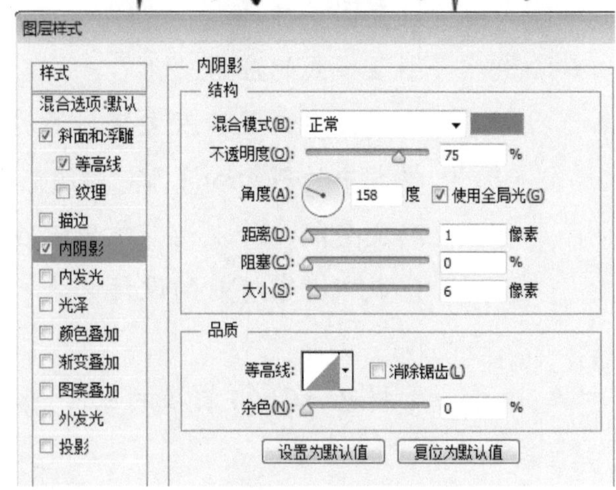

图 4-3-4 内阴影

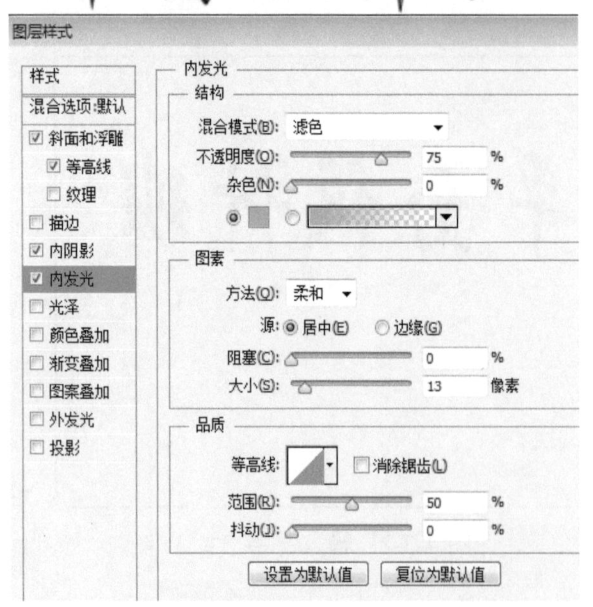

图 4-3-5 内发光

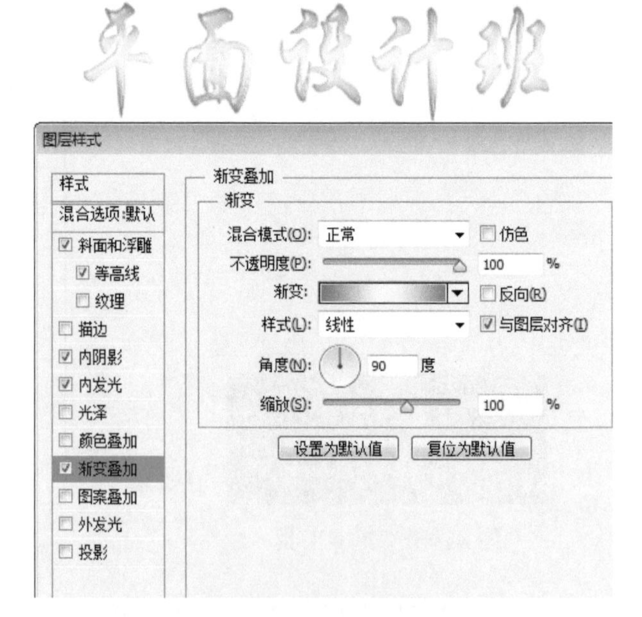

图 4-3-6 渐变叠加

4．同步骤 2，继续输入第二行文字“Graphic design class”，如图 4-3-9 所示，同时得到新的文字图层，“图层”面板如图 4-3-10 所示。

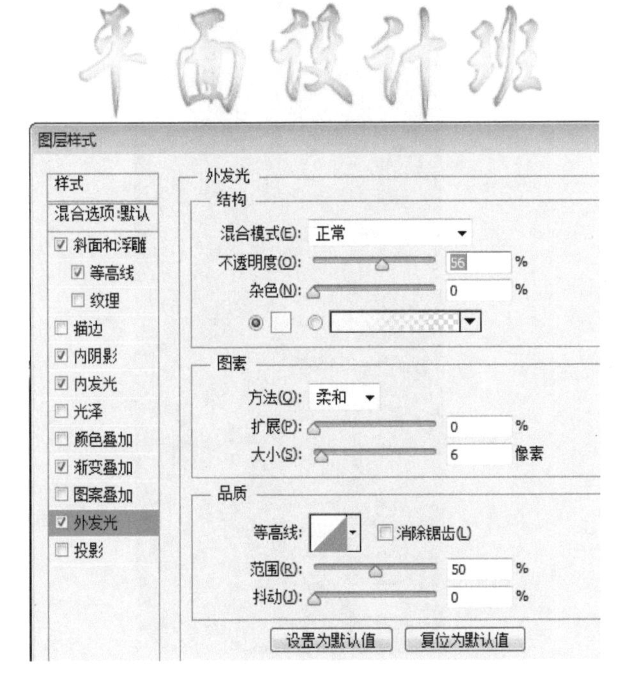

图 4-3-7　外发光

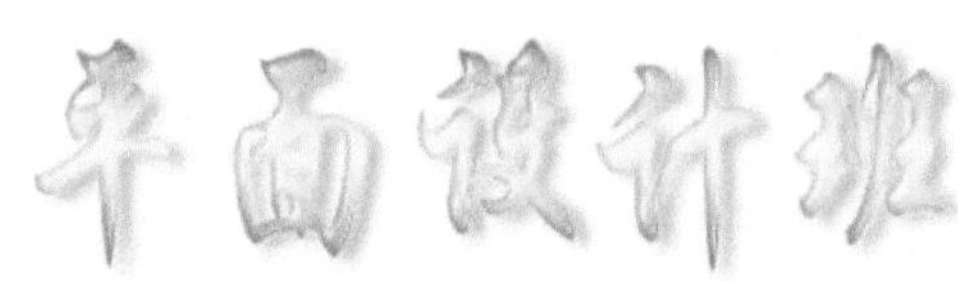

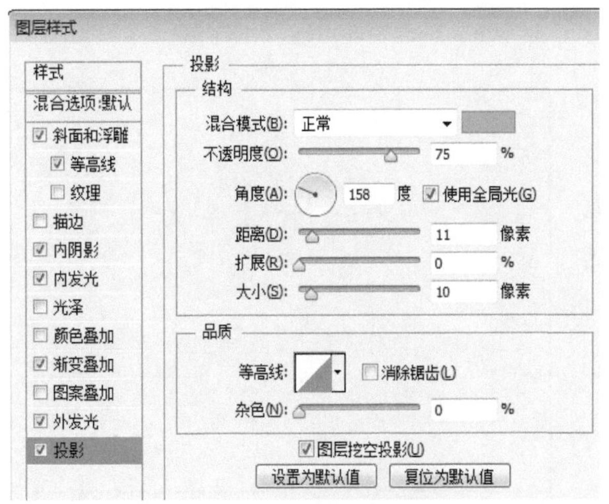

图 4-3-8　投影

图 4-3-9　输入第二行文字

图 4-3-10　“图层”面板（一）

5．按住 Alt 键，将“平面设计班”文字图层中的图层样式效果拖到“Graphic design class”文字图层，这样第一行文字的图层样式效果全被复制到了第二行文字中，最终效果如图 4-3-11 所示，同时得到相应的“图层”面板，如图 4-3-12 所示。

6．按 Ctrl+S 组合键保存文件（菜单法：执行“文件”→“存储为”命令），在弹出的对话框中，输入文件名“嫩滑字”，格式选择“.jpg”。

图 4-3-11　嫩滑字最终效果

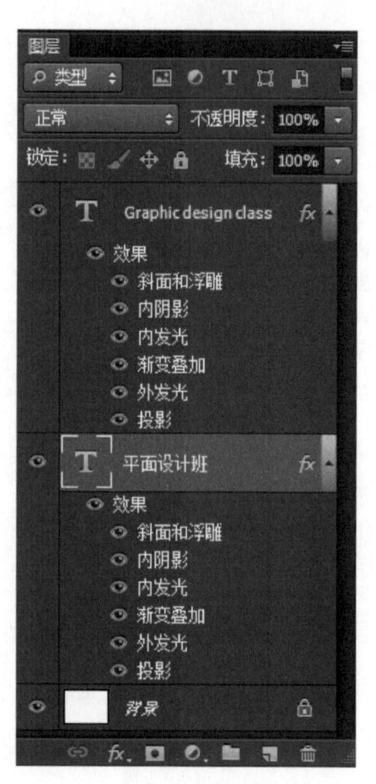

图 4-3-12　“图层”面板（二）

4.4　拓展练习：水晶果冻字

●素　材：素材包→Ch04 图层的应用→4.4 拓展练习：水晶果冻字→素材

●效果图：素材包→Ch04 图层的应用→4.4 拓展练习：水晶果冻字→水晶果冻字.jpg

图 4-4-1 所示为水晶果冻字，该图形主要运用文字工具输入文字，通过修改图层样式中的斜面和浮雕、描边、内阴影、内发光、投影等各项参数，完成水晶果冻特效字的设计。

图 4-4-1　水晶果冻字

1．打开背景素材，输入文字，字体为“EARTHQUAKE”，字体号为“160 点”，如图 4-4-2 所示。

2．在文字图层的选区新建图层，并进行线性渐变，颜色值分别为：深蓝（R：0，G：42，B：202），浅蓝（R：27，G：119，B：248），得到图 4-4-3 所示的效果。

图 4-4-2　输入文字

图 4-4-3　线性渐变

3．为渐变好的文字图层添加斜面和浮雕、等高线、描边、内阴影、内发光、投影，参数设置可参照图 4-4-4～图 4-4-9。

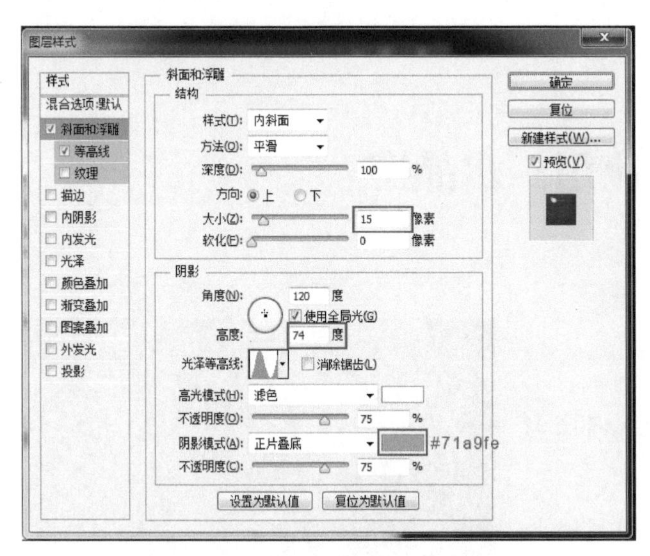

图 4-4-4　斜面和浮雕参数设置

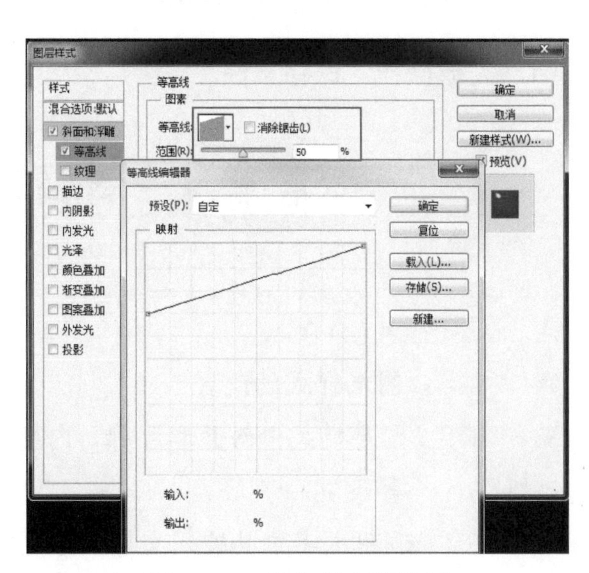

图 4-4-5　等高线参数设置

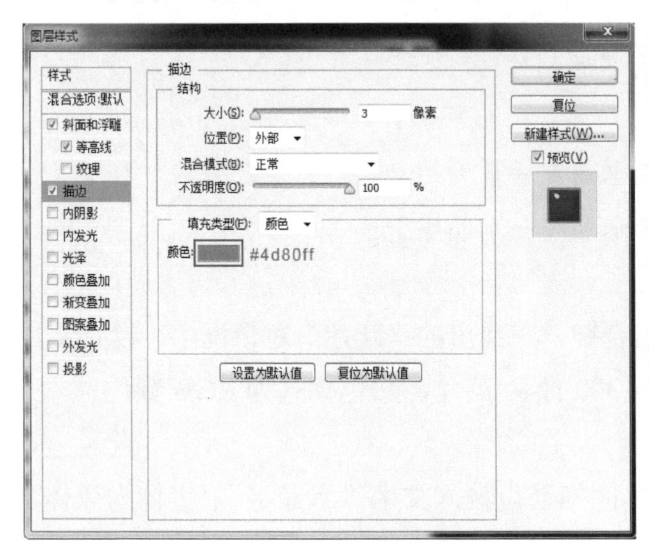

图 4-4-6　描边参数设置

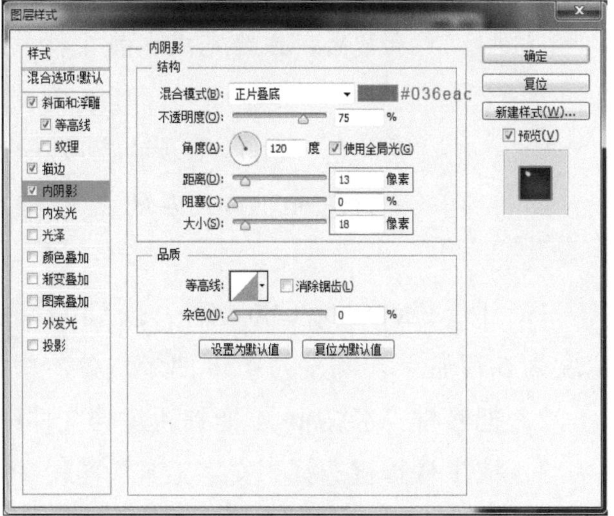

图 4-4-7　内阴影参数设置

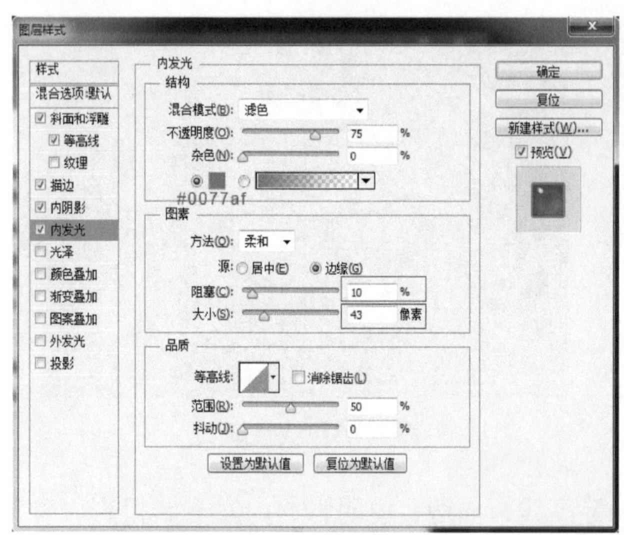

图 4-4-8　内发光参数设置

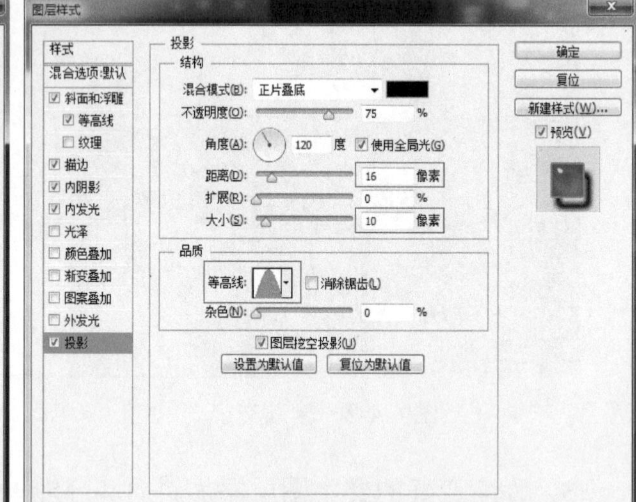

图 4-4-9　投影参数设置

4．完成操作，保存文件。

4.5 图层的应用：水晶字

● 难易程度：★★☆☆

● 教学重点：图层样式的设置

● 教学难点：图层样式中斜面和浮雕、内发光、内阴影等设置

● 实例描述：利用文字工具输入文字，给文字图层添加图层样式，设置“投影”和“斜面和浮雕”中的“等高线”来改变文字的光泽和质感，最终完成水晶字特效文字的制作

● 实例文件：

素　　材：素材包→Ch04 图层的应用→4.5 水晶字→素材

效 果 图：素材包→Ch04 图层的应用→4.5 水晶字→水晶字.jpg

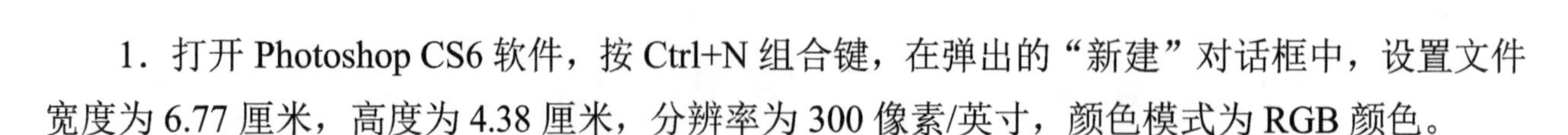

1．打开 Photoshop CS6 软件，按 Ctrl+N 组合键，在弹出的“新建”对话框中，设置文件宽度为 6.77 厘米，高度为 4.38 厘米，分辨率为 300 像素/英寸，颜色模式为 RGB 颜色。

2．把素材“水纹.jpg”拖到新建的文件中。

3．按 T 快捷键选择“文字工具”，在中间拖动，输入文字“水晶字”，字体为黑体，字号为 42.03 点，填充颜色为白色，如图 4-5-1 所示。

4．把文字图层的填充设置为 0%，如图 4-5-2 所示。双击文字图层，进入“图层样式”

对话框，如图 4-5-3 所示。

5．选择“投影”并激活参数设置，如图 4-5-4 所示。混合模式：正片叠底，不透明度：80%，角度：90 度，距离：1 像素，扩展：6%，大小：5 像素，并按图 4-5-5 设置等高线。

图 4-5-1　输入文字

图 4-5-2　设置填充

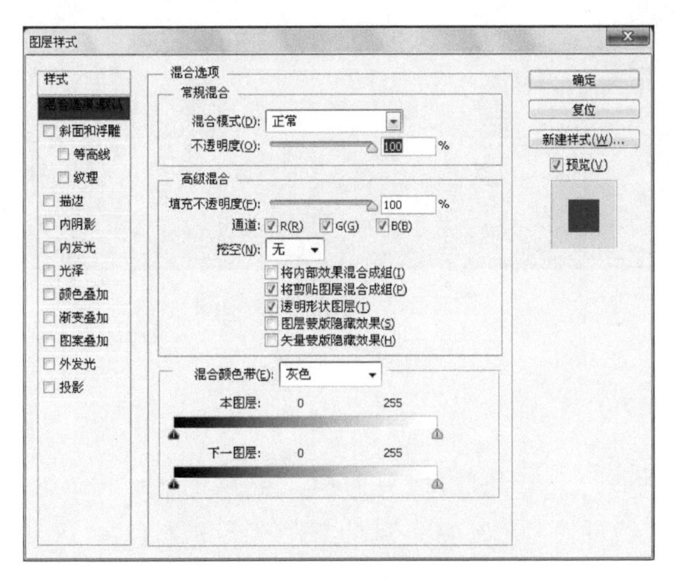

图 4-5-3　“图层样式”对话框

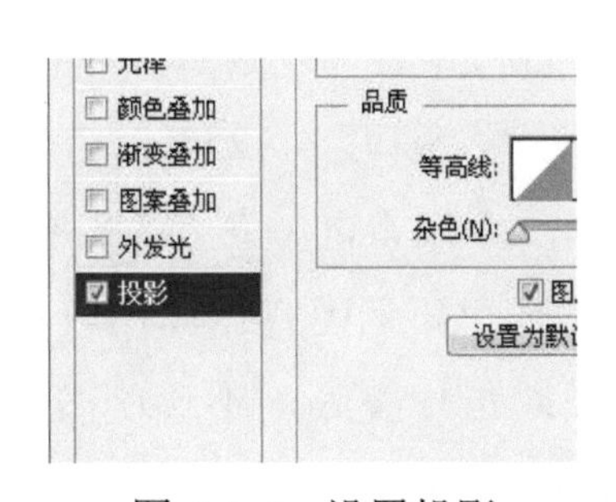

图 4-5-4　设置投影

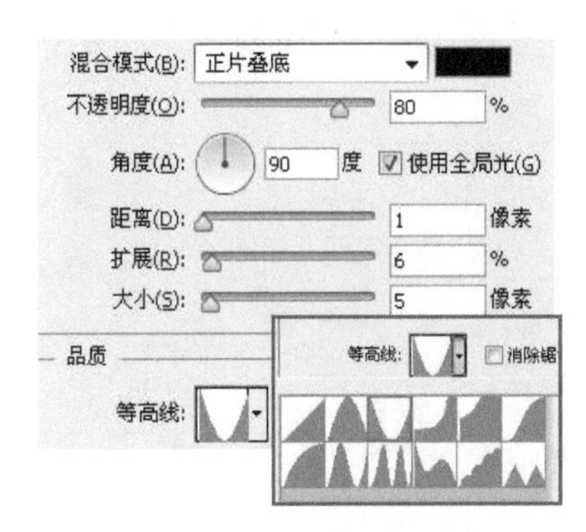

图 4-5-5　设置等高线

6．选择“内阴影”并激活参数设置，混合模式：正片叠底，不透明度：66%，角度：90度，距离：0像素，阻塞：8%，大小：8像素，如图4-5-6所示。

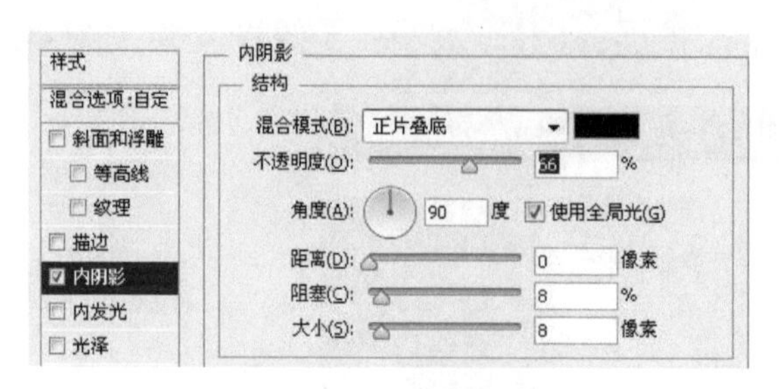

图4-5-6　设置内阴影

7．此时效果如图4-5-7所示。

图4-5-7　水晶字效果图

小知识 | 等高线

我们能看到物体是因为光的反射，而等高线则模拟了这一特点，并反映了物体特有的材质。本案例分别采用了两种等高线来制作物体的反光和水晶的质感。我们在制作立体的物体和立体字时也可以多尝试改变等高线的设置来制作不同的效果。

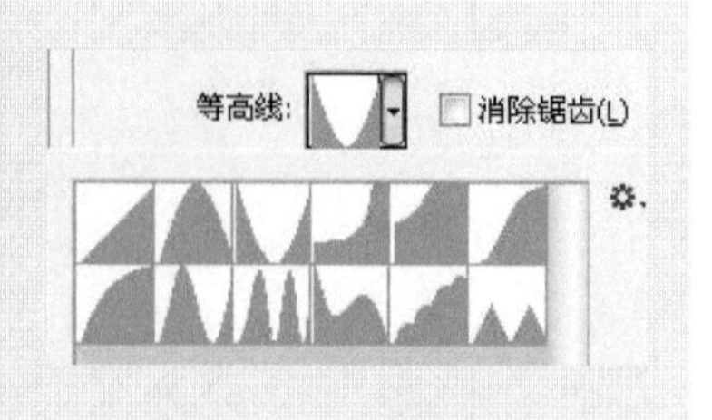

8．选择“斜面和浮雕”并激活参数设置。样式：内斜面，方法：平滑，深度：123%，方向：上，大小：7像素，软化：1像素，如图4-5-8所示。角度：90度，高度：64度，高光模式：滤色，不透明度：100%，阴影模式：正片叠底，不透明度：11%，光泽等高线如图4-5-9所示。

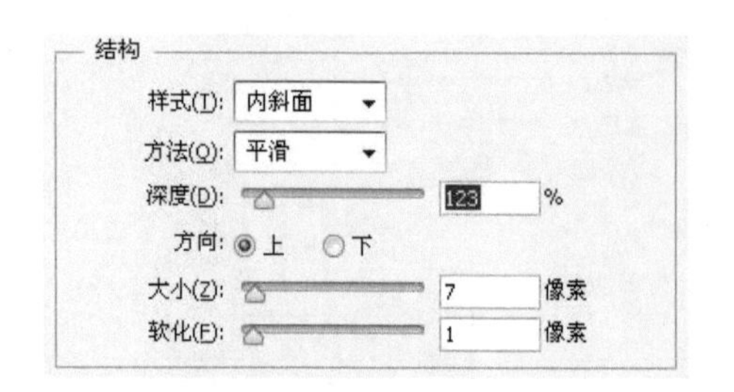

图4-5-8　设置斜面和浮雕“结构”选项组

9．选择“外发光”并激活参数设置。混合模式：

叠加，不透明度：30%，杂色：0%，如图 4-5-10 所示。

10．完成水晶字的制作，如图 4-5-11 所示。

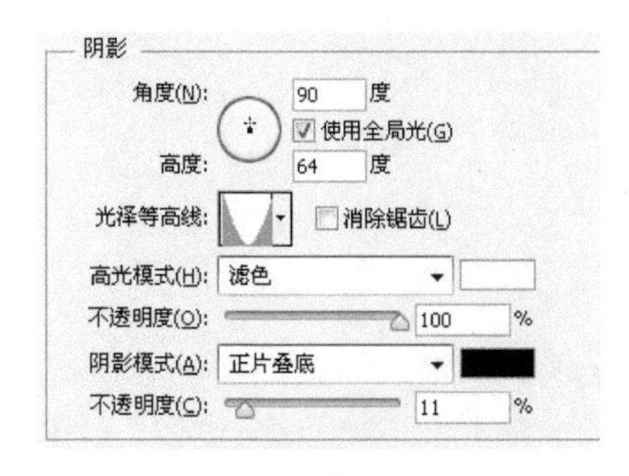

图 4-5-9　设置斜面和浮雕“阴影”选项组

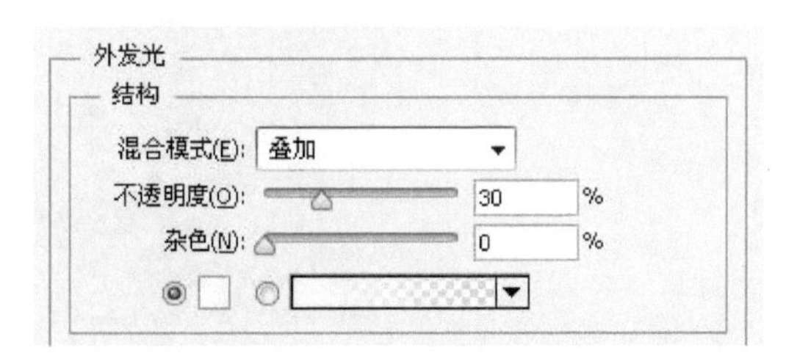

图 4-5-10　设置“外发光”

图 4-5-11　水晶字效果

4.6 拓展练习：水滴

●素　材：素材包→Ch04 图层的应用→4.6 拓展练习：水滴→素材

●效果图：素材包→Ch04 图层的应用→4.6 拓展练习：水滴→水滴.jpg

图 4-6-1 为水滴效果图，该图形主要通过椭圆选框工具、液化来制作水滴的形状，并通过图层样式来设置水滴的效果。

1．新建文件（833 像素×565 像素），分辨率为 100 像素/英寸，RGB 颜色模式。

2．把素材“树叶.jpg”拖到新建的文件中，新建一个空白图层（“图层 1”），选用椭圆选框工具，绘制 4 个大小不一的椭圆形，填充白色，如图 4-6-2 所示。

3．添加液化特效（菜单法：执行“滤镜”→“液化”命令）把圆形调整成不规则的形状，如图 4-6-3 所示。

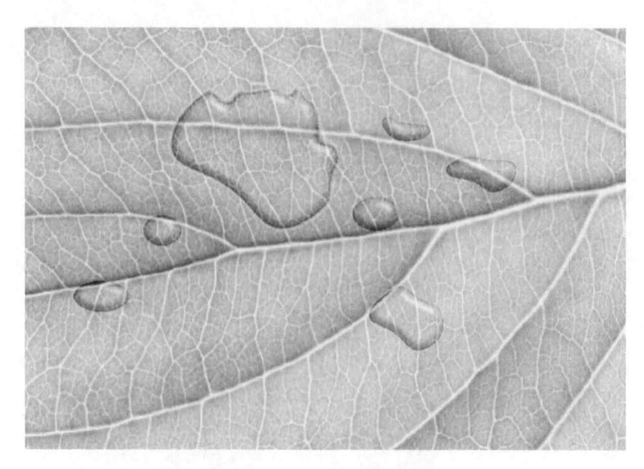

图 4-6-1　水滴效果

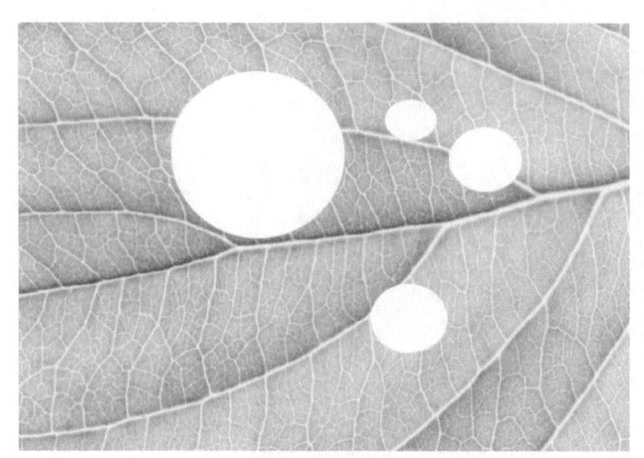

图 4-6-2　绘制 4 个椭圆

图 4-6-3　调整为不规则形状

4．继续用椭圆选框工具绘制 3 个大小不一的椭圆，填充白色，如图 4-6-4 所示。

5．把“图层 1”的填充设置为 0%，双击“图层 1”进入“图层样式”对话框，按图 4-6-5 设置斜面和浮雕参数，按图 4-6-6 设置内阴影参数。

图 4-6-4　继续绘制 3 个椭圆

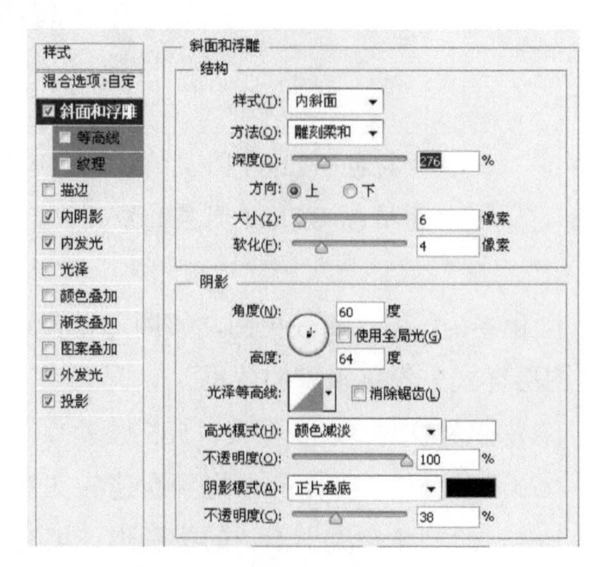

图 4-6-5　设置斜面和浮雕参数

6．按图 4-6-7 设置内发光参数，按图 4-6-8 设置外发光参数。

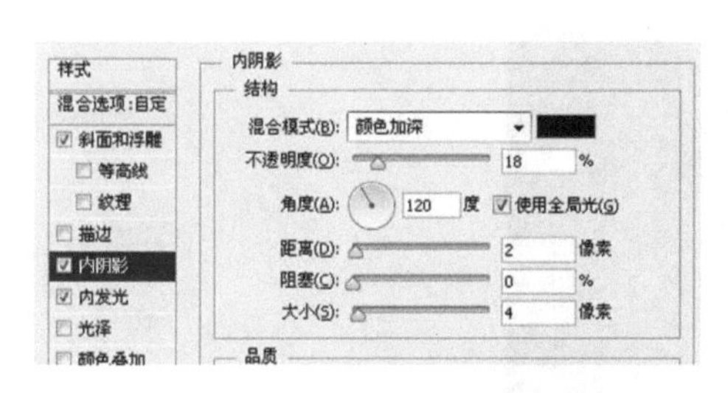

图 4-6-6　设置内阴影参数

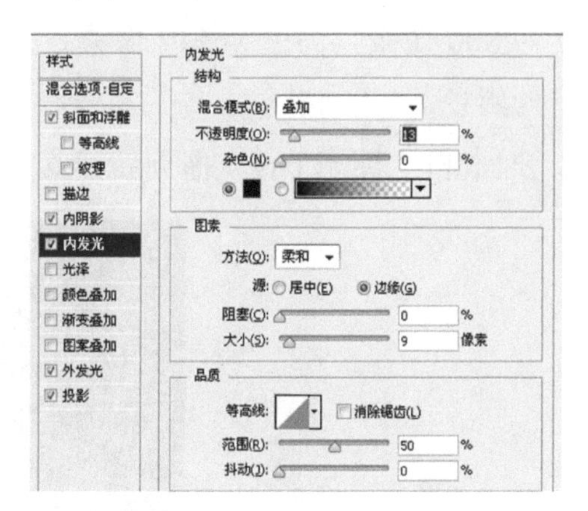

图 4-6-7　设置内发光参数

7．按图 4-6-9 设置投影“结构”选项组，得到图 4-6-1 所示的效果。

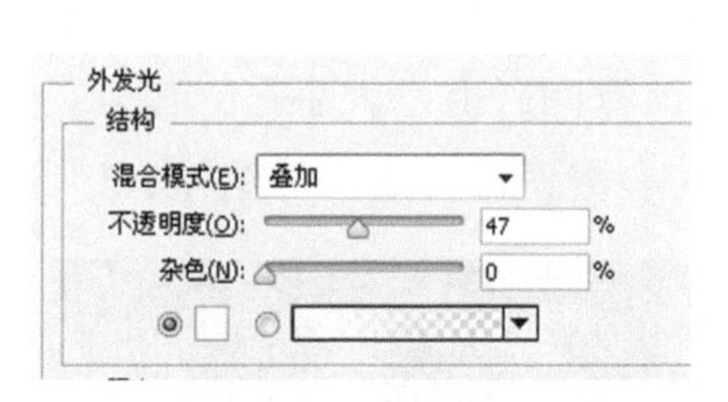

图 4-6-8　设置外发光参数

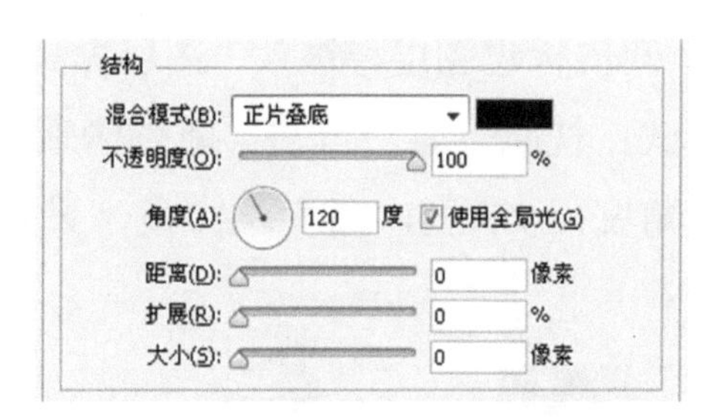

图 4-6-9　投影“结构”选项组

8．完成操作，保存文件。

4.7 图层的应用：火焰 LOGO

- 难易程度：★★★☆
- 教学重点：多图层样式的设置
- 教学难点：运用图案叠加来制作火焰纹理，进行渐变叠加中颜色的设置
- 实例描述：利用图案叠加来制作火焰纹理，调整渐变叠加的颜色及斜面和浮雕等来制作火焰的效果，添加图层的图层样式进一步完善火焰的效果
- 实例文件：

素　　材：素材包→Ch04 图层的应用→4.7 火焰 LOGO→素材

效 果 图：素材包→Ch04 图层的应用→4.7 火焰 LOGO→火焰 LOGO.jpg

1．打开 Photoshop CS6 软件，按 Ctrl+N 组合键，在弹出的“新建”对话框中，设置文件宽度为 800 像素，高度为 517 像素，分辨率为 200 像素/英寸，颜色模式为 RGB 颜色，背景填充为黑色。

2．把素材“标志.png”拖到新建文件中，并按图 4-7-1 调整其位置。

图 4-7-1　调整位置

3．双击标志图层，进入“图层样式”对话框，选中并激活斜面和浮雕命令，进行参数设置。样式：枕状浮雕，方法：雕刻清晰，深度：368%，方向：上，大小：8 像素，软化：5 像素，角度：−69 度，高度：42 度，设置光泽等高线，参数设置及效果如图 4-7-2 所示。

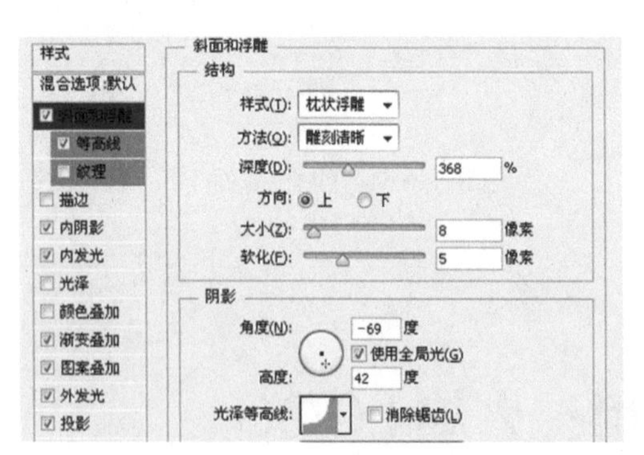

图 4-7-2　设置斜面和浮雕参数及效果

4．选中“内阴影”并激活，进行参数设置。混合模式：正片叠底，不透明度：75%，角度：−69 度，距离：0 像素，阻塞：0%，大小：16 像素，如图 4-7-3 所示。

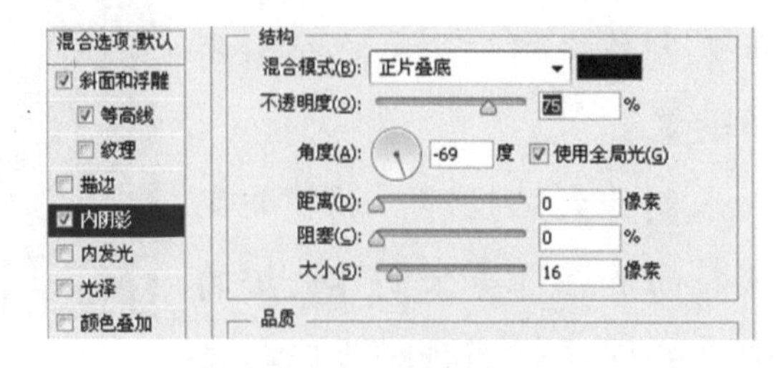

图 4-7-3　设置内阴影参数

5．选中“内发光”并激活，进行参数设置。混合模式：滤色，不透明度：75%，杂色：0%，方法：柔和，源：边缘，阻塞：0%，大小：5 像素，如图 4-7-4 所示。

6．选中“渐变叠加”并激活，进行参数设置。混合模式：正片叠底，不透明度：100%，按图 4-7-5 设置颜色。

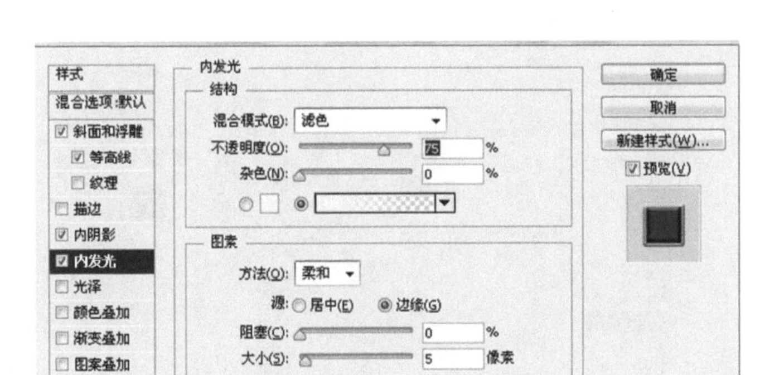

图 4-7-4 设置内发光

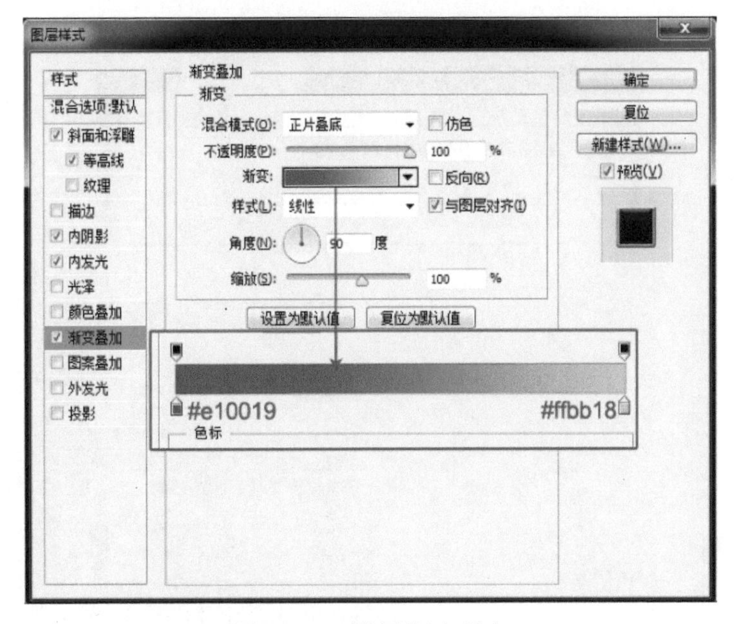

图 4-7-5 设置渐变叠加

7．此时 LOGO 的颜色已设置好，立体感基本形成，效果如图 4-7-6 所示。

图 4-7-6 设置后效果

8．选中“图案叠加”并激活，单击图案，选择图 4-7-7 所示图案，在弹出的提示框中单击“追加”按钮。

9．选择图 4-7-8 所示图案。

10．选中“外发光”并激活，进行参数设置。混合模式：滤色，不透明度：100%，杂色：0%，颜色设置如图 4-7-9 所示。

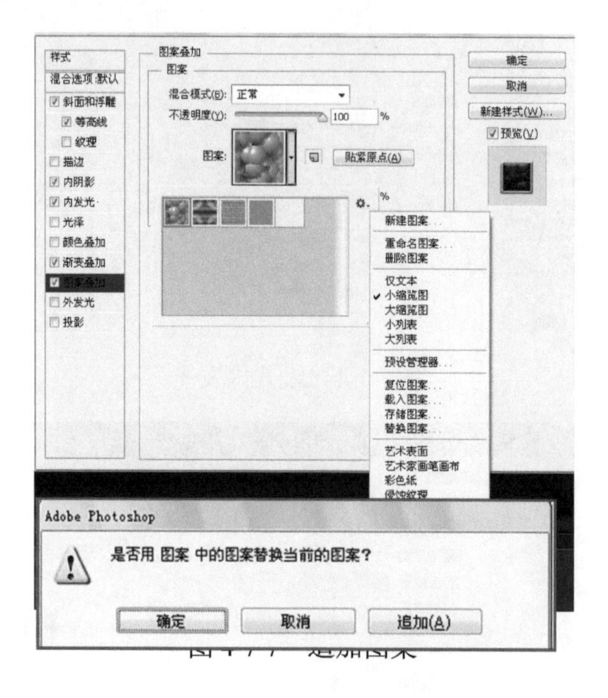

图 4-7-7 追加图案

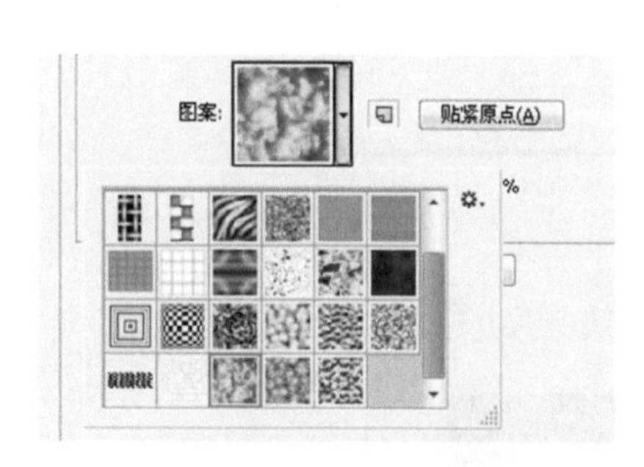

图 4-7-8 选择图案

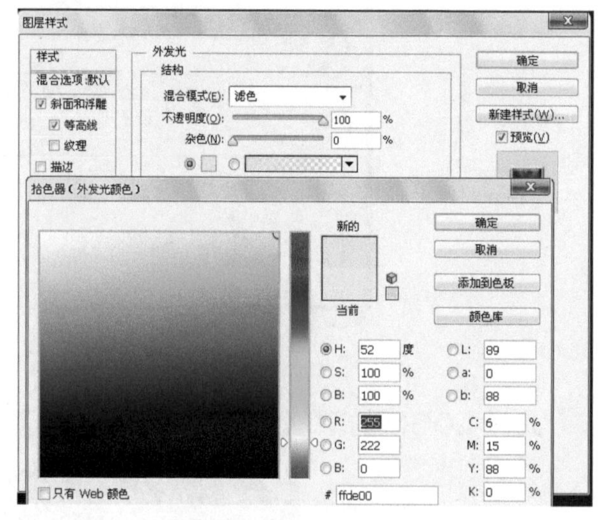

图 4-7-9 颜色设置

11．继续设置外发光。方法：柔和，扩展：0%，大小：9 像素，如图 4-7-10 所示。效果如图 4-7-11 所示。

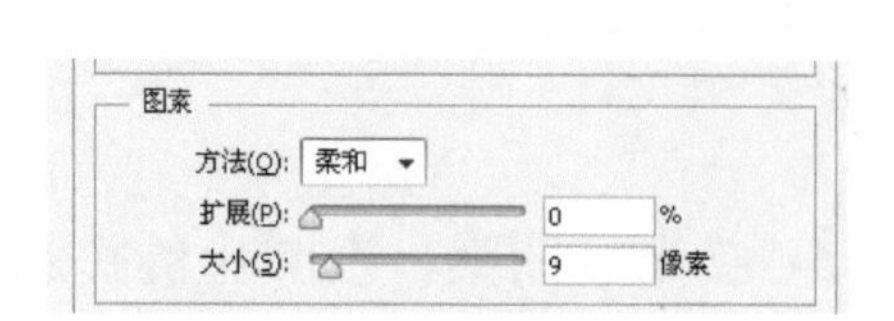

图 4-7-10 设置外发光

图 4-7-11 效果

12．选中“图层 1”，按 Ctrl+J 组合键复制图层 1，再选中“图层 1 副本”，右击弹出菜单，选择“清除图层样式”，如图 4-7-12 所示，并把该图层的填充设置为 0%，如图 4-7-13 所示。

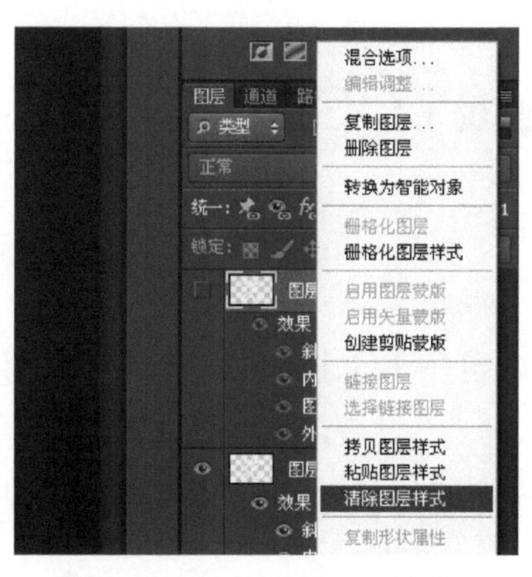

图 4-7-12　清除图层样式

图 4-7-13　修改填充

13．双击“图层 1 副本”，进入“图层样式”对话框，选中并激活内发光命令，进行参数设置。混合模式：滤色，不透明度：87%，杂色：0%，如图 4-7-14 所示。

14．选中“图案叠加”并激活，进行参数设置。混合模式：颜色减淡，不透明度：70%，选择图 4-7-15 所示图案。

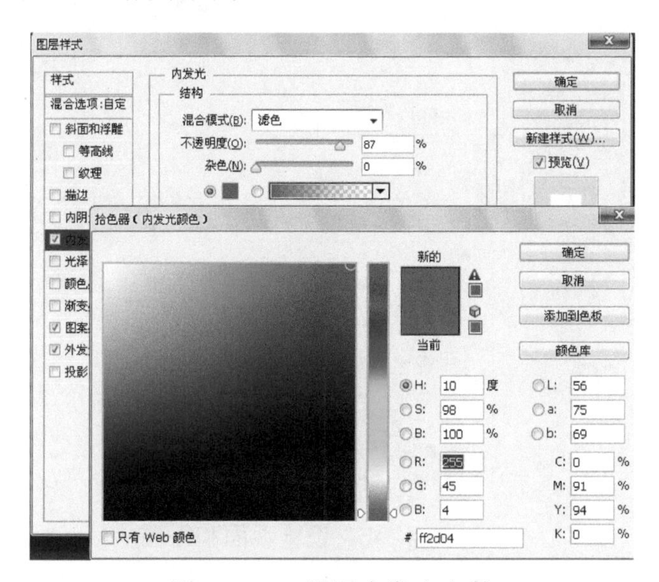

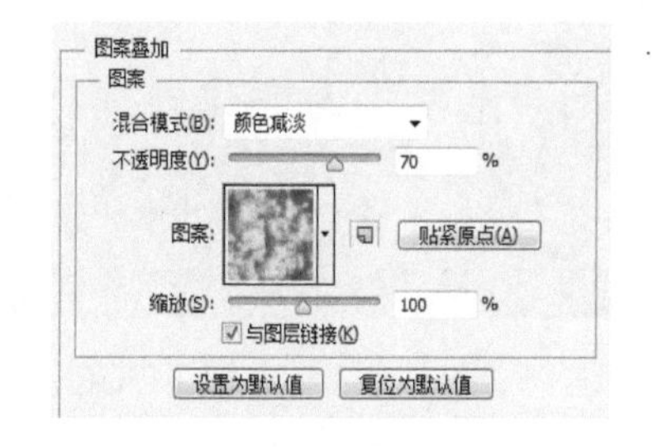

图 4-7-14　设置内发光参数

图 4-7-15　设置图案叠加参数

15．选中“外发光”并激活，设置参数：默认数值。

16．单击“确定”按钮，完成火焰 LOGO 的制作，最终效果如图 4-7-16 所示。

图 4-7-16　火焰 LOGO 效果

4.8 拓展练习：白银 LOGO

●素　材：素材包→Ch04 图层的应用→4.8 拓展练习：白银 LOGO→素材
●效果图：素材包→Ch04 图层的应用→4.8 拓展练习：白银 LOGO→白银 LOGO.jpg

图 4-8-1 所示为白银 LOGO，该图形主要通过设置图层样式中的斜面和浮雕、内阴影、颜色叠加、投影来完成。

1．新建文件（1000 像素×726 像素），分辨率为 200 像素/英寸，RGB 颜色模式。

2．先把素材“底纹.jpg”拖到新建文件中，再把“标志”拖到“底纹”上。

3．双击“标志”图层进入“图层样式”对话框，按图 4-8-2 设置斜面和浮雕，并按图 4-8-3 设置等高线。

图 4-8-1　白银 LOGO

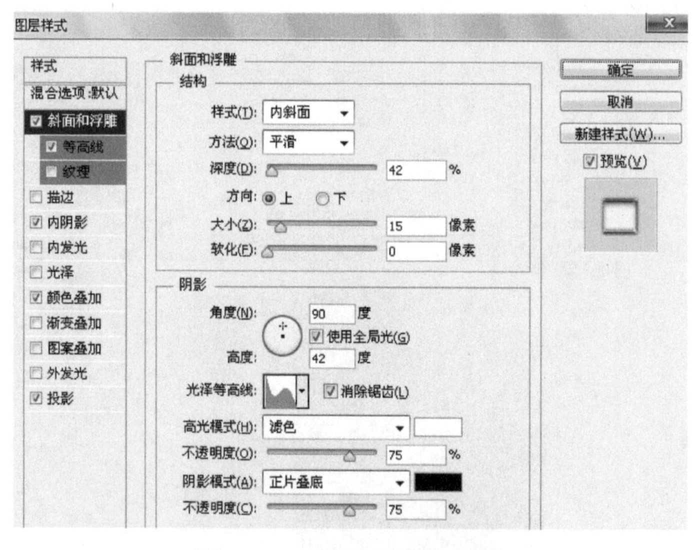

图 4-8-2　设置斜面和浮雕

4．设置内阴影，如图 4-8-4 所示。

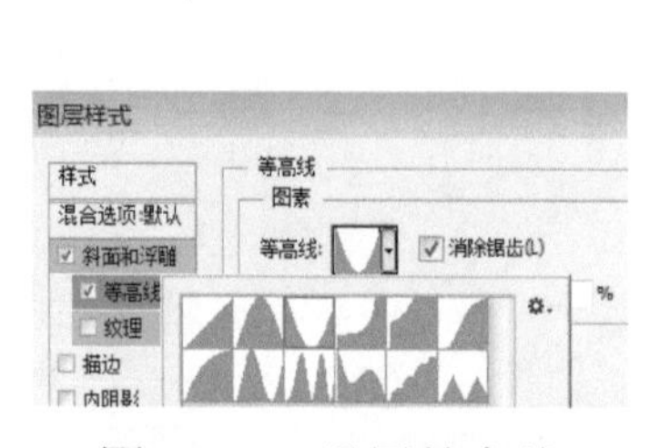

图 4-8-3　设置等高线

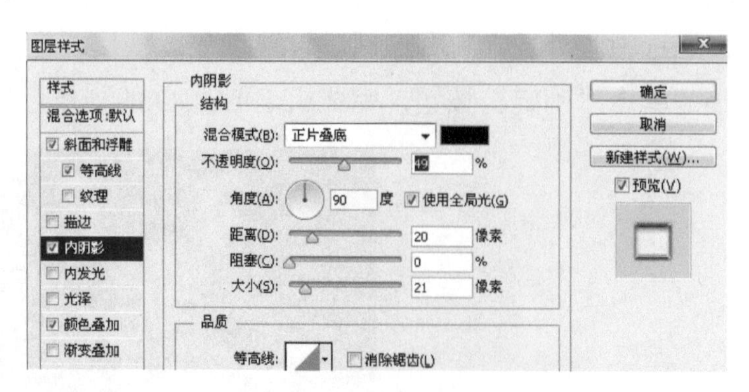

图 4-8-4　设置内阴影

5．设置颜色叠加参数，颜色为白色，如图 4-8-5 所示。

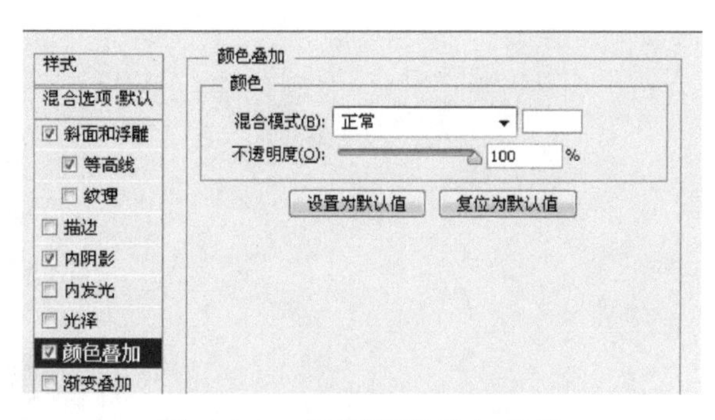

图 4-8-5　设置颜色叠加参数

6．设置投影参数，如图 4-8-6 所示。

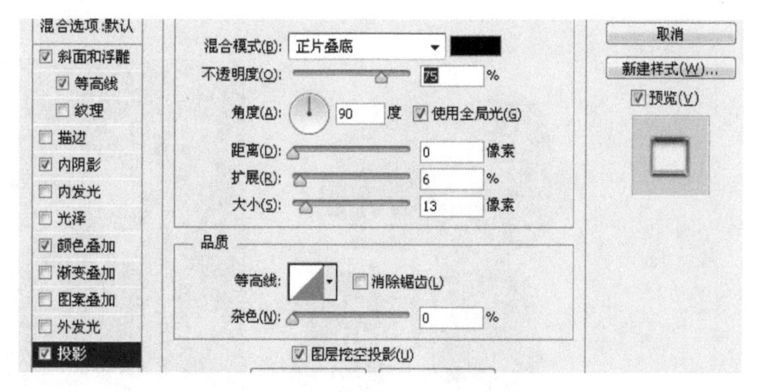

图 4-8-6　设置投影参数

7．回到图层中，选择“标志”图层，按 Ctrl+J 组合键复制图层，得到“标志 副本”图层，把该图层的填充设置为 0%。

8．双击“标志 副本”图层，进入“图层样式”对话框，设置内发光参数，如图 4-8-7 所示。

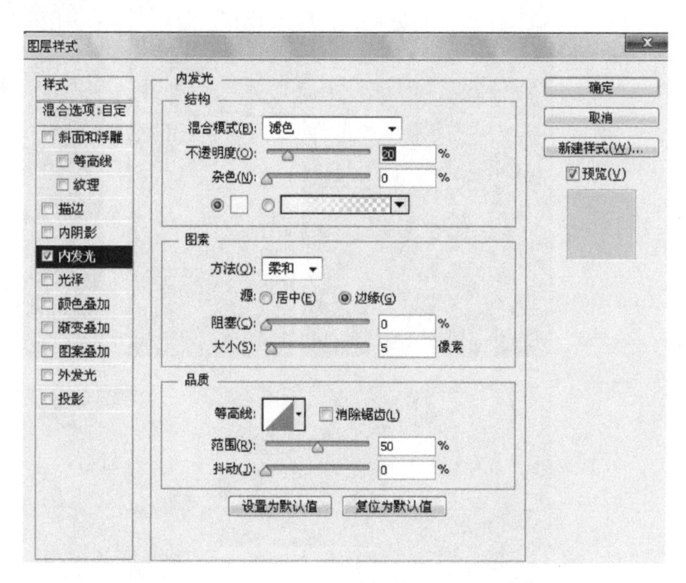

图 4-8-7　“图层样式”对话框

9．最后得到图 4-8-1 所示的效果。

10．完成操作，保存文件。

Chapter 5

第 5 章

调整图像色彩

案例讲解

拓展案例

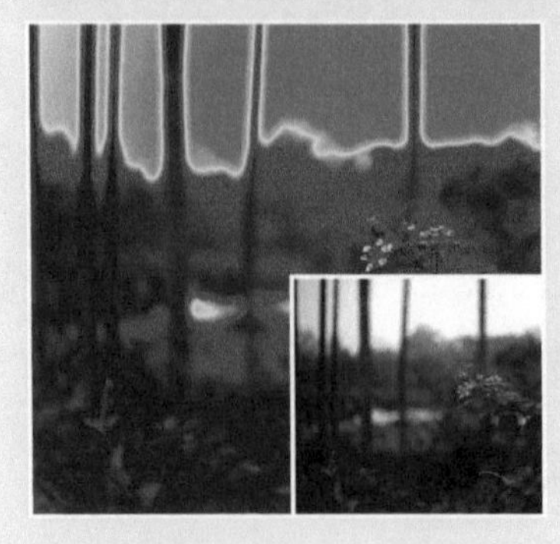

5.1 调整图像色彩：变形金刚

- 难易程度：★★☆☆
- 教学重点：掌握色相/饱和度、色彩平衡的基本调色方法
- 教学难点：调色原理
- 实例描述：运用色相/饱和度、色彩平衡等常用调色命令完成变形金刚的色彩变化
- 实例文件：

素　　材：素材包→Ch05 调整图像色彩→5.1 变形金刚→素材

效 果 图：素材包→Ch05 调整图像色彩→5.1 变形金刚→变形金刚.jpg

1．打开 Photoshop CS6 软件，按 Ctrl+O 组合键，打开“素材.jpg”，如图 5-1-1 所示。

2．按 Ctrl+J 组合键复制“背景”图层，得到“图层 1”（备份原图，便于前后效果比较），如图 5-1-2 所示。

图 5-1-1　背景素材

图 5-1-2　“图层”面板

3．按 Ctrl+U 组合键（菜单法：执行“图像”→“调整”→“色相/饱和度”命令）打开“色相/饱和度”对话框，按图 5-1-3 设置参数，色相为−130，饱和度为+50，单击“确定”按钮，得到图 5-1-4 所示效果。

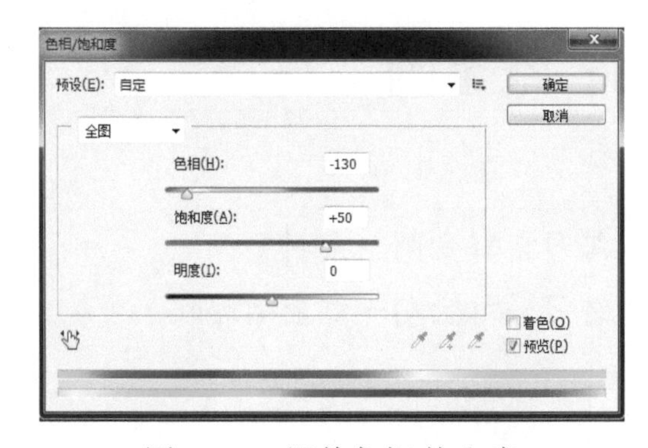

图 5-1-3　调整色相/饱和度

图 5-1-4　调整色相/饱和度后的效果

4．按 Ctrl+B 组合键（菜单法：执行“图像”→“调整”→“色彩平衡”命令）打开“色彩平衡”对话框，默认选中“中间调”单选按钮和“保持明度”复选框，设置“青色-红色”值为-70，“洋红-绿色”值为+60，“黄色-蓝色”值为+80，如图 5-1-5 所示。单击“确定”按钮，此时变形金刚的整体色彩偏青绿色，如图 5-1-6 所示。

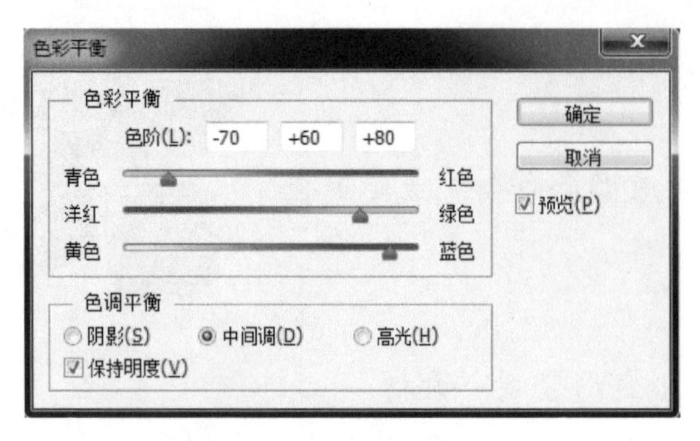

图 5-1-5　调整色彩平衡

图 5-1-6　调整色彩平衡后的效果

5．按 Ctrl+L 组合键（菜单法：执行“图像”→“调整”→“色阶”命令）打开“色阶”对话框，在其中的“输入色阶”框中，拖动黑色小三角，按图 5-1-7 设置参数，单击“确定”按钮后，得到图 5-1-8 所示最终效果。

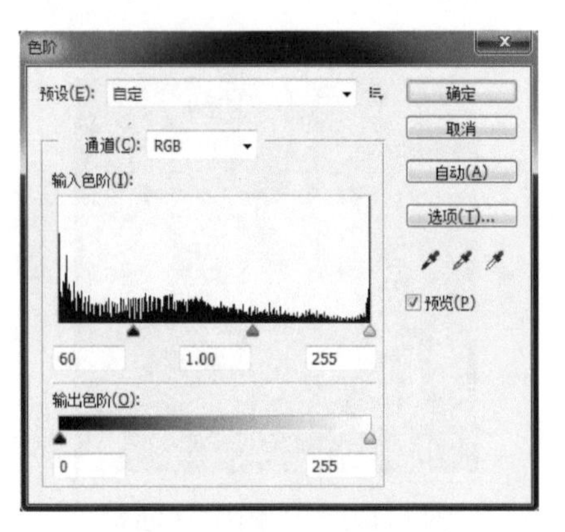

图 5-1-7　调整色阶

图 5-1-8　调整色阶后的效果

6．按 Ctrl+S 组合键保存文件，在弹出的对话框中，输入文件名“变形金刚”，格式选择“.jpg”。

5.2 拓展练习：红金刚

● 素　材：素材包→Ch05 调整图像色彩→5.2 拓展练习：红金刚→素材

● 效果图：素材包→Ch05 调整图像色彩→5.2 拓展练习：红金刚→红金刚.jpg

图 5-2-1 为红金刚效果图，通过“创建新的填充或调整图层”按钮，添加色相/饱和度、

色彩平衡的调整图层，并设置各调整图层对应属性中的不同参数，完成变形金刚的色彩变化。

1．打开“背景.jpg”素材，如图 5-2-2 所示。

图 5-2-1　红金刚效果

图 5-2-2　“背景.jpg”素材

2．单击“图层”面板中的“创建新的填充或调整图层”按钮（见图 5-2-3），在弹出的菜单中选择“色相/饱和度”选项（菜单法：执行“图层”→“新建调整图层”→“色相/饱和度”命令），得到“色相/饱和度 1”调整图层，如图 5-2-4 所示。

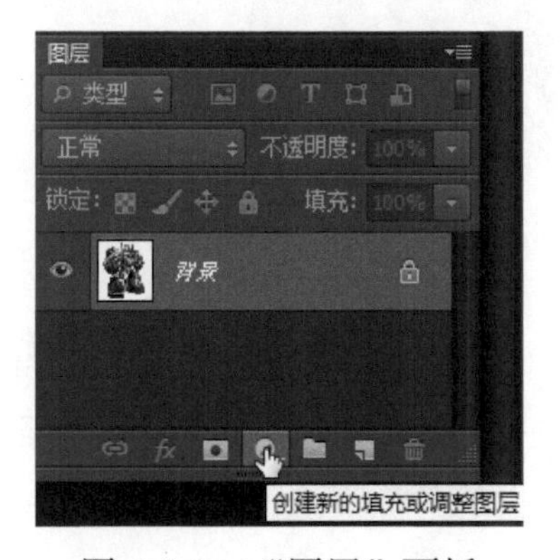

图 5-2-3　“图层”面板

图 5-2-4　新建“色相/饱和度 1”图层

3．在“色相/饱和度”对应的属性框中打开色彩下拉菜单，如图 5-2-5 所示。选择“红色”选项，设置色相：-10，饱和度：+40，参数面板及设置效果如图 5-2-6 所示。

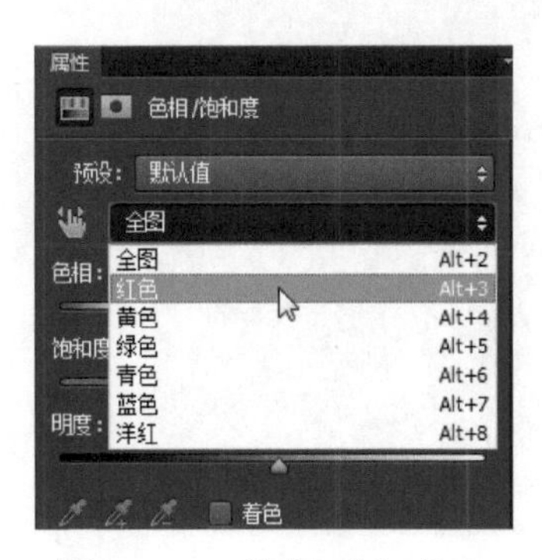

图 5-2-5　选择“红色”

4．在“色相/饱和度”对应的属性框中打开色彩下拉菜单，选择“蓝色”选项，设置色相：-30，饱和度：+45，参数面板及设置效果如图 5-2-7 所示。

图 5-2-6 “红色”参数面板及设置效果

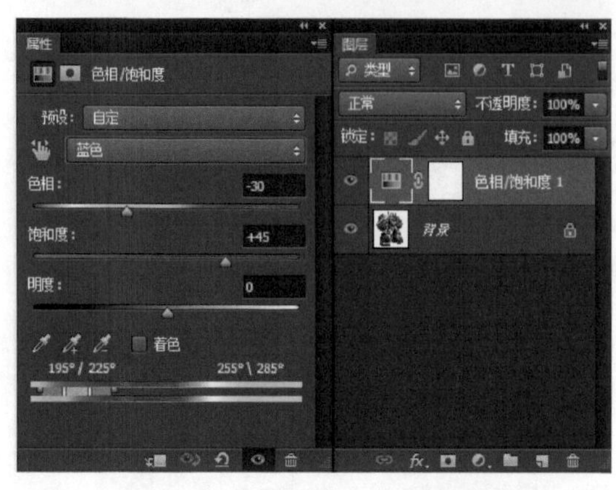

图 5-2-7 “蓝色”参数面板及设置效果

5．单击“图层”面板中的“创建新的填充或调整图层”按钮，在弹出的菜单中选择“色彩平衡”选项（菜单法：执行“图层”→“新建调整图层”→“色彩平衡”命令），得到“色彩平衡 1”调整图层。

6．在“色彩平衡”对应的属性框中打开色调下拉菜单，选择“高光”选项，设置参数分别为+75、−75、−75，参数面板及设置效果如图 5-2-8 所示。

图 5-2-8 “高光”色调参数及设置效果

7．在“色彩平衡”对应的属性框中打开色调下拉菜单，选择“中间调”选项，设置参数分别为+75、−35、−10，参数面板及设置效果如图 5-2-9 所示。

图 5-2-9 “中间调”色调参数及设置效果

8．在“色彩平衡”对应的属性框中打开色调下拉菜单，选择“阴影”选项，设置参数分别为−5、+15、+20，参数面板及设置效果如图 5-2-10 所示。

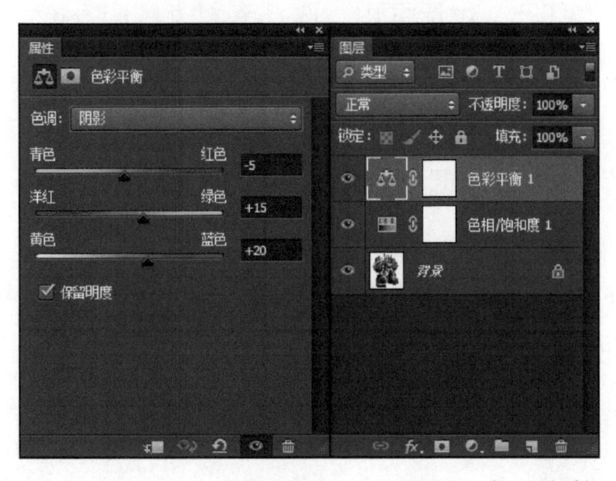

图 5-2-10 “阴影”色调参数及设置效果

9．完成操作，保存文件。

5.3 调整图像色彩：校园一角

- 难易程度：★★☆☆
- 教学重点：掌握可选颜色调色技巧
- 教学难点：理解可选颜色调色的原理
- 实例描述：可选颜色调色技巧属于高级调色方法，其原理是根据肉眼观察到的色相，选择需要调节的色相通道进行调节，并且每种色相下面有多个调节选项，在每个子选项中可以增加或减少原色相的其他色值。本案例中选用校园风景照，其天气和光影效果虽然很出色，但色彩的冷暖关系并不明确，导致整个照片缺乏立体感。而本案例将讲述通过可选颜色，在蓝色中增加品红，使天空偏冷紫色。在白墙和灰色地砖受日光直射的部分增加黄色和品红，使其偏红色，通过这种冷暖的调节，增加对比度，提高风景照的立体感

● 实例文件：

素　　材：素材包→Ch05 调整图像色彩→5.3 校园一角→素材

效 果 图：素材包→Ch05 调整图像色彩→5.3 校园一角→校园一角.jpg

一、处理图像

1．打开 Photoshop CS6 软件，按 Ctrl+O 组合键（菜单法：执行“文件”→“打开”命令，或双击工作区的空白区域），在弹出的“打开”对话框中，选择素材“校园.jpg”，单击“确定”按钮，打开所需素材。

2．单击“图层”面板中的“创建新的填充或调整图层”按钮，在弹出的菜单中选择“可选颜色”选项（菜单法：执行“图层”→“新建调整图层”→“可选颜色”命令），得到“可选颜色 1”调整图层。

3．在弹出的对话框中选择颜色为“红色”，设置青色：-100%，洋红：+20%，黄色：+10%，黑色：0%，设置后的效果如图 5-3-1 所示。

图 5-3-1　调整红色可选颜色

4．继续选择颜色为“青色”，设置相应参数为青色：+30%，洋红：+85%，黄色：-60%，黑色：+40%，设置后的效果如图 5-3-2 所示。

5．继续选择颜色为“绿色”，设置相应参数为青色：+75%，洋红：-20，黄色：-40%，黑色：0%，设置后的效果如图 5-3-3 所示。

6．继续选择颜色为“黄色”，设置相应参数为青色：+45%，洋红：+20%，黄色：-20%，黑色：0%，设置后的效果如图 5-3-4 所示。

图 5-3-2 调整青色可选颜色

图 5-3-3 调整绿色可选颜色

图 5-3-4 调整黄色可选颜色

7．继续选择颜色为“白色”，设置相应参数为青色：−10%，洋红：+10%，黄色：+15%，黑色：0%，设置后的效果如图 5-3-5 所示。

8．继续选择颜色为“黑色”，设置相应参数为青色：+10%，洋红：+5%，黄色：0%，黑色：−10%，设置后的效果如图 5-3-6 所示。

9．继续选择颜色为“中性色”，设置相应参数为青色：−15%，洋红：+5%，黄色：+5%，黑色：0%，设置后的效果如图 5-3-7 所示。

图 5-3-5　调整白色可选颜色

图 5-3-6　调整黑色可选颜色

图 5-3-7　调整中性色可选颜色

10．调整处理后的最终效果如图 5-3-8 所示。

二、保存文件

按 Ctrl+S 组合键保存文件（菜单法：执行“文件”→“存储为”命令），在弹出的对话框中，输入文件名“校园一角”，格式选择“.jpg”。

图 5-3-8　最终效果图

5.4 拓展练习：美丽斗门

● 素　材：素材包→Ch05 调整图像色彩→5.4 拓展练习：美丽斗门→素材
● 效果图：素材包→Ch05 调整图像色彩→5.4 拓展练习：美丽斗门→美丽斗门.jpg

图 5-4-1 为美丽斗门效果图，该图形主要运用“可选颜色”对话框，通过对不同颜色参数的设置完成。

1．打开背景素材文件，如图 5-4-2 所示。

图 5-4-1　美丽斗门效果图

图 5-4-2　背景素材

2．执行“图像”→“调整”→“可选颜色”命令，打开“可选颜色”对话框。选择颜色为“绿色”，按图 5-4-3 设置参数。

3．选择颜色为“黄色”，按图 5-4-4 设置参数。

4．选择颜色为“蓝色”，按图 5-4-5 设置参数，单击“确定”按钮。

5．执行“滤镜”→“杂色”→“添加杂色”命令，在弹出的“添加杂色”对话框中进行设置，数量：1.5%，分布：高斯分布，选中“单色”复选框，如图 5-4-6 所示。

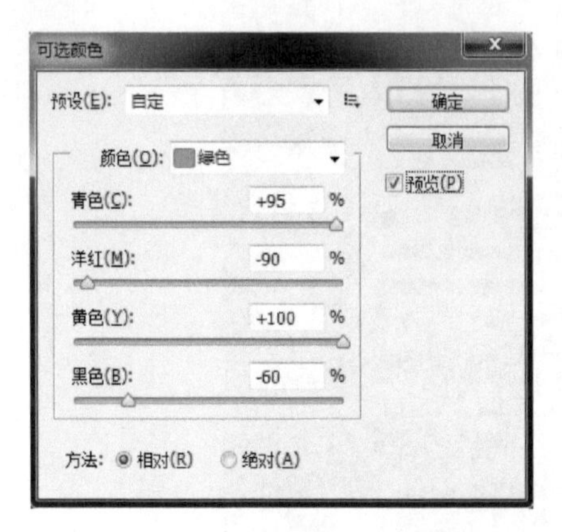

图 5-4-3　设置绿色参数

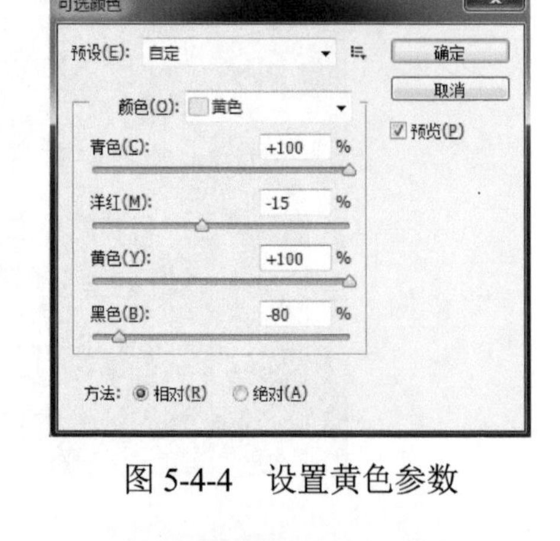

图 5-4-4　设置黄色参数

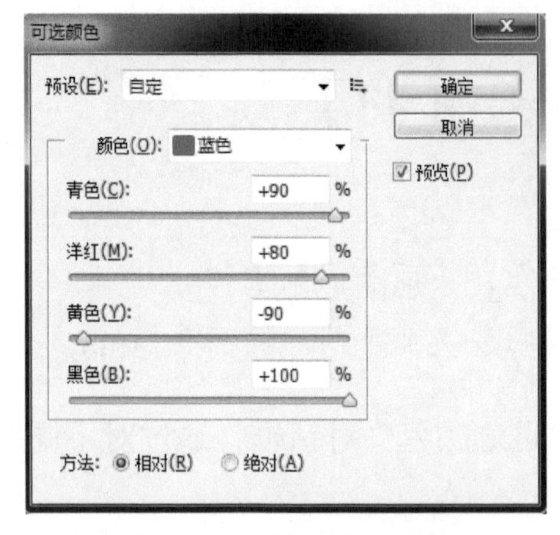

图 5-4-5　设置蓝色参数

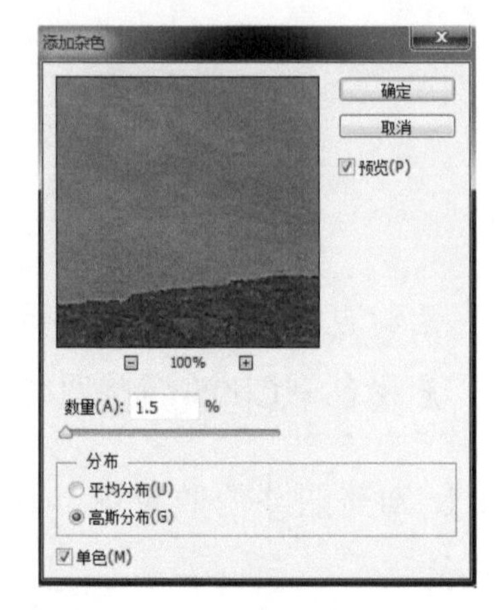

图 5-4-6　“添加杂色”对话框

6．单击“确定”按钮，得到图 5-4-7 所示的效果。

图 5-4-7　颜色调整效果

7．添加竖排文字，设置相应字体、字号，并调整到合适的位置。最终效果如图 5-4-1 所示。

8．完成操作，保存文件。

5.5 调整图像色彩：艺术效果

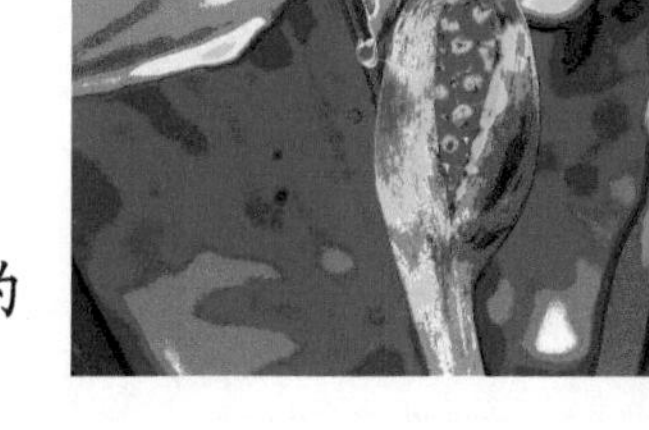

● 难易程度：★★★☆

● 教学重点：学会反相、曲线调色命令的组合使用

● 教学难点：调色思路的建立

● 实例描述：运用曲线调色命令完成对图像颜色的处理，并通过反相及色彩分离命令，将一张普通的照片处理成一幅视觉冲击力极强的艺术作品

● 实例文件：

素　　材：素材包→Ch05 调整图像色彩→5.5 艺术效果→素材

效 果 图：素材包→Ch05 调整图像色彩→5.5 艺术效果→艺术效果.jpg

一、处理图像

1．打开 Photoshop CS6 软件，按 Ctrl+O 组合键，在弹出的“打开”对话框中，选择素材，单击“确定”按钮后，打开所需素材，如图 5-5-1 所示。

2．按 Ctrl+J 组合键，复制“背景”图层，得到“图层 1”。

3．按 Ctrl+I 组合键（菜单法：执行“图像”→“调整”→“反相”命令），将“图层 1”进行反相处理，得到图 5-5-2 所示的效果。

图 5-5-1　素材

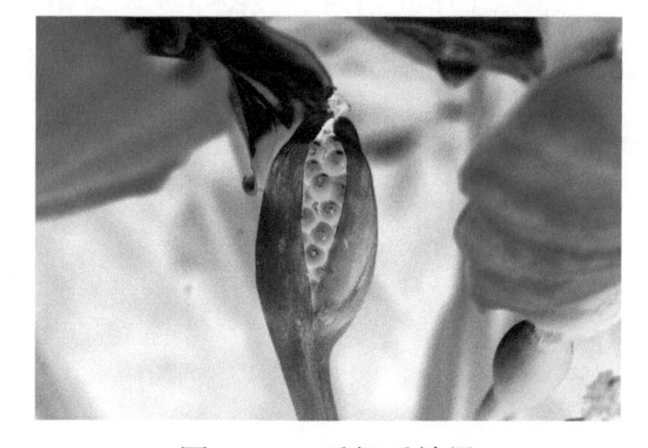

图 5-5-2　反相后效果

4．按 Ctrl+M 组合键（菜单法：执行“图像”→“调整”→“曲线”命令）打开“曲线”对话框，选择默认的“RGB”通道，按图 5-5-3、图 5-5-4 调整曲线参数（保留对话框，不要单击“确定”按钮），第一个设置点的参数为输出 196，输入 45，第二个设置点的参数为输出 85，输入 227，此时对应的效果如图 5-5-5 所示。

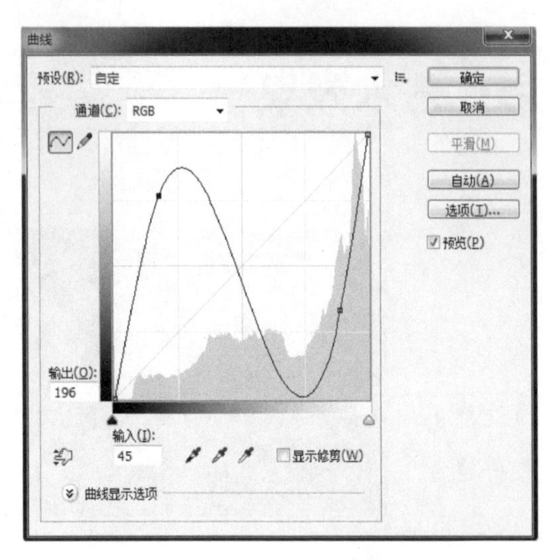

图 5-5-3　参数设置效果（一）

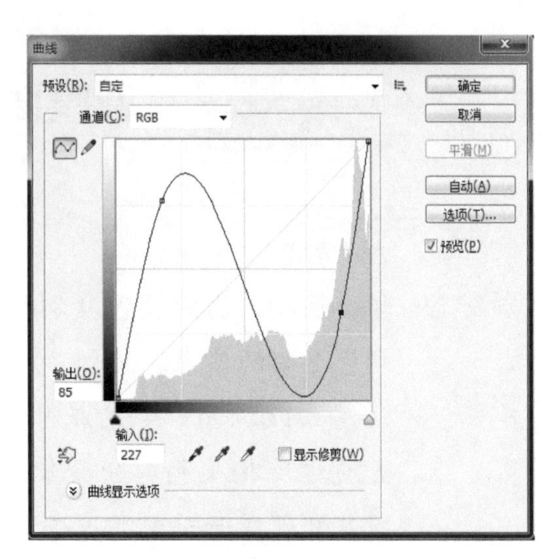

图 5-5-4　参数设置效果（二）

图 5-5-5　曲线调整效果（一）

5．继续选择红通道，按图 5-5-6 调整曲线参数（保留对话框时，不要单击“确定”按钮），设置点的参数为输出 134，输入 201，此时对应的效果如图 5-5-7 所示。

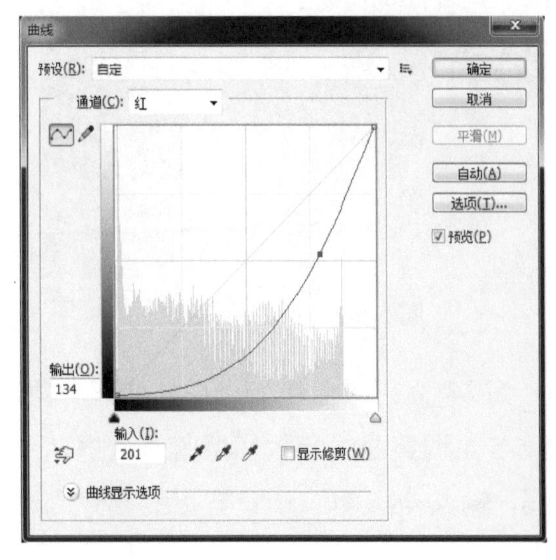

图 5-5-6　参数设置效果（三）

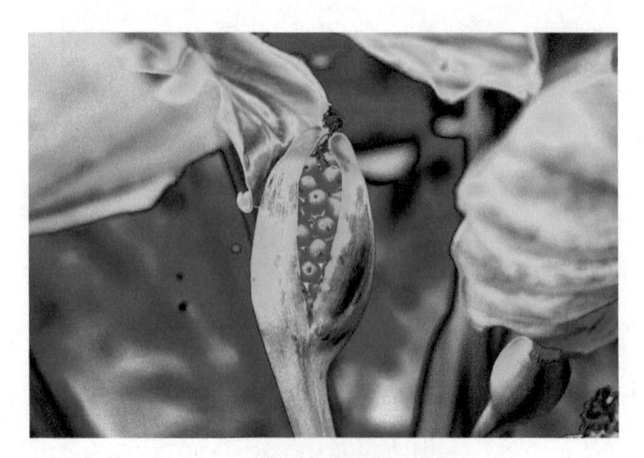

图 5-5-7　曲线调整效果（二）

6. 继续选择“绿”通道，按图 5-5-8、图 5-5-9 调整曲线参数，第一个设置点的参数为输出 183，输入 42，第二个设置点的参数为输出 186，输入 180，单击“确定”按钮后，得到图 5-5-10 所示的效果。

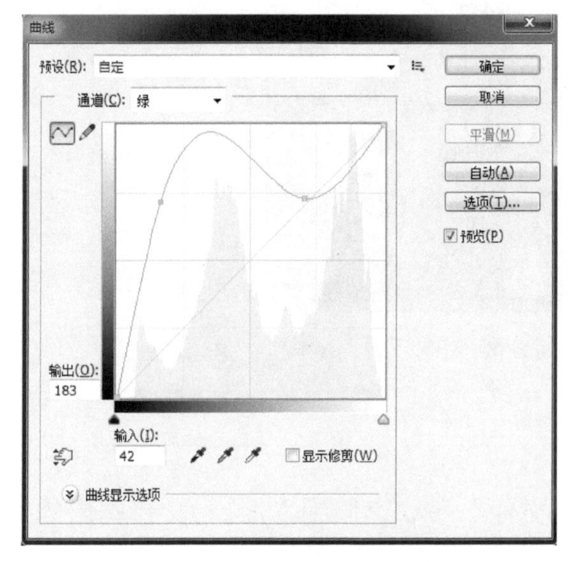

图 5-5-8　参数设置效果（四）

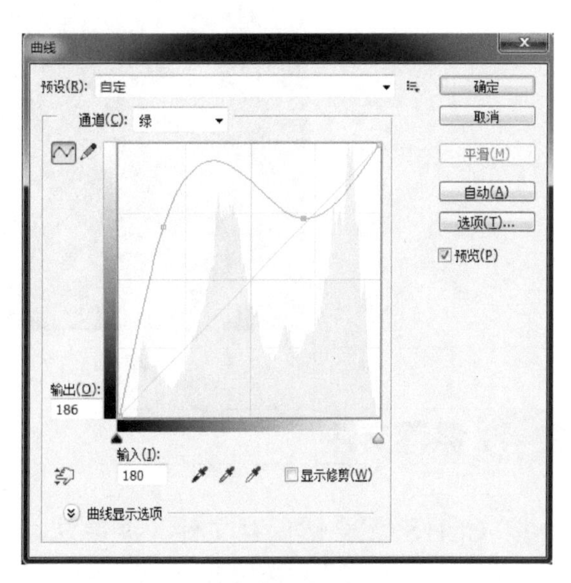

图 5-5-9　参数设置效果（五）

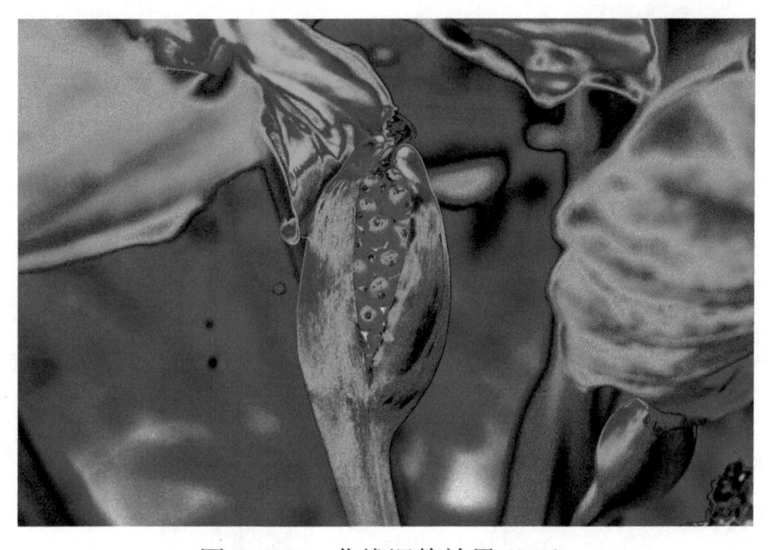

图 5-5-10　曲线调整效果（三）

7. 执行“图像”→“调整”→“色调分离”命令，设置色阶为 3，如图 5-5-11 所示。单击“确定”按钮，得到图 5-5-12 所示的最终效果。

图 5-5-11　调整色调分离

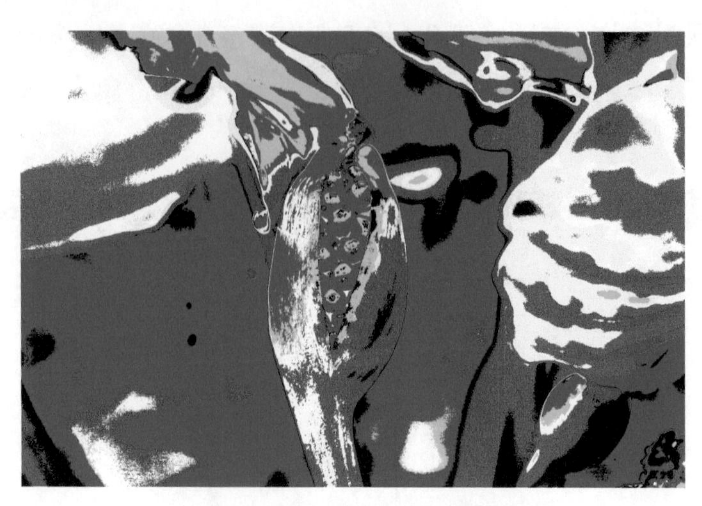

图 5-5-12　调整色调分离效果

二、保存文件

按 Ctrl+S 组合键保存文件（菜单法：执行“文件”→“存储为”命令），在弹出的对话框中，输入文件名“艺术效果”，格式选择“.jpg”。

5.6 拓展练习：抽象效果

● 素　材：素材包→Ch05 调整图像色彩→5.6 拓展练习：抽象效果→素材
● 效果图：素材包→Ch05 调整图像色彩→5.6 拓展练习：抽象效果→抽象效果.jpg

图 5-6-1 为抽象效果图，该图形主要运用“渐变映射”命令，通过添加“色谱”渐变调色完成。

1．打开素材文件，如图 5-6-2 所示。

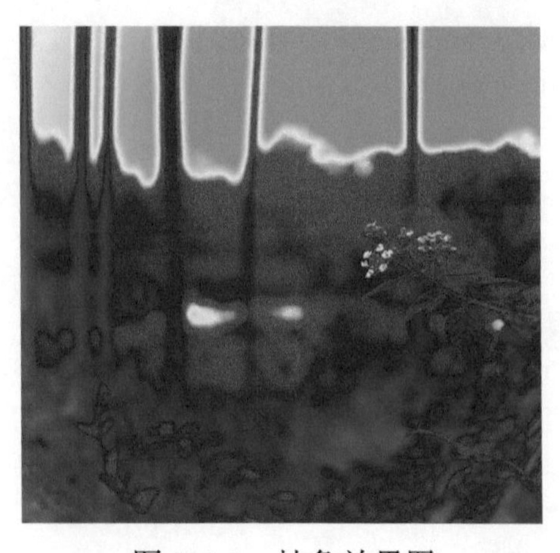

图 5-6-1　抽象效果图

图 5-6-2　素材

2．执行“图像”→“调整”→“渐变映射”命令，弹出“渐变映射”对话框，如图 5-6-3 所示，在该对话框中单击①号位置，弹出“渐变编辑器”对话框，单击②号位置，在弹出的菜单中选择“色谱”选项，则会弹出“是否用色谱中的渐变替换当前的渐变？”的提示框，单击③号位置的“追加”按钮，则“预设”选项组中会追加多种色谱颜色，在增加的颜色中，选择“色谱”，如图 5-6-4 所示。

图 5-6-3　“渐变映射”对话框

3．单击“确定”按钮，得到图 5-6-5 所示的效果。

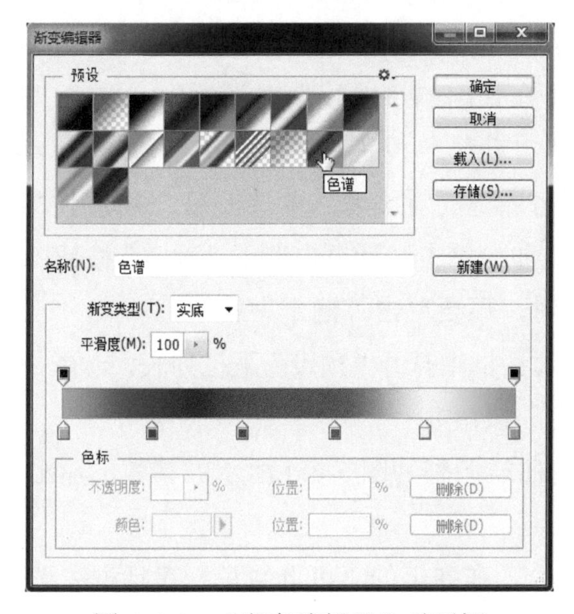

图 5-6-4　“渐变编辑器”对话框

图 5-6-5　渐变映射效果

4．完成操作，保存文件。

5.7 调整图像色彩：校园廊道

- 难易程度：★★★☆
- 教学重点：曲线调色命令的应用
- 教学难点：高阶的通道调色思路的建立；理解曲线与直方图间的联系
- 实例描述：运用曲线调色命令学习曲线基本调色技巧，通过简单易懂的预设模式及较为复杂的高阶通道调色技巧完成曲线调色
- 实例文件：

  素　　材：素材包→Ch05 调整图像色彩→5.7 校园廊道→素材

  效 果 图：素材包→Ch05 调整图像色彩→5.7 校园廊道→校园廊道.jpg

一、处理图像

图 5-7-1　素材

1．打开 Photoshop CS6 软件，按 Ctrl+O 组合键，在弹出的“打开”对话框中，选择“素材.jpg”，单击“确定”按钮，打开该素材，如图 5-7-1 所示。

2．按 Ctrl+J 组合键，复制“背景”图层，得到“图层 1”。

3．按 Ctrl+M 组合键（菜单法：执行“图像”→“调整”→“曲线”命令），在弹出的“曲线”对话框中，单击“选项”按钮，则弹出“自动颜色校正选项”对话框，如图 5-7-2 所示。选中“增强每通道的对比度”单选按钮，并选中“对齐中性中间调”复选框，单击对话框右侧的“确定”按钮（保留“曲线”对话框时，不要单击“确定”按钮）。

4．在“曲线”对话框中打开“预设”下拉列表，选择“强对比度（RGB）”，如图 5-7-3 所示（不要单击“确定”按钮）。

5．在“曲线”对话框中，选择“绿”通道，将曲线调整为图 5-7-4 所示的参数，输出为 130，输入为 137，单击“确定”按钮。

6．执行“图像”→“调整”→“可选颜色”命令，在弹出的“可选颜色”对话框中选择“颜色”为蓝色，设置青色：+100%，洋红：+40%，黄色：−20%，黑色：0%，如图 5-7-5 所示。单击“确定”按钮后，得到图 5-7-6 所示的最终效果。

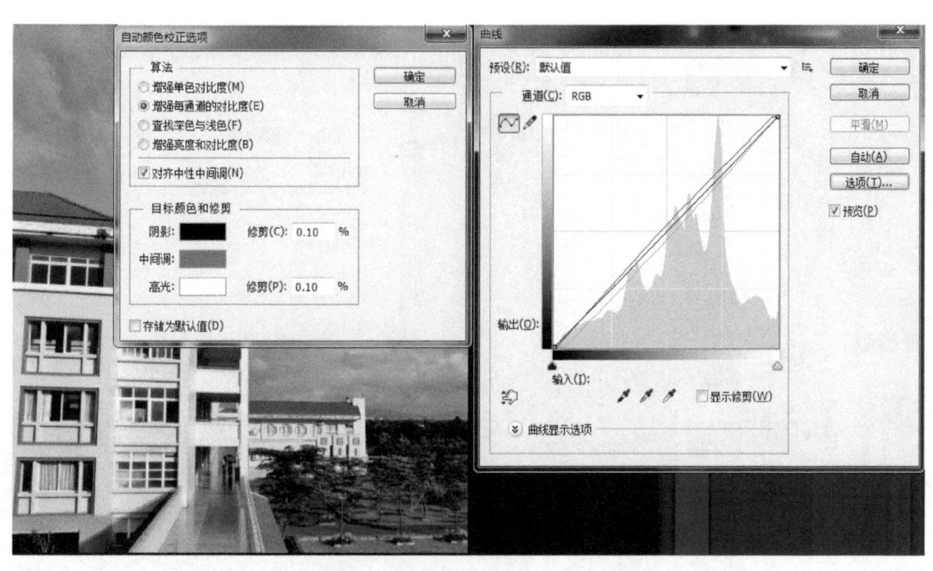

图 5-7-2 “曲线”及“自动颜色校正选项”对话框

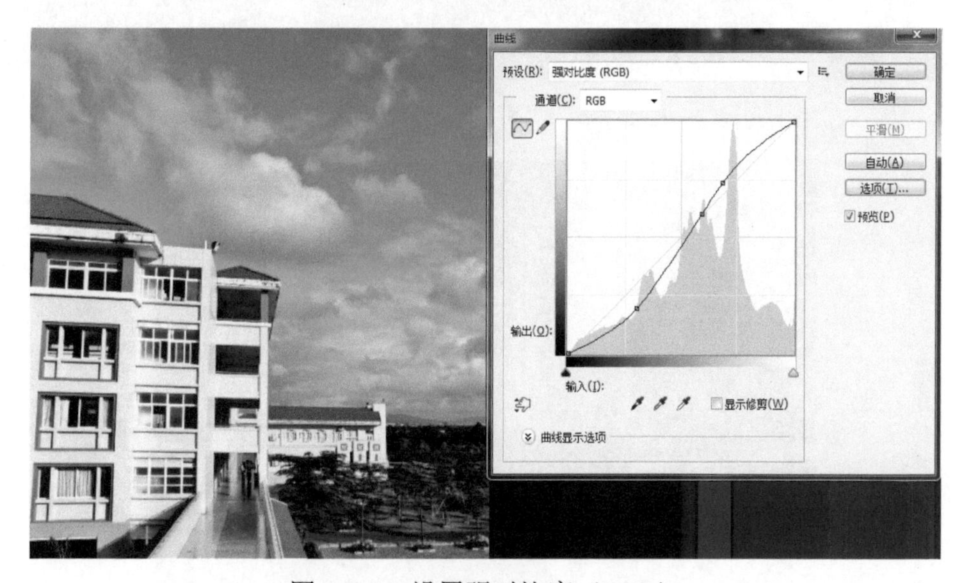

图 5-7-3 设置强对比度（RGB）

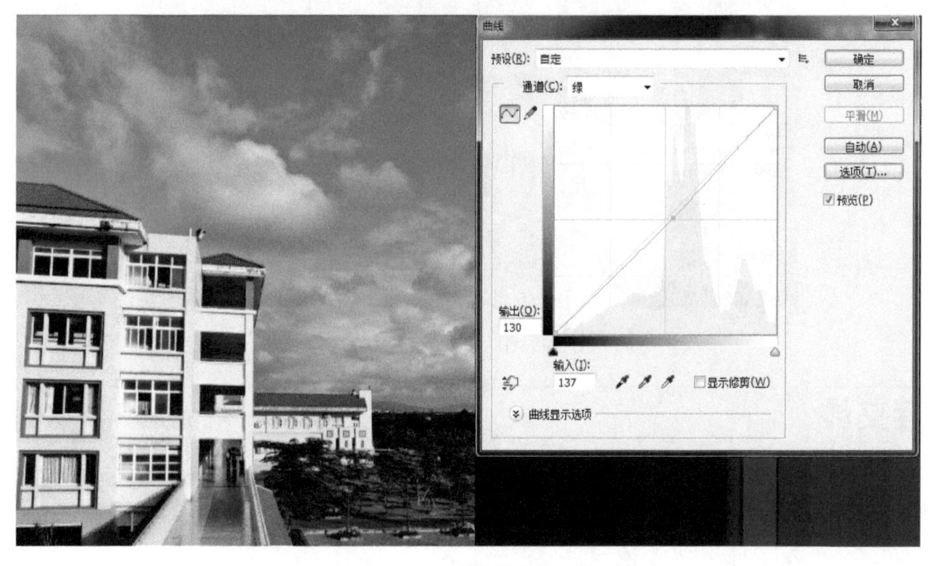

图 5-7-4 调整绿通道

图 5-7-5 “可选颜色”对话框

图 5-7-6 最终效果图

二、保存文件

按 Ctrl+S 组合键保存文件（菜单法：执行“文件”→“存储为”命令），在弹出的对话框中，输入文件名“校园廊道”，格式选择“.jpg”。

5.8 拓展练习：青苔

●素　材：素材包→Ch05 调整图像色彩→5.8 拓展练习：青苔→素材

●效果图：素材包→Ch05 调整图像色彩→5.8 拓展练习：青苔→青苔.jpg

图 5-8-1 为青苔效果图，该图形主要通过对曲线参数的微妙调整，完成清晰的青苔特效。

1．打开素材文件，如图 5-8-2 所示。

图 5-8-1　青苔效果图

图 5-8-2　素材

2．按 Ctrl+M 组合键，打开“曲线”对话框，选择默认通道“RGB”，调节曲线，第一个设置点的参数为输出 170，输入 145，第二个设置点的参数为输出 255，输入 178，如图 5-8-3、图 5-8-4 所示。

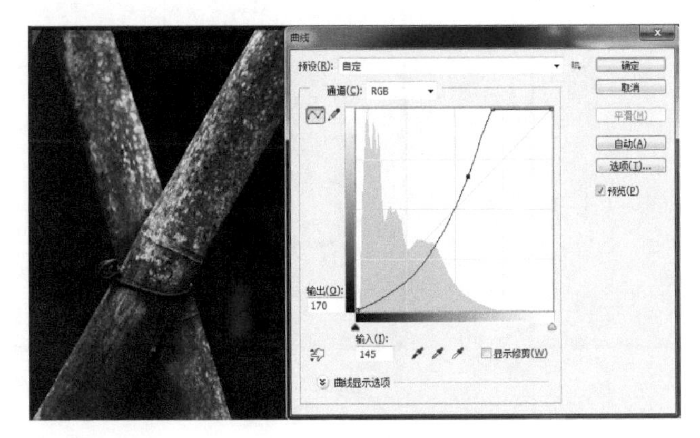

图 5-8-3　“RGB”通道设置（一）

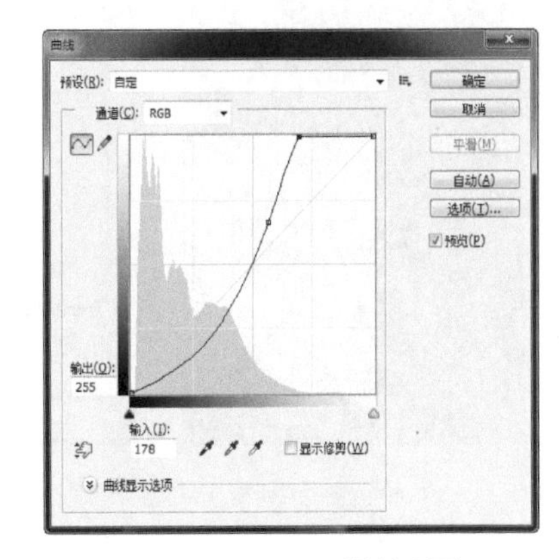

图 5-8-4　“RGB”通道设置（二）

3．选择“红”通道，设置参数为输出 102，输入 128，如图 5-8-5 所示。

4．选择“绿”通道，调节曲线，第一个设置点的参数为输出 93，输入 97，第二个设置点的参数为输出 178，输入 162，如图 5-8-6、图 5-8-7 所示。

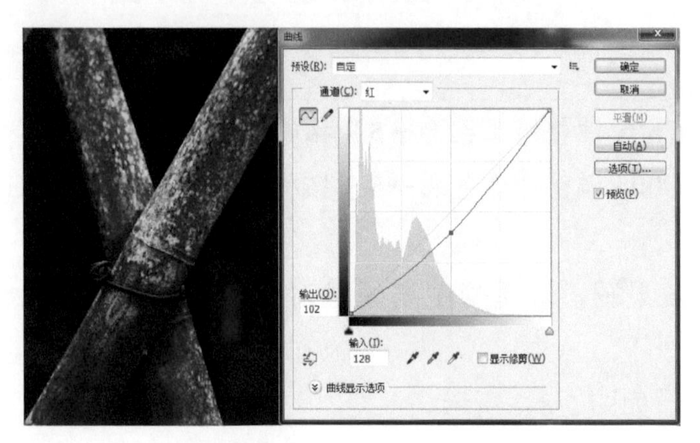

图 5-8-5　“红”通道设置

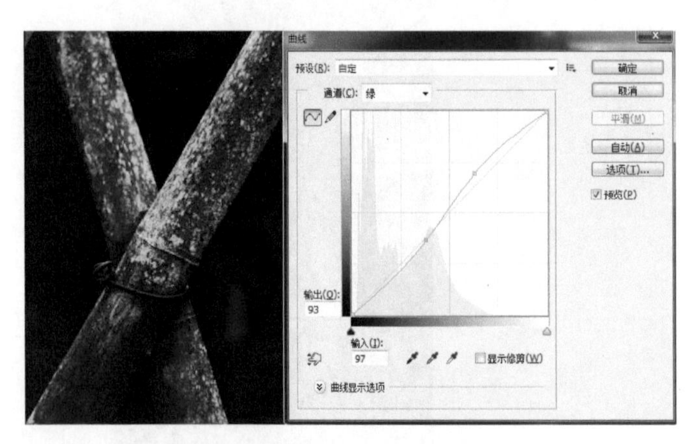

图 5-8-6　“绿”通道设置（一）

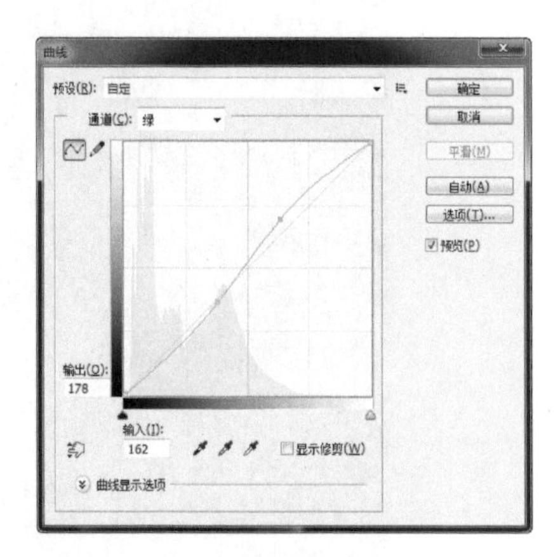

图 5-8-7　“绿”通道设置（二）

5．选择“蓝”通道，调节曲线，第一个设置点的参数为输出 89，输入 75，第二个设置点的参数为输出 191，输入 177，如图 5-8-8、图 5-8-9 所示。

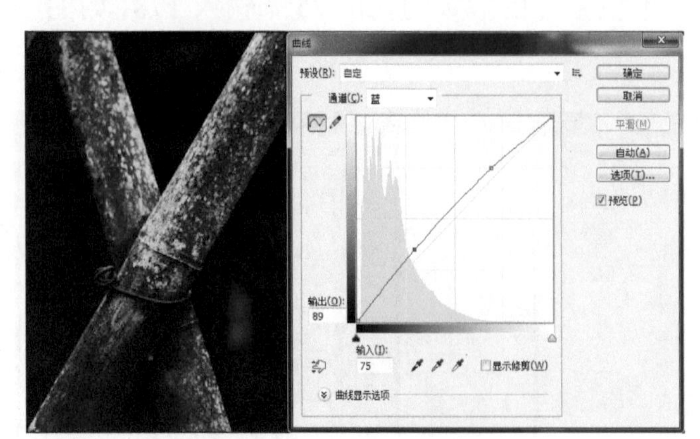

图 5-8-8　“蓝”通道设置（一）

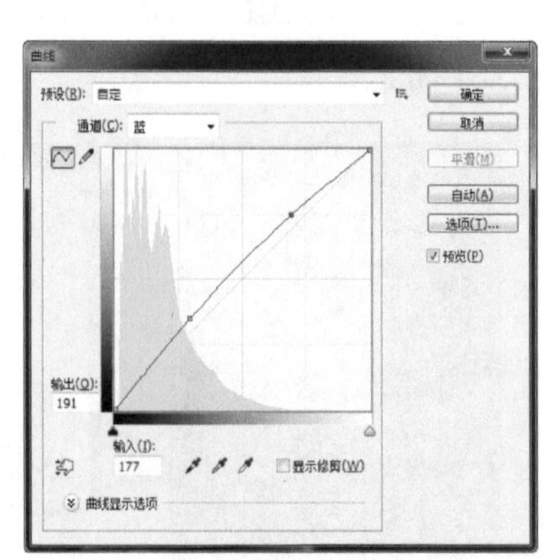

图 5-8-9　“蓝”通道设置（二）

6．单击“确定”按钮，完成操作，保存文件。

Chapter 6

第 6 章

钢笔工具及路径

案例讲解

拓展案例

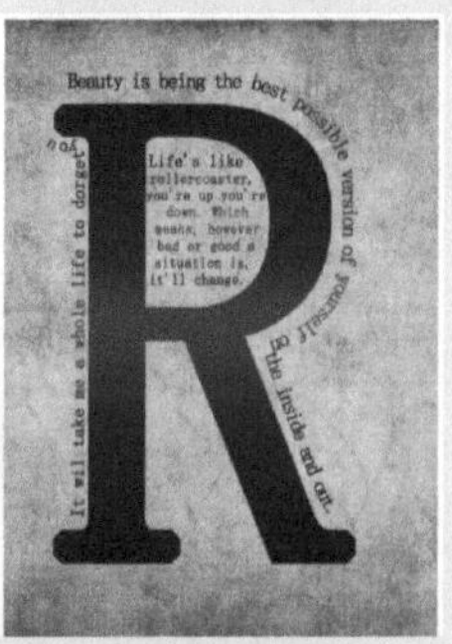

6.1 钢笔工具及路径：公司 LOGO

● 难易程度：★★★☆

● 教学重点：路径的绘制及选区与路径间的转换

● 教学难点：路径的变形，多条路径的计算

● 实例描述：运用路径工具、路径选择工具，通过路径的计算、自由变换命令、渐变及填充颜色等完成公司 LOGO 的制作

● 实例文件：

效 果 图：素材包→Ch06 钢笔工具及路径→6.1 公司 LOGO→公司 LOGO.jpg

COMPANY NAME
SLOGAN

一、新建文件，绘制红心路径

1. 打开 Photoshop CS6 软件，按 Ctrl+N 组合键（菜单法：执行“文件”→“新建”命令），在弹出的“新建”对话框中，设置文件宽度为 600 像素，高度为 432 像素，分辨率为 200 像素/英寸，颜色模式为 RGB 颜色，背景色为白色。

矩形工具 U
圆角矩形工具 U
椭圆工具 U
多边形工具 U
直线工具 U
自定形状工具 U

图 6-1-1 自定形状工具

2. 按 U 快捷键，激活“矩形工具”，长按该按钮（或右击），在弹出的菜单中选择“自定形状工具”，如图 6-1-1 所示。在属性栏中打开“形状”列表框（形状: ），单击按钮，在弹出的菜单中选择“全部”选项即可载入全部形状，并选择“红心”，如图 6-1-2 所示。

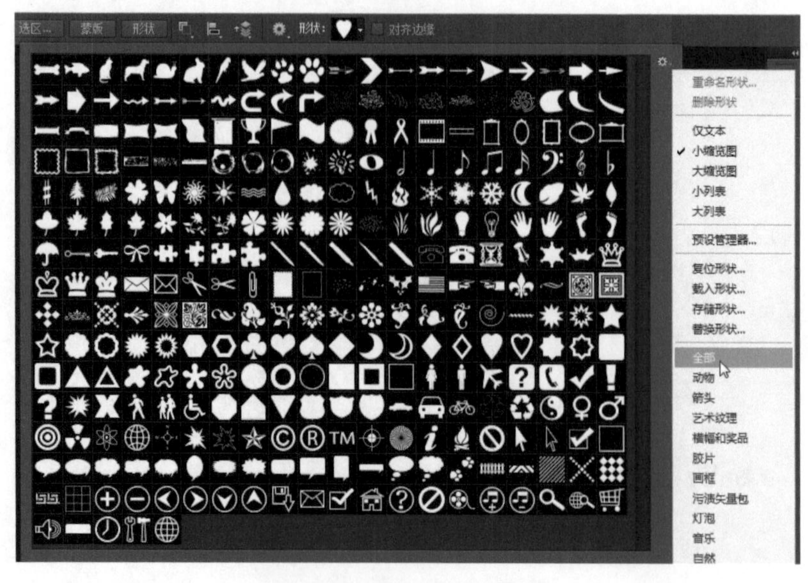

图 6-1-2 载入全部形状

3．在属性栏上方选择“路径”，如图 6-1-3 所示，按住 Shift 键，绘制出图 6-1-4 所示的红心路径。

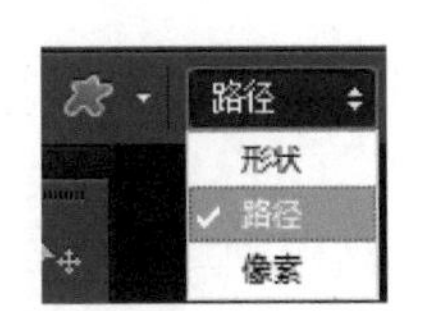

图 6-1-3　选择“路径”

图 6-1-4　绘制红心路径

提示：钢笔工具

在钢笔工具选项栏中可以看到钢笔工具只能绘制出“形状”与“路径”两种类型的对象，如图 6-1-5 所示。钢笔工具的选项栏中有一个“橡皮带”选项，选中该复选框后，可以在绘制路径的同时观察到路径的走向。

图 6-1-5　钢笔工具选项栏

提示：配用 Ctrl+T 组合键

若红心路径的位置或大小不合适，可以用 Ctrl+T 组合键进行适当的缩放和移动。

4．按 A 快捷键，激活“路径选择工具”，长按该按钮（或右击），在弹出的菜单中选择“直接选择工具”，如图 6-1-6 所示。选择红心路径中图 6-1-7 所示 A 处的控制点，利用键盘上向下的方向键将该点从 A 点轻移到图 6-1-7 所示 B 点的位置。

图 6-1-6　直接选择工具

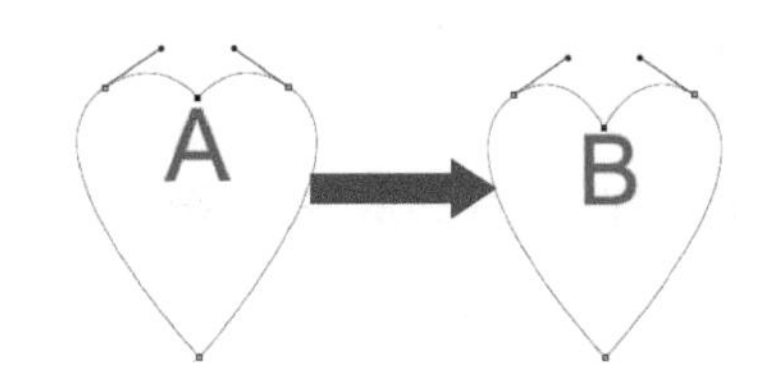

图 6-1-7　轻移控制点

5．按住 Ctrl 键，单击路径旁边的空白处结束路径编辑。按 Ctrl+T 组合键对红心路径进行自由变换，将旋转中心移动到图 6-1-8 所示的位置，并在属性栏中输入旋转角度 90 度，旋转后的效果如图 6-1-9 所示。

6．按 Ctrl+Alt+Shift+T 组合键 3 次，将设置好的选择图形进行连续复制和位置变换。按住 Ctrl 键，单击路径旁边的空白处结束路径编辑，得到图 6-1-10 所示的图形。

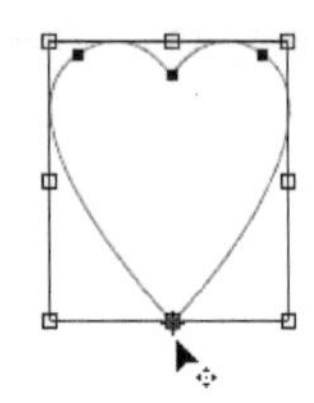

图 6-1-8　设置旋转中心

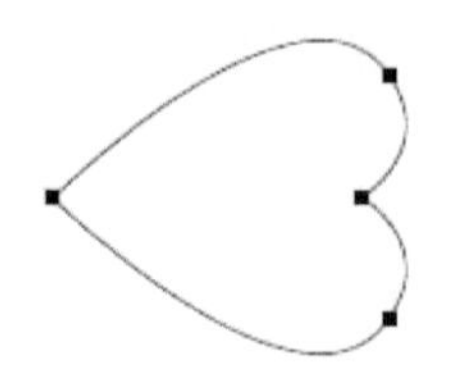

图 6-1-9　旋转效果

7．按 Ctrl+Enter 组合键将旋转好的红心路径转换成选区（或单击“路径”面板中的按钮），“路径”面板如图 6-1-11 所示，选区效果如图 6-1-12 所示。

图 6-1-10　自由变换后的图形

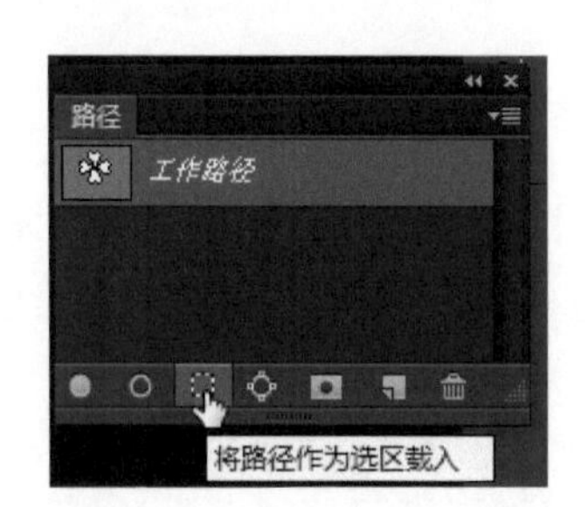

图 6-1-11　“路径”面板

图 6-1-12　路径转换成选区

二、渐变填充红心路径

1．新建“图层 1”。按 G 快捷键，选择渐变工具，设置图 6-1-13 所示的颜色。

2．选择径向渐变，在“图层 1”中进行渐变填充，按 Ctrl+D 组合键取消选区，得到图 6-1-14 所示的效果。

图 6-1-13　设置渐变参数

图 6-1-14　径向渐变效果

3．按 Ctrl+T 组合键，对渐变后的图形进行适当的旋转、缩放和移动，得到图 6-1-15 所示的效果。

图 6-1-15　自由变换后效果

三、绘制其他路径并进行渐变填充

1．按 U 快捷键，选择“矩形工具”，绘制出图 6-1-16 所示的矩形路径。按 Ctrl+T 组合键，在右键菜单中选择“变形”命令，如图 6-1-17 所示。移动变形手柄，将矩形路径变形成图 6-1-18 所示的效果。

图 6-1-16　绘制矩形路径

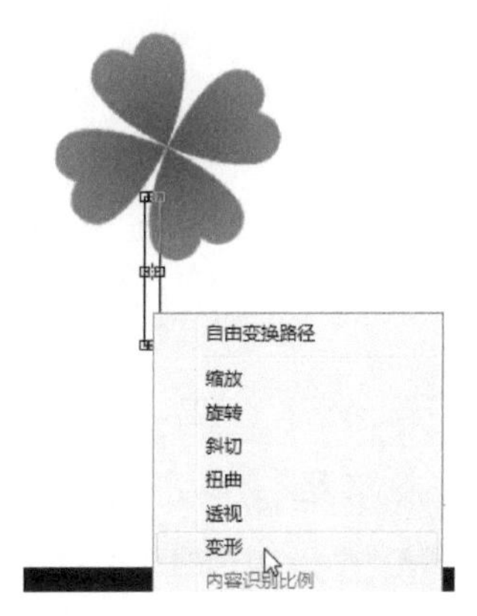

图 6-1-17　选择“变形”

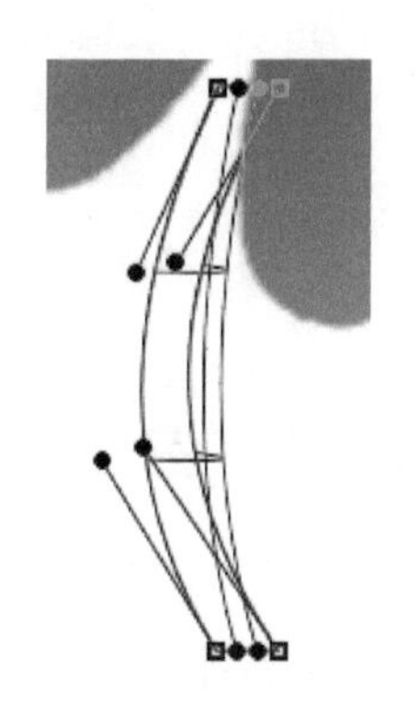

图 6-1-18　路径变形效果

2．按 A 快捷键，选择“直接选择工具”，将上方的 A 点向左移动，如图 6-1-19 所示，并适当地移动手柄，得到图 6-1-20 所示效果。

3．按 Ctrl+Enter 组合键将绘制好的路径转换成选区，新建“图层 2”，进行线性渐变（直接运用步骤 2 中的渐变色），按 Ctrl+D 组合键取消选区。渐变效果如图 6-1-21 所示。

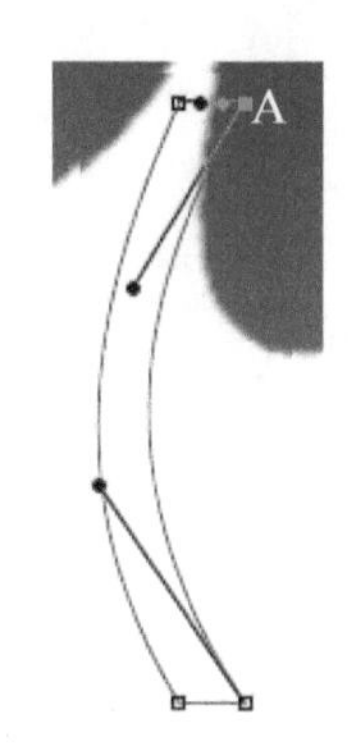

图 6-1-19　移动控制点

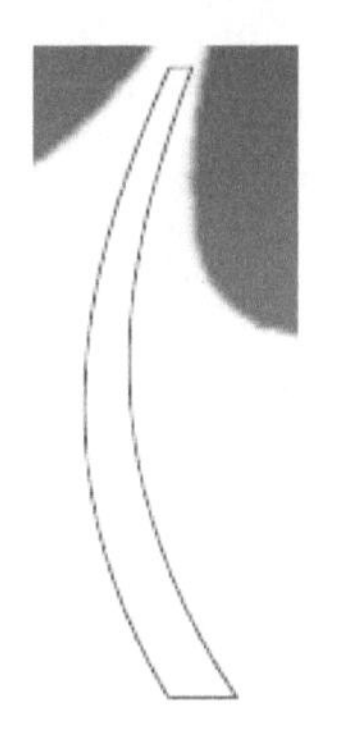

图 6-1-20　移动控制点后的效果

图 6-1-21　渐变效果

4. 按U快捷键，激活"矩形工具"■，右击该按钮，在弹出的菜单中选择"椭圆工具"，如图6-1-22所示。在图6-1-23所示的位置绘制椭圆路径。

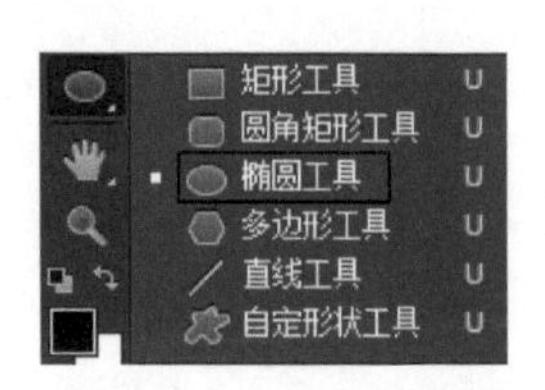

图6-1-22　椭圆工具

图6-1-23　绘制椭圆路径

5. 单击属性栏中的"路径操作"按钮■，然后选择"减去顶层形状"，如图6-1-24所示。同理再绘制一个椭圆路径，如图6-1-25所示。

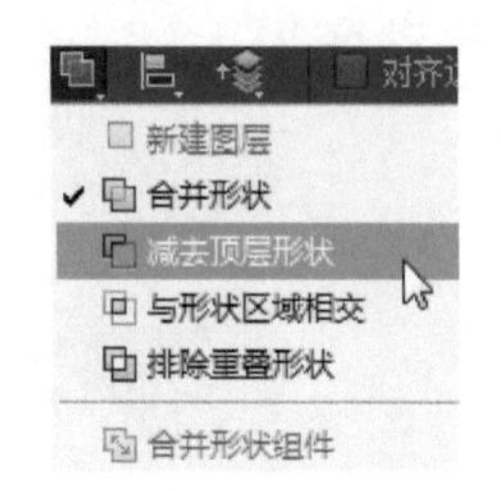

图6-1-24　减去顶层形状

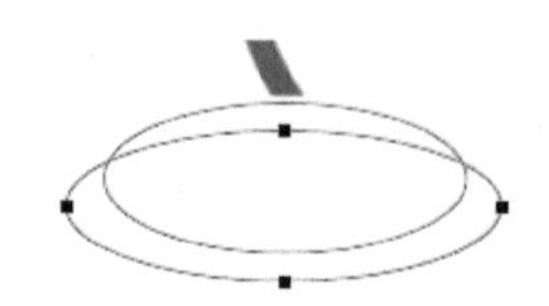

图6-1-25　绘制第二个椭圆路径

提示：多个路径的对齐方式

用"路径选择工具"■，框选多条路径，单击属性栏中的"路径对齐方式"按钮■，在弹出的菜单中可选择所需要的对齐方式，如图6-1-26所示。

6. 用"路径选择工具"框选前面绘制的两条椭圆路径，单击属性栏中的"路径操作"按钮■，在弹出的菜单中选择"合并形状组件"，得到图6-1-27所示的路径。

7. 按Ctrl+Enter组合键将绘制好的路径转换成选区，新建"图层3"，按Alt+Delete组合键填充浅灰色（#969495），按Ctrl+D组合键取消选区，填充颜色后的效果如图6-1-28所示。

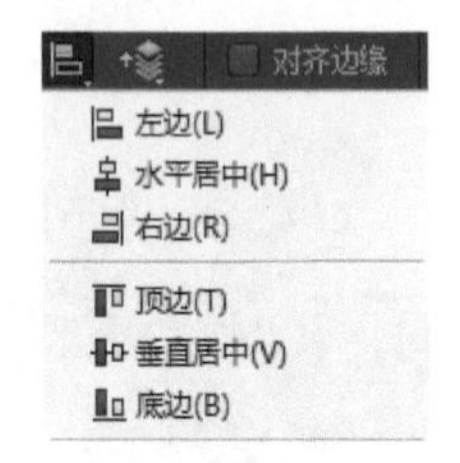

图6-1-26　路径对齐方式

图6-1-27　合并形状组件

图6-1-28　填充颜色后的效果

四、输入所需文字

按T快捷键，输入所需要的文字，最终效果如图6-1-29所示。

图 6-1-29　最终效果图

五、保存文件

按 Ctrl+S 组合键保存文件（菜单法：执行“文件”→“存储为”命令），在弹出的对话框中，输入文件名“公司 LOGO”，格式选择“.jpg”。

6.2 拓展练习：标志图

●效果图：素材包→Ch06 钢笔工具及路径→6.2 拓展练习：标志图→标志图.jpg

图 6-2-1 所示为标志图，该图形主要通过路径工具绘制而成，并通过路径计算命令完成。

1．新建文件（800 像素×800 像素），按 Ctrl+R 组合键打开标尺，在纵向标尺 400 像素，横向标尺 100 像素、250 像素、400 像素、550 像素、700 像素等处拖出辅助线，如图 6-2-2 所示。

图 6-2-1　标志图

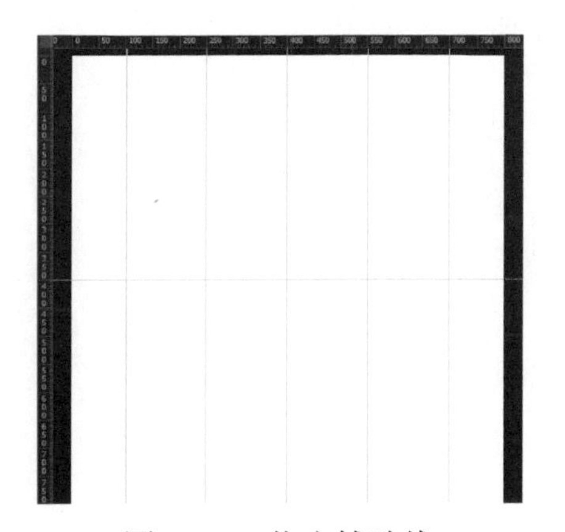

图 6-2-2　拖出辅助线

2．选择“椭圆工具”绘制形状（颜色为黑色），按 Alt+Shift 组合键从中心绘制正圆路径，如图 6-2-3 所示。选择矩形工具绘制一矩形路径，如图 6-2-4 所示。

3．选择“路径选择工具”，选中正圆路径，将该路径设置成“合并形状”，如图 6-2-5 所示。选中矩形路径，将该路径设置成“减去顶层形状”，如图 6-2-6 所示。框选两条路径，选择“合并形状组件”，效果如图 6-2-7 所示。

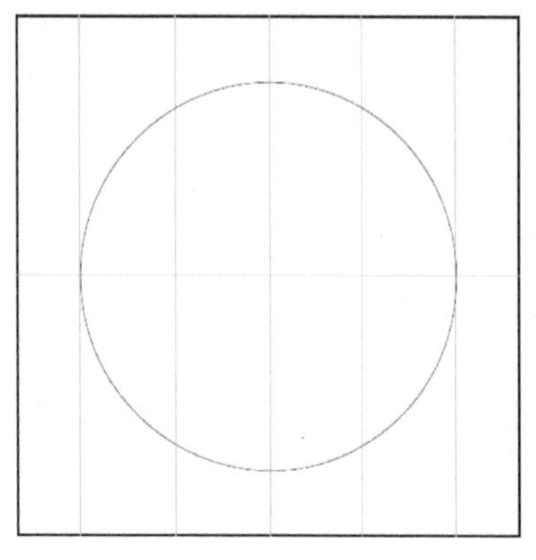
图 6-2-3　绘制正圆路径

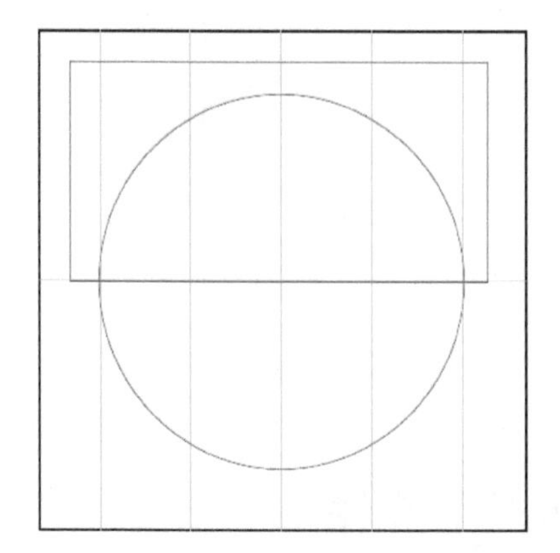
图 6-2-4　绘制矩形路径

图 6-2-5　合并形状

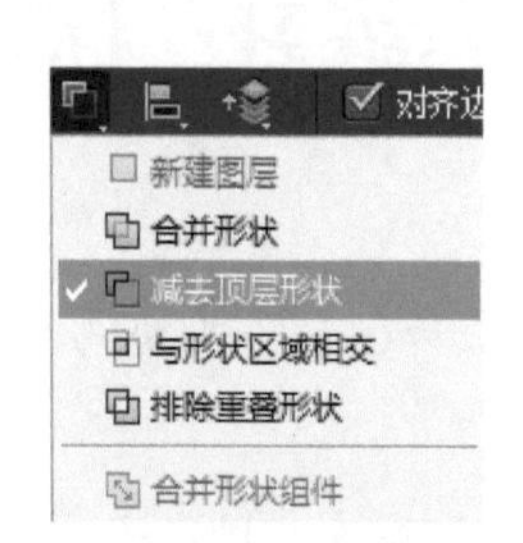

图 6-2-6　减去顶层形状

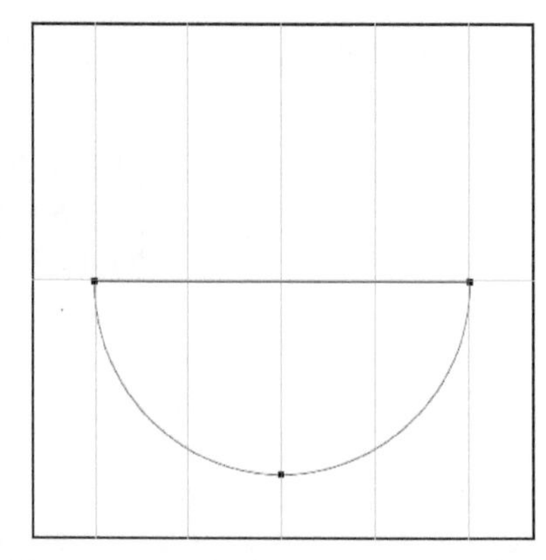
图 6-2-7　合并形状组件效果（一）

4. 同理绘制 A、B 两条正圆路径，如图 6-2-8 所示。采用步骤 3 的方法将路径 A 设置成“减去顶层形状”，将路径 B 设置成“合并形状”，选中 3 条路径后，合并形状组件，得到图 6-2-9 所示的效果。

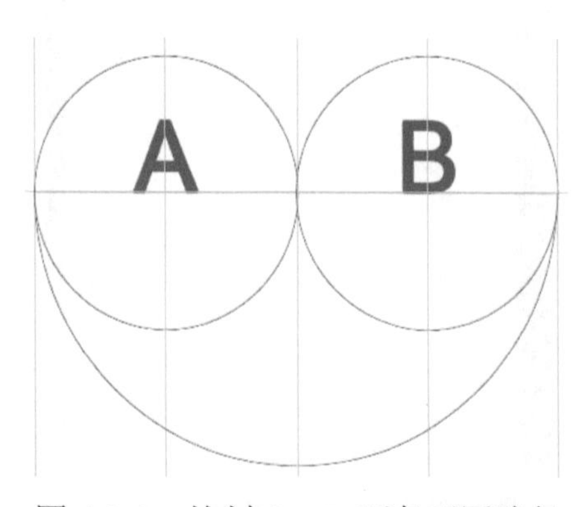

图 6-2-8　绘制 A、B 两条正圆路径

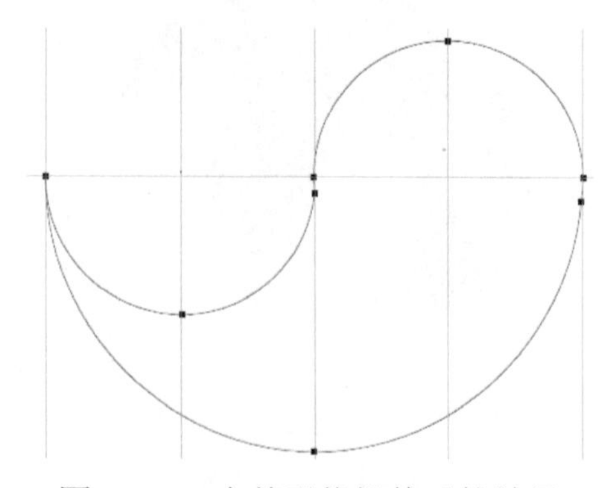
图 6-2-9　合并形状组件后的效果

5. 新建“图层 1”，将图 6-2-9 所示的路径转换成选区，并填充白色，填充黑色并描边（黑色，2 像素），得到如图 6-2-10 所示的效果。选中背景图层，新建“图层 2”，再绘制一条正圆路径，填充黑色并描边（黑色，2 像素），得到如图 6-2-11 所示的效果。

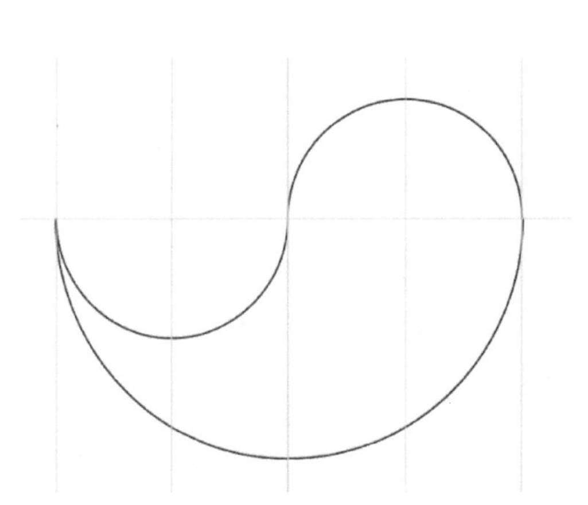

图 6-2-10　填充白色并描边黑色后的效果

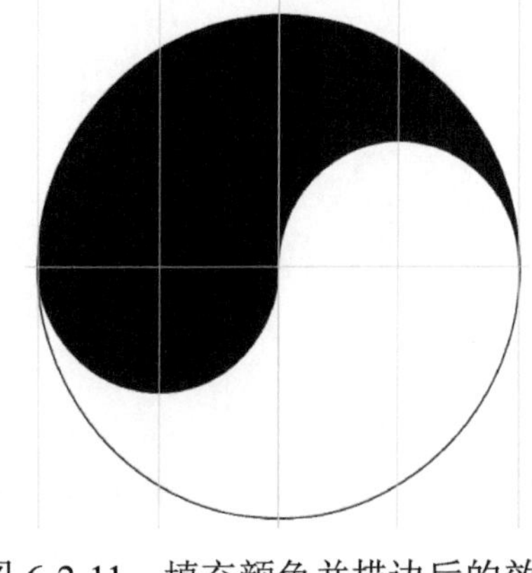

图 6-2-11　填充颜色并描边后的效果

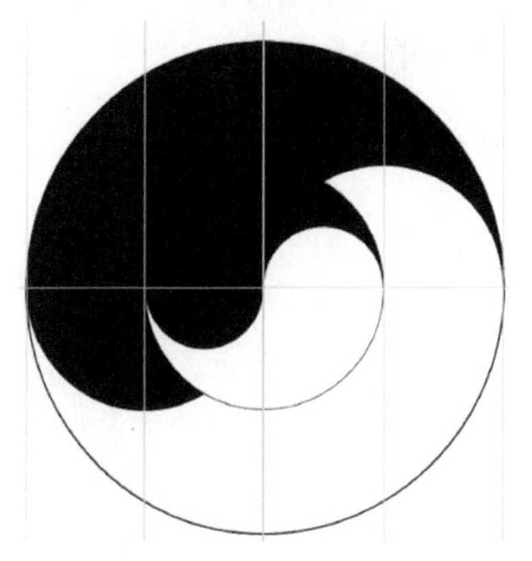

图 6-2-12　调整“图层 1 副本”大小后的效果

6．选中“图层 1”和“图层 2”，按 Ctrl+E 组合键将两个图层合并，得到“图层 1”，按 Ctrl+J 组合键复制该图层，得到“图层 1 副本”，按 Ctrl+T 组合键将“图层 1 副本”中的图形的大小进行适当调整，效果如图 6-2-12 所示。将该图形进行水平翻转，得到图 6-2-1 所示的效果。

7．完成操作，保存文件。

6.3 拓展练习：威杰士 LOGO

●效果图：素材包→Ch06 钢笔工具及路径→6.3 拓展练习：威杰士 LOGO→威杰士 LOGO.jpg

图 6-3-1 为威杰士 LOGO 效果图，该图形主要通过路径工具绘制，并通过路径计算命令及文字工具完成。

1．新建文件（1024 像素×674 像素），添加辅助线。选择“椭圆工具”，先后绘制 A、B 两条正圆路径，如图 6-3-2 所示。将路径 A 设置成“合并形状”，将路径 B 设置成“减去顶层形状”，如图 6-3-3 所示。

图 6-3-1　威杰士 LOGO 效果图

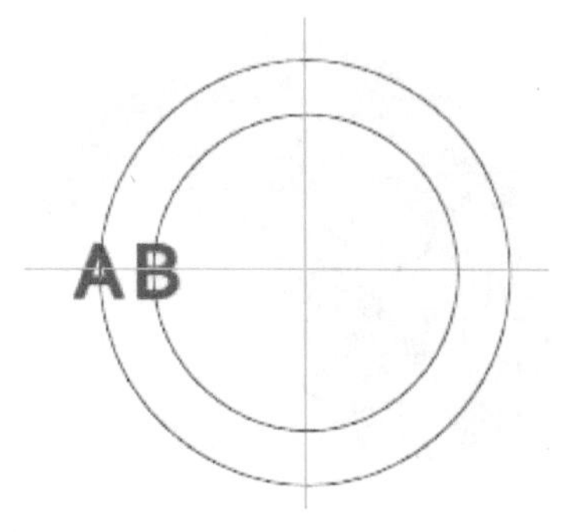

图 6-3-2　绘制 A、B 两条正圆路径

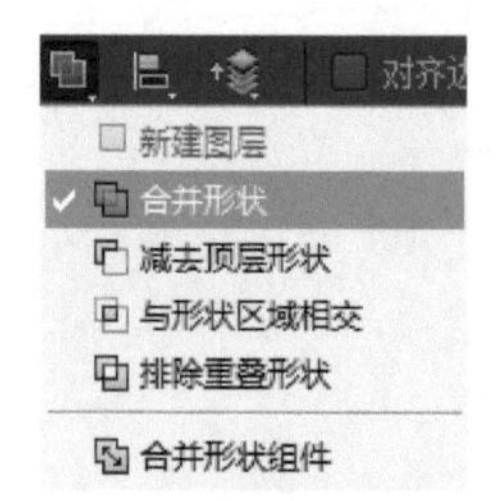

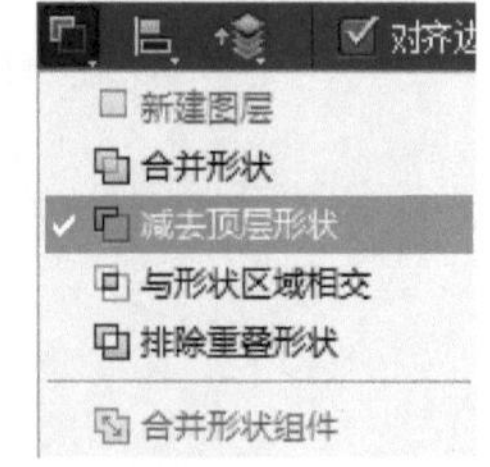

图 6-3-3　路径设置

2．选中 A、B 两条正圆路径，选择“合并形状组件”，得到环形路径。

3．选择“矩形工具”■，绘制图 6-3-4 所示的方形路径。将该路径设置成“合并形状”。利用自由变换工具，将该路径旋转复制后得到图 6-3-5 所示的效果。

4．框选所有路径，选择“合并形状组件”，得到图 6-3-6 所示的路径。

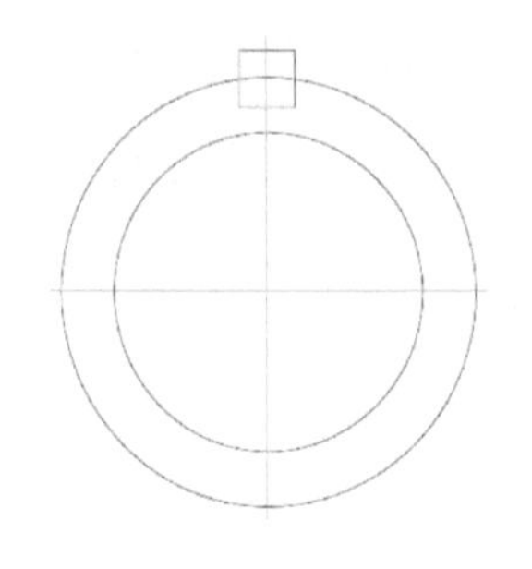

图 6-3-4　绘制方形路径

图 6-3-5　旋转复制

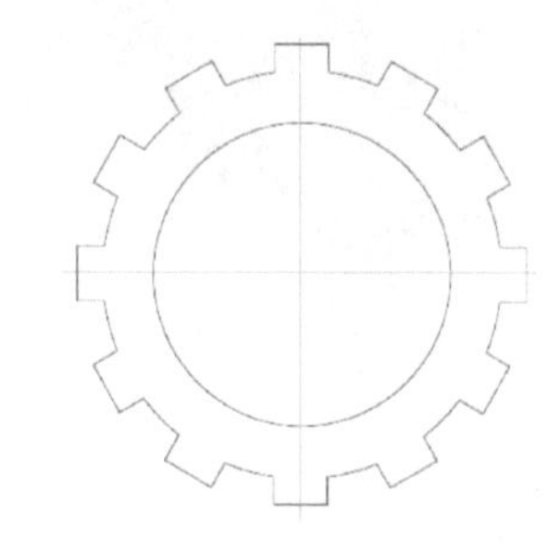

图 6-3-6　合并形状组件效果（一）

5．继续绘制图 6-3-7 所示的矩形路径，将该矩形路径设置成“减去顶层形状”。

6．框选所有路径，选择“合并形状组件”，得到图 6-3-8 所示的路径。

7．将步骤 6 中的路径转换为选区后填充颜色，效果如图 6-3-9 所示。

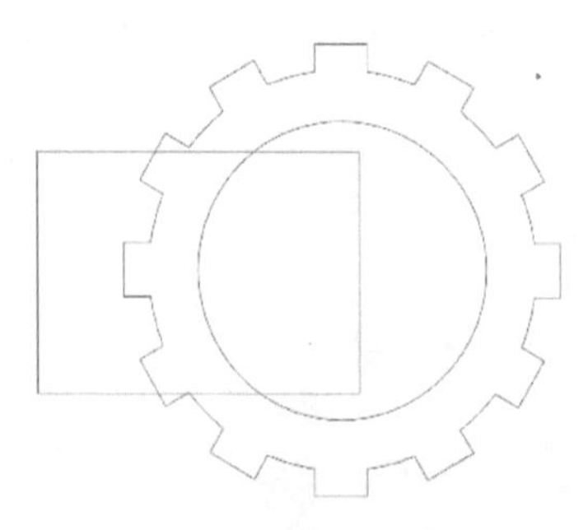

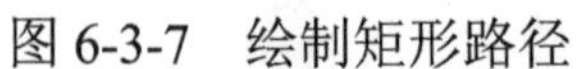

图 6-3-7　绘制矩形路径

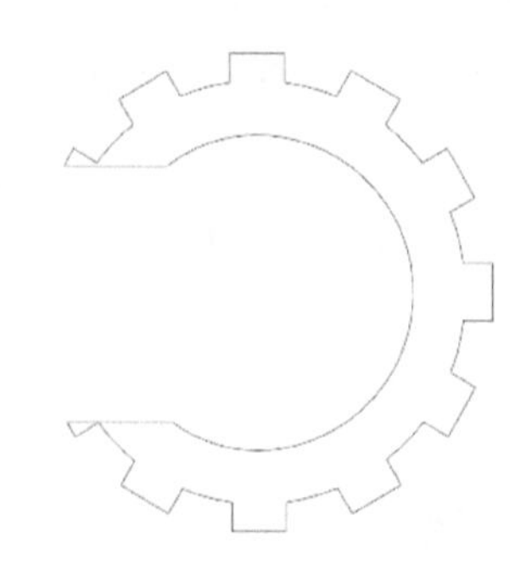

图 6-3-8　合并形状组件效果（二）

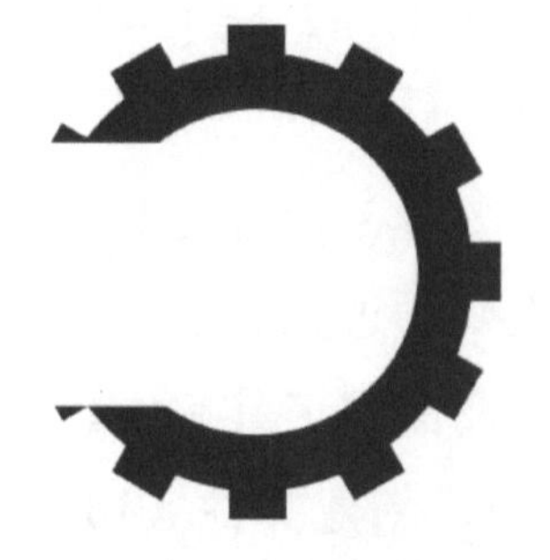

图 6-3-9　填充颜色

8．输入文字，英文字体为：Corbel。隐藏辅助线，得到最终效果图，如图 6-3-1 所示。

9．完成操作，保存文件。

6.4 钢笔工具及路径：邮票制作

● 难易程度：★★☆☆

● 教学重点：选区与路径间的转换

● 教学难点：描边画笔的设置与应用

● 实例描述：利用选区与路径之间的转换关系，通过画笔的特殊设置，对从选区转换成的路径进行描边等操作，完成邮票的制作

● 实例文件：

素　　材：素材包→Ch06 钢笔工具及路径→6.4 邮票制作→素材

效 果 图：素材包→Ch06 钢笔工具及路径→6.4 邮票制作→邮票制作.jpg

1. 打开 Photoshop CS6 软件，按 Ctrl+N 组合键（菜单法：执行“文件”→“新建”命令），在弹出的“新建”对话框中，设置文件宽度为 390 像素，高度为 508 像素，分辨率为 300 像素/英寸，颜色模式为 RGB 颜色，背景色为白色。

2. 打开“松鼠.jpg”素材，并拖到新建文件中，得到“图层 1”，按 Ctrl+T 组合键对图像素材进行适当的缩放和移动，效果如图 6-4-1 所示。

图 6-4-1　自由变换效果

3. 自由变换完成后按 Enter 键确认。用矩形选框工具绘制图 6-4-2 所示的选区，按 Ctrl+J 组合键将选区里的内容复制到新的图层，得到“图层 2”，在图层面板中隐藏“图层 1”（单击前面的图标），得到图 6-4-3 所示效果。

4. 按 Ctrl+A 组合键全选得到图 6-4-4 所示的选区，在“路径”面板中单击按钮，将选区转换成路径，如图 6-4-5 所示。

5. 新建“图层 3”，按 B 快捷键，选择画笔工具，按 F5 快捷键打开“画笔”面板，并进行参数设置，参考数值如图 6-4-6 所示。

图 6-4-2　绘制矩形选区

图 6-4-3　复制选区内容

图 6-4-4　全选选区

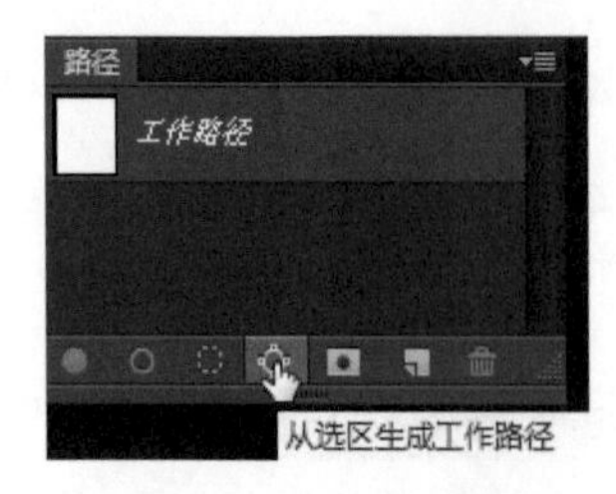

图 6-4-5　生成路径

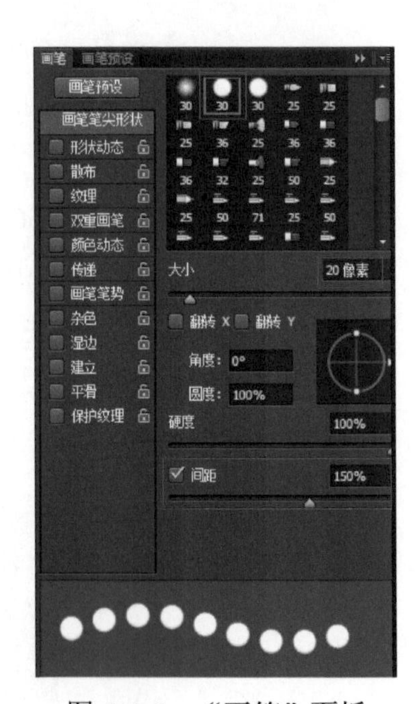

图 6-4-6　“画笔”面板

6．按 D 快捷键，还原前景色为黑色。选择步骤 4 中生成的路径，单击“路径”面板中的“用画笔描边路径”按钮，如图 6-4-7 所示。取消对路径的选择，此时得到图 6-4-8 所示的描边效果。

7．按 T 快捷键，选择文字工具，输入邮票票值，如“80 分”，得到最终效果图，如图 6-4-9 所示。

8．按 Ctrl+S 组合键保存文件（菜单法：执行“文件”→“存储为”命令），在弹出的对话框中，输入文件名“邮票制作”，格式选择“.jpg”。

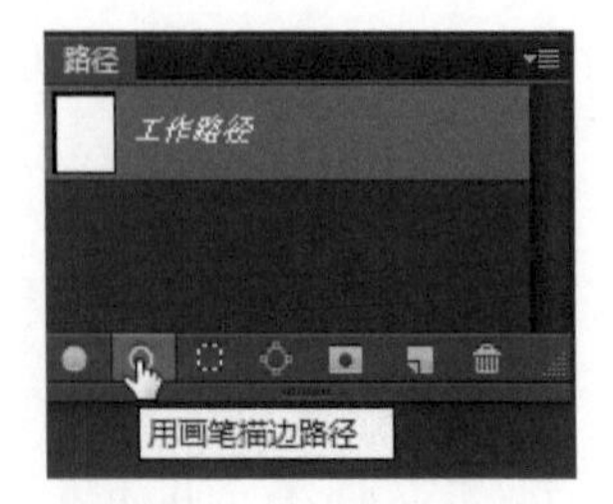

图 6-4-7　路径描边

图 6-4-8　描边效果

图 6-4-9　最终效果图

6.5 拓展练习：摄影胶卷

●素　材：素材包→Ch06 钢笔工具及路径→6.5 拓展练习：摄影胶卷→素材

●效果图：素材包→Ch06 钢笔工具及路径→6.5 拓展练习：摄影胶卷→摄影胶卷.jpg

图 6-5-1 为摄影胶卷效果图，该图形主要通过钢笔工具、路径工具绘制各类路径，并通过画笔描边完成。

图 6-5-1　摄影胶卷效果图

1. 新建文件（1400 像素×530 像素），分辨率为 200 像素/英寸，RGB 模式，背景色为黑色。

2. 用钢笔工具绘制两条直线路径，如图 6-5-2 所示。

3. 新建“图层 1”，选择画笔工具，按图 6-5-3 设置参数。选择前景色为白色，对直线路径进行描边，得到图 6-5-4 所示的效果。

4. 选择圆角矩形工具，半径为 50 像素，绘制图 6-5-5 所示的路径。

5. 打开“素材 1”，拖入新建文件，得到“图层 2”，对素材进行适当的缩放和移动，效果如图 6-5-6 所示。

图 6-5-2　绘制两条直线路径

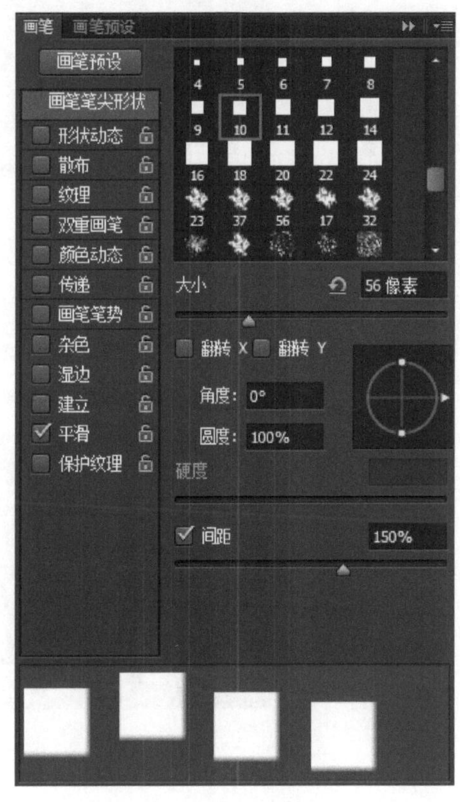

图 6-5-3　设置画笔参数

图 6-5-4　描边

图 6-5-5　绘制圆角矩形路径

图 6-5-6　拖入“素材 1”

6. 将圆角矩形转换成选区，选中“图层 2”，使选区反向并删除新选区里的图像，如图 6-5-7 所示（注：若无法删除选区里的内容，则需将“素材 1”所在的图层进行栅格化处理）。

图 6-5-7　删除选区图像

7. 重复步骤 4～6，得到图 6-5-1 所示的最终效果。

8. 完成操作，保存文件。

6.6 钢笔工具及路径：霓虹灯

- 难易程度：★★★☆
- 教学重点：用钢笔工具绘制路径，图层样式的设置
- 教学难点：路径的绘制与调整，图层样式的设置
- 实例描述：利用钢笔工具绘制路径，通过直接选择工具对路径进行调整，并用画笔进行路径描边等操作，完成霓虹灯的制作
- 实例文件：
  效 果 图：素材包→Ch06 钢笔工具及路径→6.6 霓虹灯→霓虹灯.jpg

1．打开 Photoshop CS6 软件，按 Ctrl+N 组合键，在弹出的“新建”对话框中，设置文件宽度为 30 厘米，高度为 30 厘米，分辨率为 150 像素/英寸，颜色模式为 RGB 颜色，背景填充为黑色。

2．新建“图层 1”，按 U 快捷键选择“矩形工具”，绘制图 6-6-1 所示的矩形路径。选择“直接选择工具”，选中路径上的锚点并进行相应调整，调整后的效果如图 6-6-2 所示。

3．按 B 快捷键，选择“画笔工具”，打开“画笔”面板，选择硬度为 100%的画笔，大小为 5 像素，“画笔”面板如图 6-6-3 所示。

图 6-6-1 绘制矩形路径

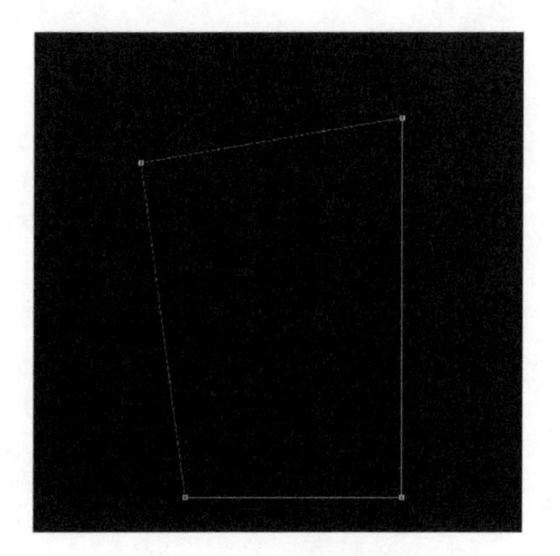

图 6-6-2 调整路径

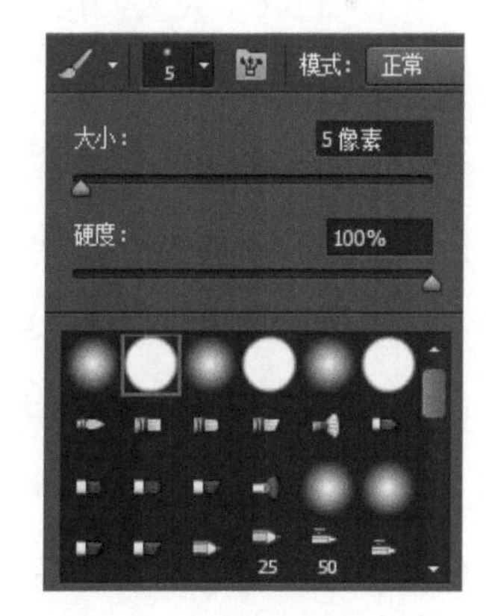

图 6-6-3 设置画笔参数

4．设置前景色为绿色（R：0，G：255，B：0），打开“路径”面板，单击面板下方的“用前景色填充路径”按钮，用画笔沿路径描边，隐藏路径后的效果如图 6-6-4 所示。

5．双击“图层 1”（菜单法：执行“图层”→“图层样式”→“外发光”命令），在打开的对话框中分别设置“外发光”“描边”等各项参数，如图 6-6-5 所示。单击“确定”按钮，得到图 6-6-6 所示的效果。

6．按 P 快捷键，选择“钢笔工具”，通过单击和拖动的方式绘制木桶中的多条直线路径和曲线路径，选择“直接选择工具”，对路径上的锚点和手柄进行移动或调整，绘制和调整后的效果如图 6-6-7 所示。

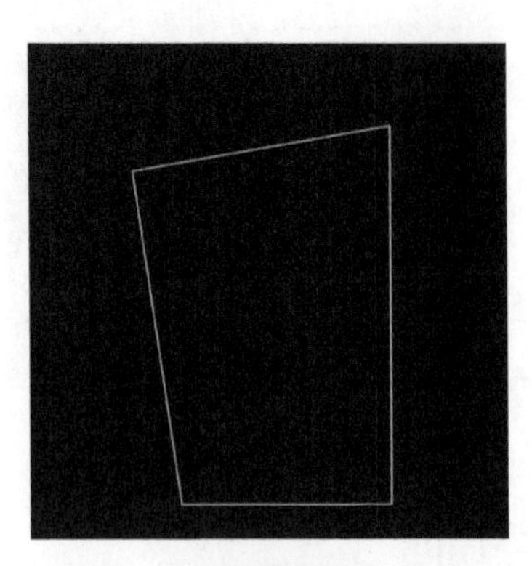

图 6-6-4 路径描边（一）

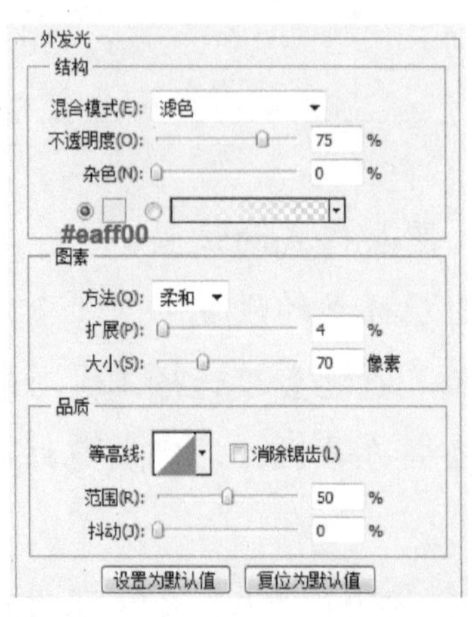

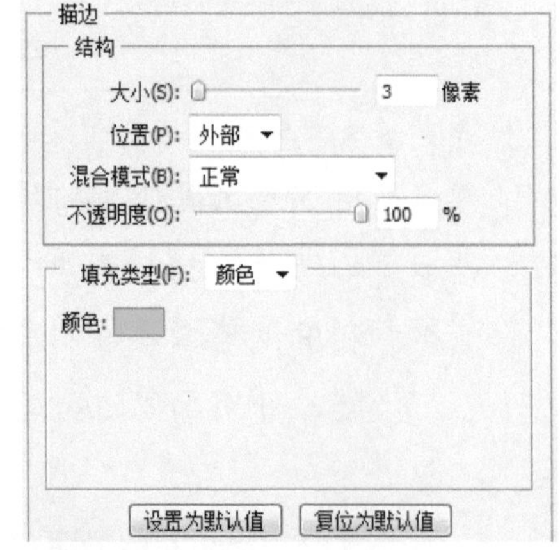

图 6-6-5 设置图层样式参数（外发光、描边）

图 6-6-6 设置图层样式后的效果

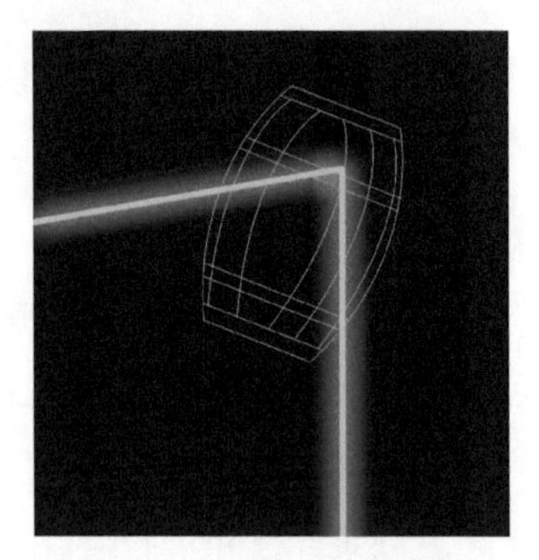

图 6-6-7 绘制木桶路径

提示：使用钢笔工具绘制直线路径

（1）按 P 快捷键，选择“钢笔工具”，在选项栏中单击“路径”按钮，将鼠标指针移至画面中，单击可创建一个锚点。

（2）松开鼠标左键，将鼠标指针移至下一位置处单击，创建第 2 个锚点，两个锚点会连接成一条直线路径，继续单击下一位置，可以绘制出第 3 个锚点。

（3）鼠标指针在路径的起点时会变为，单击即可得到闭合路径。

（4）按住 Shift 键可以绘制水平、竖直或 45° 角方向的直线。

提示：使用钢笔工具绘制曲线路径

（1）选择“钢笔工具”，在选项栏中单击“路径”按钮，在画布中单击创建第 1 个锚点，然后将鼠标指针移动到另外的位置，按住鼠标左键并拖动即可创建一个平滑点。

（2）将鼠标指针放置在下一位置处，再次按住鼠标左键并拖动，创建第 2 个平滑点，注意要控制好曲线的走向，可以选中属性栏中“橡皮带”复选框观察绘制情况。

提示：配用 Ctrl 键结束路径的绘制

当使用钢笔工具结束一段开放式路径的绘制时，可以按住 Ctrl 键并在画面的空白处单击，按 Esc 键也可以结束路径的绘制。

7．新建“图层 2”，设置前景色为黄色（R：255，G：255，B：0），按 B 快捷键，选中画笔工具，应用与步骤 3 中相同的画笔对木桶路径进行描边，隐藏路径后的描边效果如图 6-6-8 所示。

8．双击“图层 2”（菜单法：执行“图层”→“图层样式”→“外发光”命令），在打开的对话框中选中“外发光”，并设置图 6-6-9 所示的参数。单击“确定”按钮后，得到图 6-6-10 所示的效果。

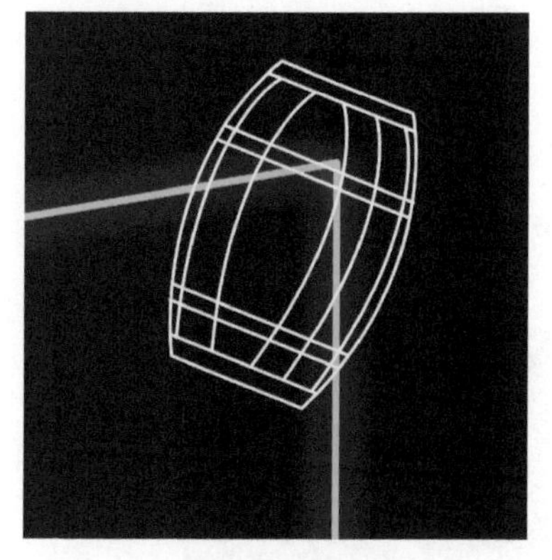

图 6-6-8　路径描边（二）

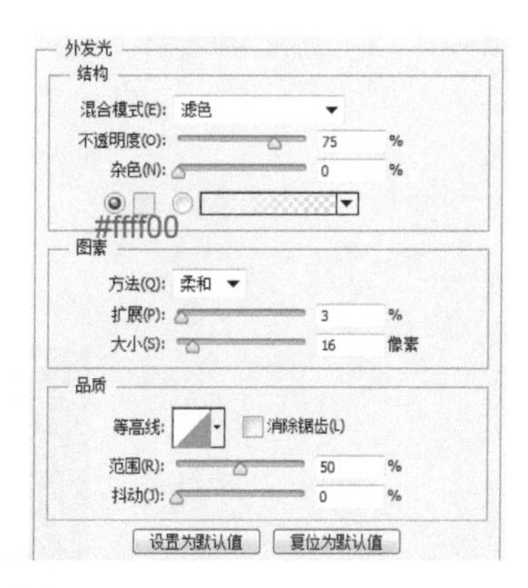

图 6-6-9　设置外发光参数（一）

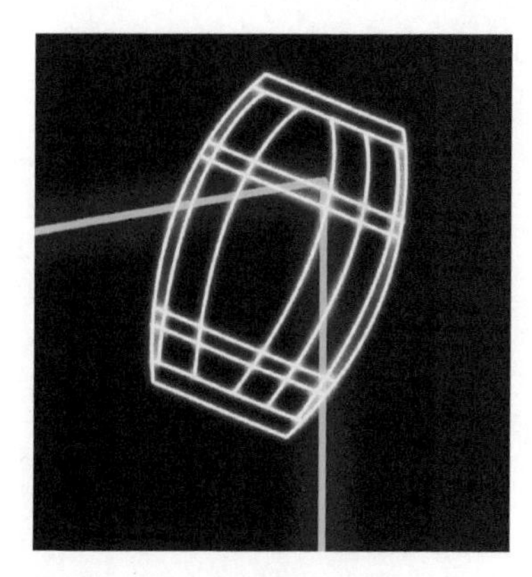

图 6-6-10　外发光效果（一）

9．按 P 快捷键，选择“钢笔工具”，绘制图 6-6-11 所示的两条曲线路径。

10．新建“图层 3”，设置前景色为白色，按 B 快捷键，选择“画笔工具”，应用与步骤 3 中相同的画笔对两条曲线路径进行描边，隐藏路径后的描边效果如图 6-6-12 所示。

11．双击“图层 3”（菜单法：执行“图层”→“图层样式”→“外发光”命令），在打开的对话框中选中“外发光”，并设置图 6-6-13 所示的参数。单击“确定”按钮后，得到图 6-6-14 所示的效果。

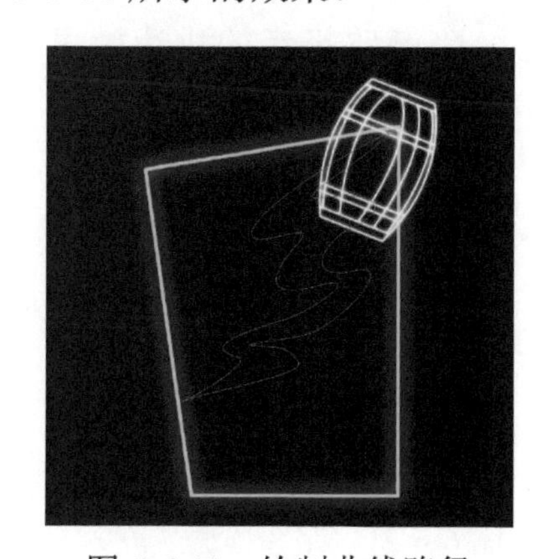

图 6-6-11　绘制曲线路径

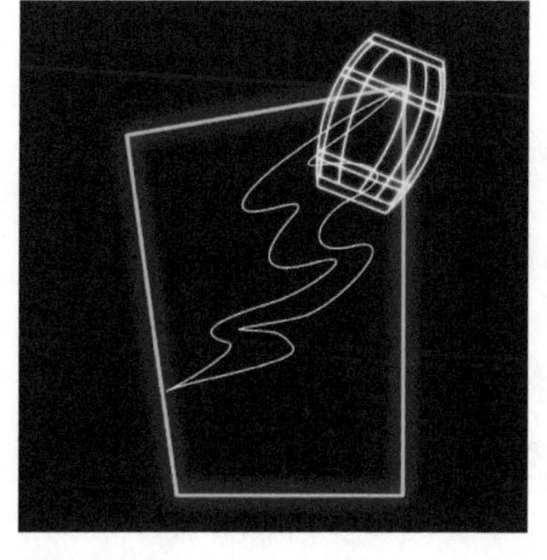

图 6-6-12　路径描边（三）

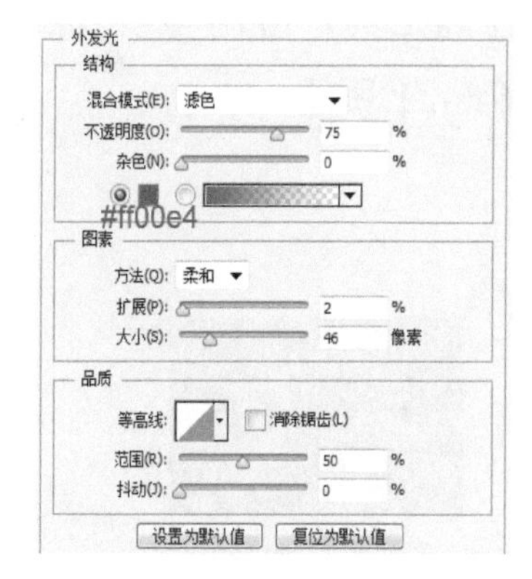

图 6-6-13　设置外发光参数（二）

12．按 P 快捷键，选择“钢笔工具”，绘制图 6-6-15 所示的咖啡杯路径。

13．新建“图层 4”，设置前景色为白色，按 B 快捷键，选择画笔工具，应用与步骤 3 中相同的画笔对咖啡杯路径进行描边，隐藏路径后的描边效果如图 6-6-16 所示。为“图层 4”添加图 6-6-17 所示的外发光图层样式，单击“确定”按钮后，得到图 6-6-18 所示的效果。

图 6-6-14　外发光效果（二）

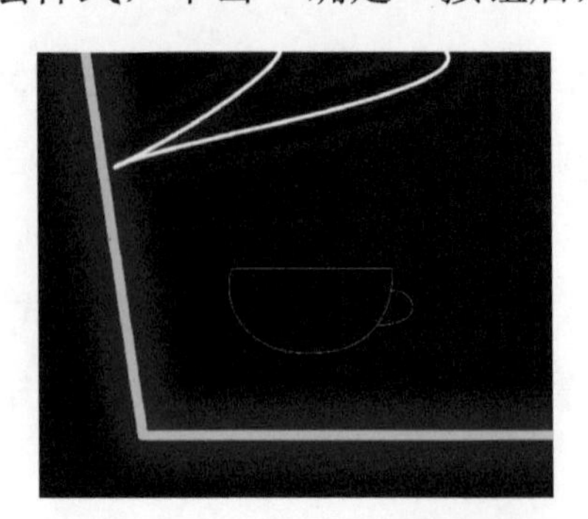

图 6-6-15　绘制咖啡杯路径

图 6-6-16　路径描边（四）

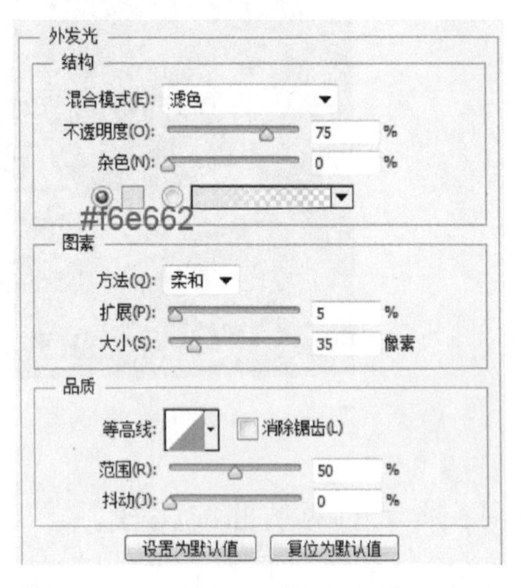

图 6-6-17　设置外发光参数（三）

图 6-6-18　外发光效果（三）

14．按快捷键 U，激活“矩形工具”，右击该按钮，在弹出的菜单中选择“椭圆工具”，如图 6-6-19 所示。在图 6-6-20 所示的位置绘制一条椭圆路径。

15．新建“图层 5”，设置前景色为黄色（R：255，G：255，B：0），按 B 快捷键，选择画笔工具，应用与步骤 3 中相同的画笔对椭圆路径进行描边，隐藏路径后的描边效果如图 6-6-21 所示。

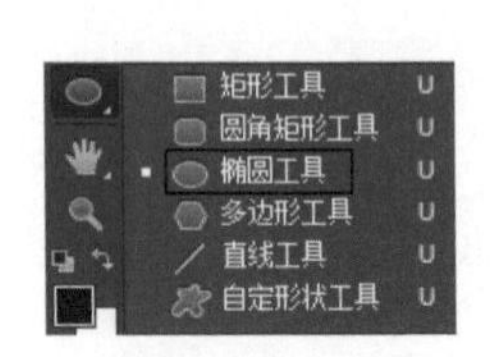

图 6-6-19　椭圆工具

图 6-6-20　绘制椭圆路径

图 6-6-21　路径描边（五）

16．在“图层”面板中选中“图层 4”，右击，在弹出的快捷菜单中选择“拷贝图层样式”

命令。然后在“图层 5”上右击，在弹出的快捷菜单中选择“粘贴图层样式”命令，得到图 6-6-22 所示的效果。

17．按 P 快捷键，选择“钢笔工具”，绘制图 6-6-23 所示的路径。按 Ctrl+Enter 组合键将路径转换成选区，选中“图层 5”，按 Delete 键将选区中的内容删除，按 Ctrl+D 组合键取消选区，删除选区内容后的效果如图 6-6-24 所示。

图 6-6-22　复制图层样式

图 6-6-23　绘制路径

图 6-6-24　删除选区内容后的效果

提示：配用 Alt 键复制图层样式

将图层 A 的图层样式复制到图层 B：按住 Alt 键，将图层 A 的样式拖到图层 B。这样图层 B 就拥有和图层 A 相同的图层样式了。本例步骤 16 中的操作可以运用此方法。

18．同理新建“图层 6”，绘制路径，画笔描边，复制图层样式，得到图 6-6-25 所示的效果。

19．按 T 快捷键，选择文字工具中的“直排文字工具”选项 直排文字工具，输入图 6-6-26 所示的文字，得到“木桶咖啡屋”文字图层。

20．双击文字图层（菜单法：执行“图层”→“图层样式”→“外发光”命令），在打开的对话框中选中“外发光”，并按图 6-6-27 设置参数。单击“确定”按钮后，得到图 6-6-28 所示的效果。最终效果如图 6-6-29 所示。

图 6-6-25　图层 6 效果

图 6-6-26　输入文字

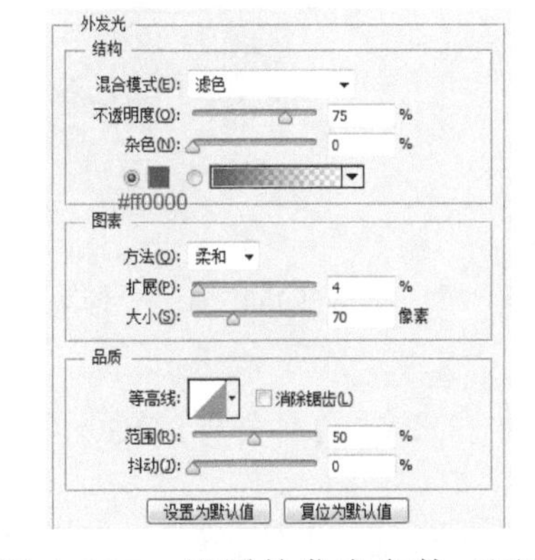

图 6-6-27　设置外发光参数（四）

21．霓虹灯效果制作完成，按 Ctrl+S 组合键保存文件（菜单法：执行“文件”→“存储为”命令），在弹出的对话框中，输入文件名“霓虹灯”，格式选择“.jpg”。

图 6-6-28　外发光效果

图 6-6-29　霓虹灯效果

6.7 拓展练习：公司 LOGO1

●效果图：素材包→Ch06 钢笔工具及路径→6.7 拓展练习：公司 LOGO1→公司 LOGO1.jpg

图 6-7-1 为公司 LOGO 效果图，该图形主要通过钢笔工具、路径工具绘制各类路径，并通过画笔描边完成。

1．新建文件（800 像素×800 像素），分辨率为 200 像素/英寸，RGB 模式，背景色为“R：240，G：240，B：240”。

2．打开标尺，添加中心点辅助线，用“椭圆工具”绘制一条正圆路径和一条椭圆路径，再用钢笔工具绘制 4 条直线路径，如图 6-7-2 所示。

图 6-7-1　公司 LOGO（效果图）

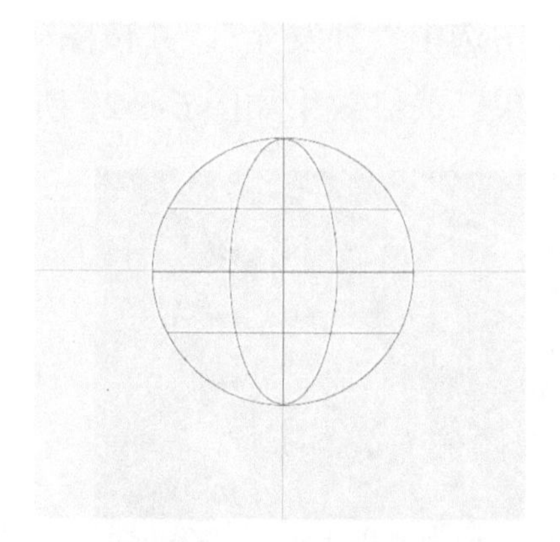

图 6-7-2　绘制路径

3．新建“图层 1”，选择画笔工具，设置画笔大小为 6 像素，前景色为白色，为步骤 2 中绘制的综合路径描边，得到图 6-7-3 所示的效果。

4．隐藏步骤 3 中的路径，在“图层 1”的下方新建“图层 2”，再次绘制一条相同的正圆路径，并填充颜色“R：103，G：132，B：183”，如图 6-7-4 所示。

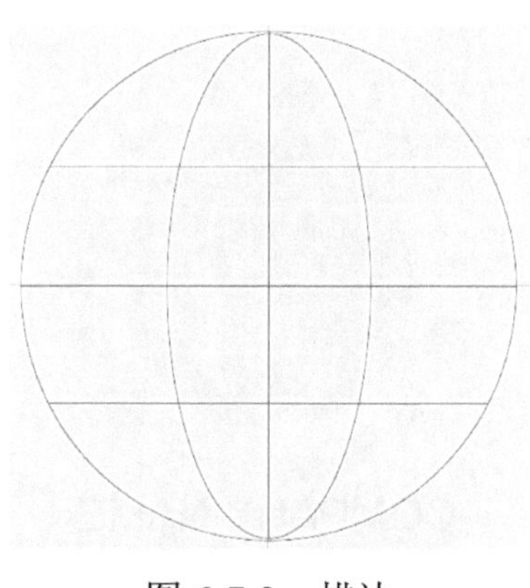

图 6-7-3　描边

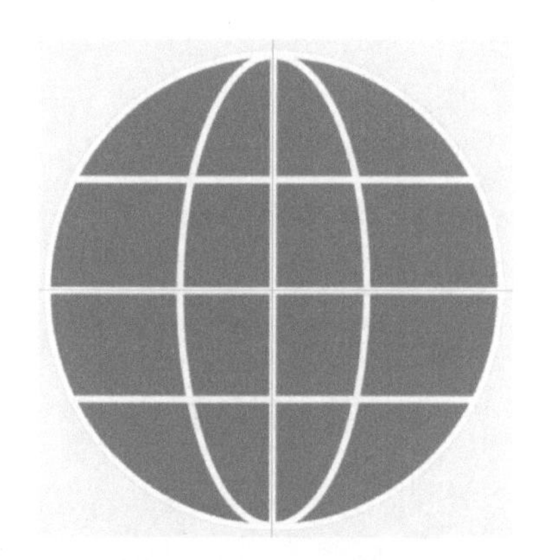

图 6-7-4　填充颜色

5．隐藏步骤 4 中的路径，用钢笔工具继续绘制图 6-7-5 所示的从 A 到 B 的曲线路径，新建“图层 3”，设置前景色为“R：33，G：174，B：225”，用画笔进行描边，“画笔”面板如图 6-7-6 所示，设置画笔大小为 70 像素，间距为 147%，控制为渐隐，渐隐值为 9，描边效果如图 6-7-7 所示。

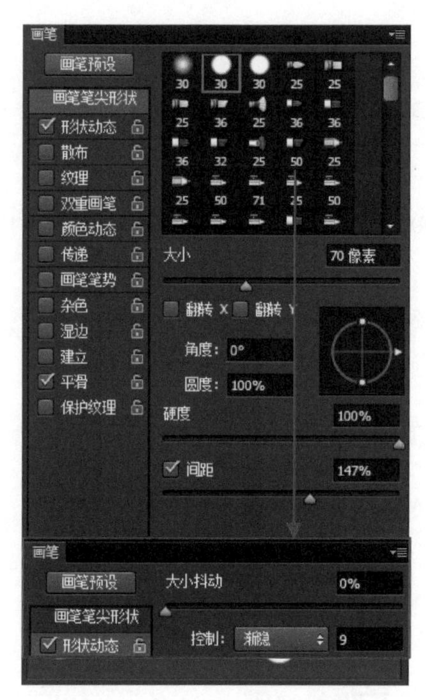

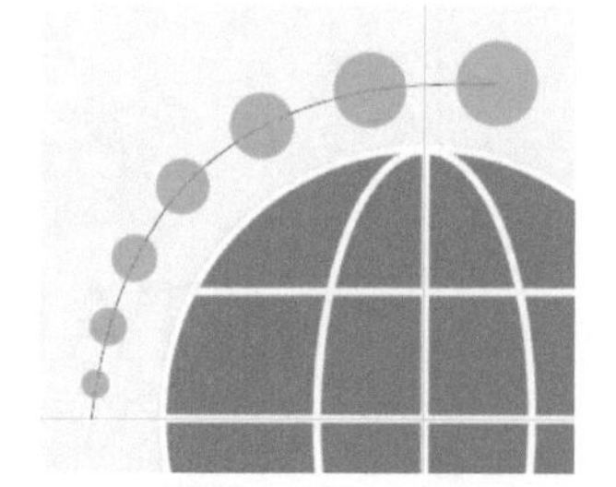

图 6-7-5　曲线路径　　图 6-7-6　“画笔”面板　　图 6-7-7　描边效果

6．隐藏步骤 5 中的路径，对“图层 3”中的图形进行自由变换，得到图 6-7-8 所示的效果。

7．隐藏“背景”图层，选中最上方图层，按 Ctrl+Alt+Shift+E 组合键在所有可见图层进行盖印操作。

8．将盖印图层向上移动到图 6-7-9 所示的位置，添加相应文字，得到图 6-7-1 所示的效果图。

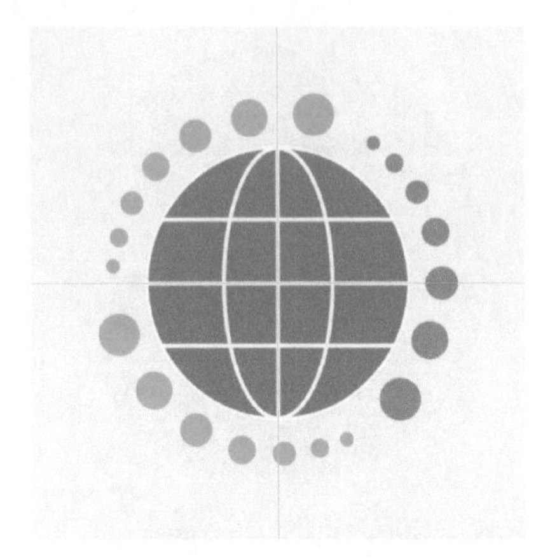
图 6-7-8　自由变换效果

图 6-7-9　添加文字

9．完成操作，保存文件。

6.8 拓展练习：公司 LOGO2

●效果图：素材包→Ch06 钢笔工具及路径→6.8 拓展练习：公司 LOGO2→公司 LOGO2.jpg

图 6-8-1 所示为某公司 LOGO 效果图，该图形主要通过钢笔工具绘制路径，并通过画笔描边及渐变工具完成。

1．新建文件，绘制一条曲线路径，如图 6-8-2 所示。新建图层，用画笔进行描边，如图 6-8-3 所示。

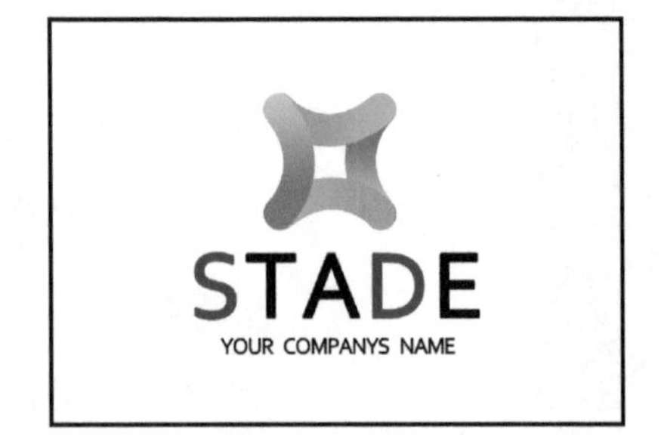

图 6-8-1　某公司 LOGO 效果图

图 6-8-2　绘制曲线路径

2．对描边后的图形运用自由变换命令，通过复制、旋转得到图 6-8-4 所示的另外三个描边图形，并得到多个图层。

3．把描边图形转换成选区，设置渐变色，在不同的图层中对选区进行渐变填充。

4．根据所需效果调整图层顺序，得到图 6-8-5 所示的效果。

5．添加文字，得到最终效果，如图 6-8-1 所示。

6．完成操作，保存文件。

图 6-8-3 描边

图 6-8-4 复制旋转

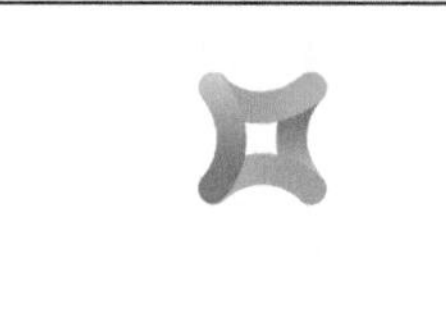
图 6-8-5 调整图层顺序

6.9 钢笔工具及路径：会徽

● 难易程度：★★★☆

● 教学重点：椭圆工具绘制路径，路径文字的调整

● 教学难点：路径文字的调整

● 实例描述：利用椭圆工具绘制路径，通过文字工具在路径上输入文字，并进行适当调整，同时运用自由变换命令等完成珠海斗门同乡会会徽的绘制

● 实例文件：

素　　材：素材包→Ch06 钢笔工具及路径→6.9 会徽→素材

效 果 图：素材包→Ch06 钢笔工具及路径→6.9 会徽→会徽.jpg

1．打开 Photoshop CS6 软件，按 Ctrl+N 组合键，在弹出的“新建”对话框中，设置文件宽度为 1181 像素，高度为 1181 像素，分辨率为 200 像素/英寸，颜色模式为 RGB 颜色，背景色为透明，背景名称为“图层 1”。

2．按 Ctrl+R 组合键，将标尺打开，添加中心点辅助线，如图 6-9-1 所示。按 Ctrl+R 组合键隐藏标尺。

3．按 Ctrl+O 组合键，打开“银杏.jpg”素材，如图 6-9-2 所示。

4．按 W 快捷键，选择魔棒工具，在属性栏里设置默认容差值为 32，勾选“连续”复选框。单击选择“银杏.jpg”素材的背景区域，按 Ctrl+Shift+I 组合键进行反向选择（菜单法：执行“选择”→“反向”命令），得到银杏选区。

5．在图 6-9-3 所示的路径面板中，单击“从选区生成工作路径”按钮，将步骤 4 所得银杏选区转化成路径，得到图 6-9-4 所示的工作路径。

图 6-9-1 添加辅助线

图 6-9-2 “银杏.jpg”素材

图 6-9-3 生成路径

6．将工作路径从路径面板直接拖入新建文件中，得到图 6-9-5 所示的效果。按 Ctrl+T 快捷键将路径进行自由变换，缩放，旋转，并移动到图 6-9-6 所示的位置，在路径面板中将自动生成“路径 1”，如图 6-9-7 所示。

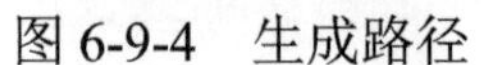
图 6-9-4　生成路径

图 6-9-5　拖移路径

图 6-9-6　自由变换路径

图 6-9-7　路径 1

7．选中“图层 1”，按 Ctrl+Enter 组合键将“路径 1”转换成选区，为选区填充白色，按 Ctrl+D 组合键取消选区，得到图 6-9-8 所示效果。

8．按 Ctrl+J 组合键，复制“图层 1”得到“图层 1 副本”，按 Ctrl+T 组合键对“图层 1 副本”进行自由变换，选中变换控制框的中心，按住鼠标左键拖到图 6-9-9 所示的位置，在属性栏中设置旋转角度为 72 度，这时“图层 1 副本”移动到了图 6-9-10 所示的位置，按 Enter 键进行确认（或单击属性栏中的✓按钮）。

图 6-9-8　填充颜色

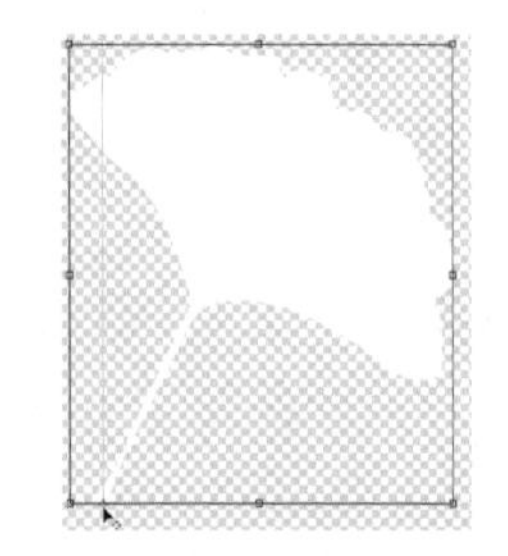
图 6-9-9　设置旋转中心

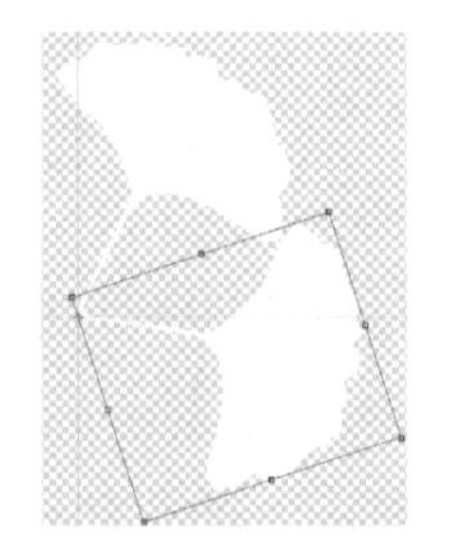
图 6-9-10　设置旋转角度

9．按 Ctrl+Shift+Alt+T 组合键 3 次，将步骤 8 中设置的旋转对象进行多次复制和旋转，得到“图层 1 副本 2”“图层 1 副本 3”“图层 1 副本 4”，效果如图 6-9-11 所示，此时的图层面板如图 6-9-12 所示。

10．选中所有图层，按 Ctrl+E 组合键合并所有图层，得到“图层 1 副本 4”，将该图层重命名为“图层 1”。图层面板如图 6-9-13 所示。

图 6-9-11　多次旋转复制

图 6-9-12　合并前的图层面板

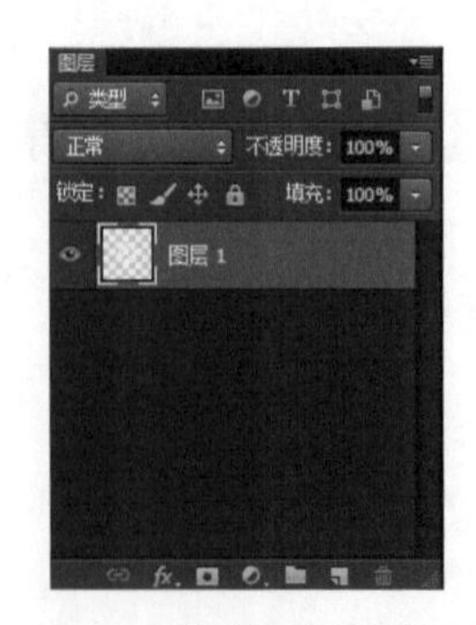

图 6-9-13　合并后的图层面板

11．选择椭圆工具，在属性栏中选择“路径”，如图 6-9-14 所示，从中心点出发绘制图 6-9-15 所示的正圆路径，得到一条工作路径。在路径面板中双击该工作路径，将该工作路径存储为“路径 2”，如图 6-9-16 所示。单击“确定”按钮即可。

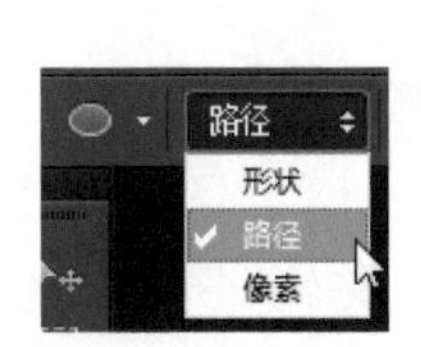

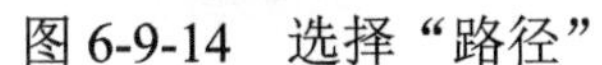
图 6-9-14　选择“路径”

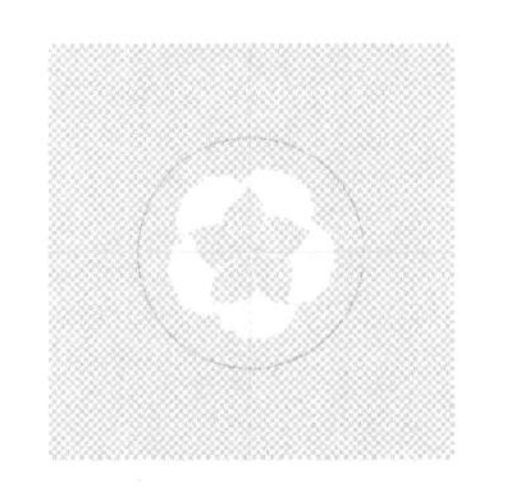
图 6-9-15　绘制路径

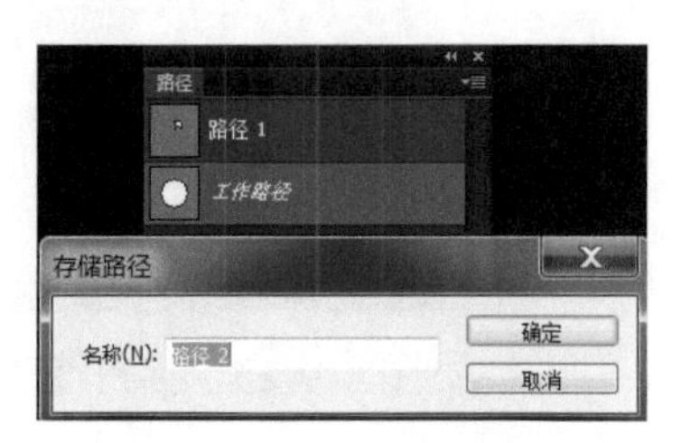

图 6-9-16　存储路径

12．在“图层 1”的下方新建“图层 2”，如图 6-9-17 所示。按 Ctrl+Enter 组合键将“路径 2”转换成选区，填充红色（R：222，G：41，B：16），按 Ctrl+D 组合键取消选区，如图 6-9-18 所示。

13．选择椭圆工具，绘制一条正圆路径，在路径面板中通过双击路径的方式将其存储为“路径 3”，按 Ctrl+Enter 组合键将路径 3 转换成选区，在“图层 2”的下方新建“图层 3”，填充白色，按 Ctrl+D 组合取消选区。双击“图层 3”，在打开的“图层样式”中设置描边参数：红色（R：222，G：41，B：16），4 像素。效果如图 6-9-19 所示。此时的图层面板如图 6-9-20 所示。

图 6-9-17　新建“图层 2”

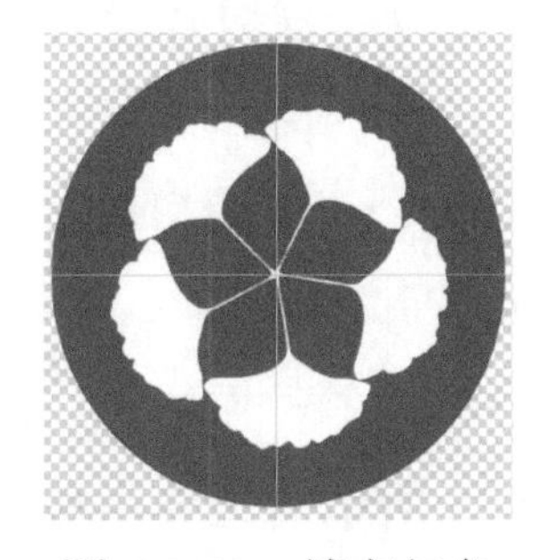
图 6-9-18　填充红色

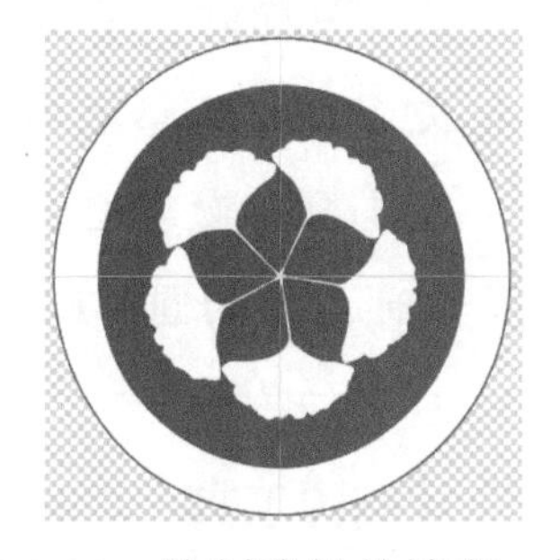
图 6-9-19　绘制路径并填充、描边

14．选择椭圆工具，绘制如图 6-9-21 所示的正圆路径，并存储为“路径 4”，按 T 快捷键选择文字工具，将鼠标靠近路径，当鼠标变成图标时（见图 6-9-22），单击鼠标，输入文字“珠海斗门同乡会”，其会沿着圆形路径方向环绕，文字的参数设置如图 6-9-23 所示，文字颜色为红色（R：222，G：41，B：16）。调整好路径文字位置后，隐藏路径，得到图 6-9-24 所示的效果。

图 6-9-20　图层面板

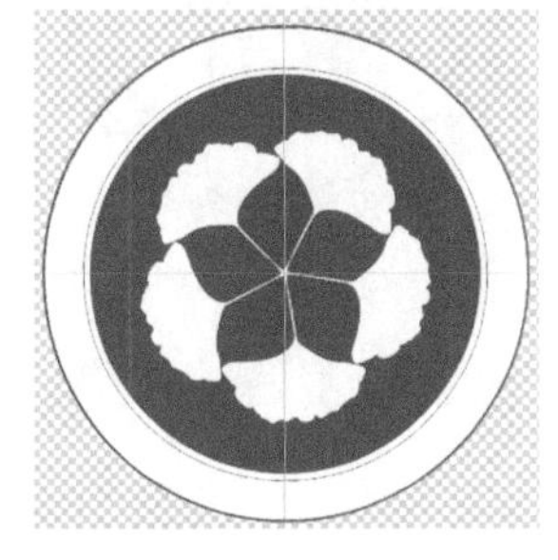
图 6-9-21　绘制正圆路径

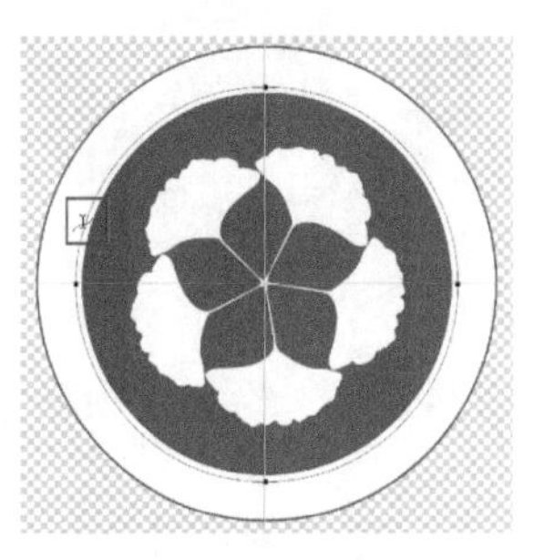
图 6-9-22　出现图标

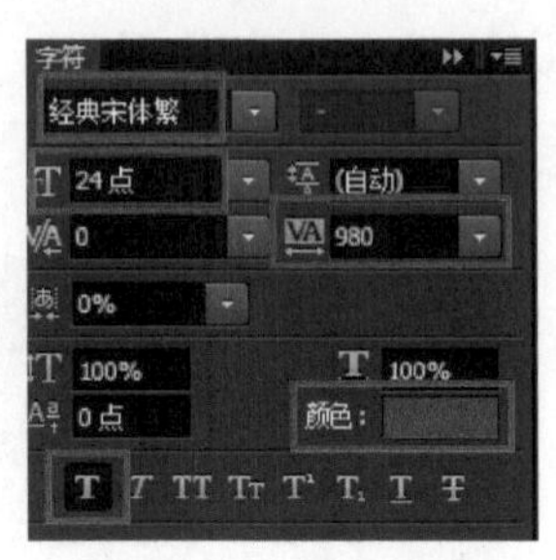

图 6-9-23　字符面板

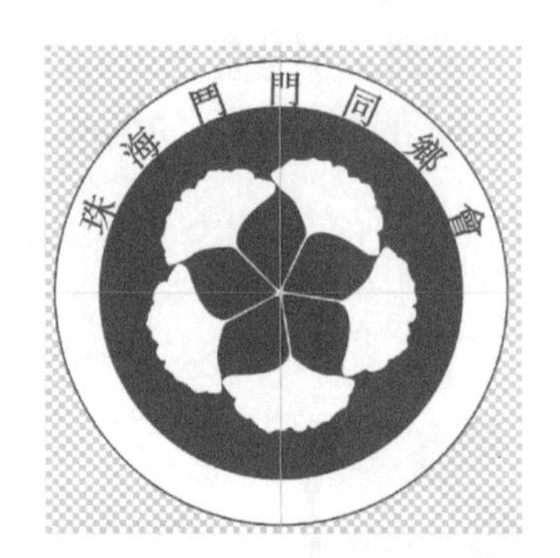

图 6-9-24　输入文字

提示：文字特殊字体的设置

步骤 14 中运用到了“经典宋体繁”字体，可以将文件素材中的字体文件“经典宋体繁.ttf”复制到以下路径：“C:\Windows\Fonts”，然后就可以在软件中应用了。

提示：路径文字的调整

（1）调整路径文字的位置

选择文字工具，激活当前路径文字，在按住 Ctrl 键的同时将鼠标指针放到文字上，当鼠标指针变成图标时，沿着路径外边缘拖动，就可以移动路径的环绕位置了。

（2）把文字调整到路径内侧

选择文字工具，激活当前文字，在按住 Ctrl 键的同时将鼠标指针放到文字上，当鼠标指针变成图标时，可向圆形路径内侧拖动。

15．选择椭圆工具，再次绘制图 6-9-25 所示的正圆路径，并存储为“路径 5”，按 T 快捷键选择文字工具，将鼠标靠近路径，当鼠标变成曲线图标时，单击鼠标，输入的文字会沿着圆形路径方向环绕，得到图 6-9-26 所示的效果，调整好路径文字位置后，隐藏路径，得到图 6-9-27 所示的效果。文字的参数设置如图 6-9-28 所示。

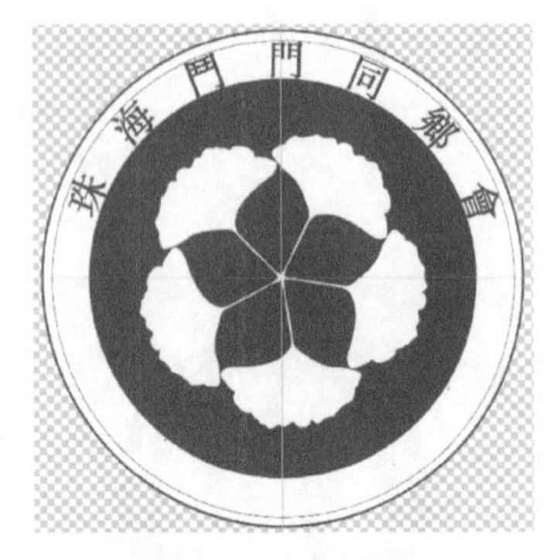

图 6-9-25　绘制正圆路径

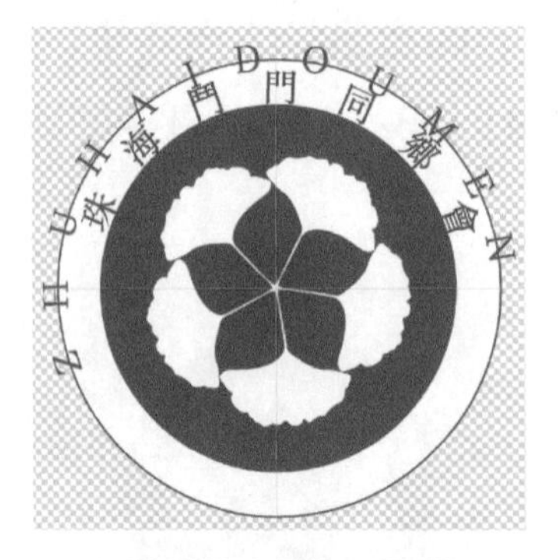

图 6-9-26　输入文字

图 6-9-27　调整路径文字

16．在“图层 1”的上方新建“图层 4”，此时的图层面板如图 6-9-29 所示。选择多边形工具▣，在属性栏上方设置相应参数，如图 6-9-30 所示。在图 6-9-31 所示的位置绘制五角星，并存储为“路径 6”。按 Ctrl+Enter 组合键将五角星路径转换成选区，填充红色（R：222，G：41，B：16），按 Ctrl+D 组合键取消选区，效果如图 6-9-32 所示。

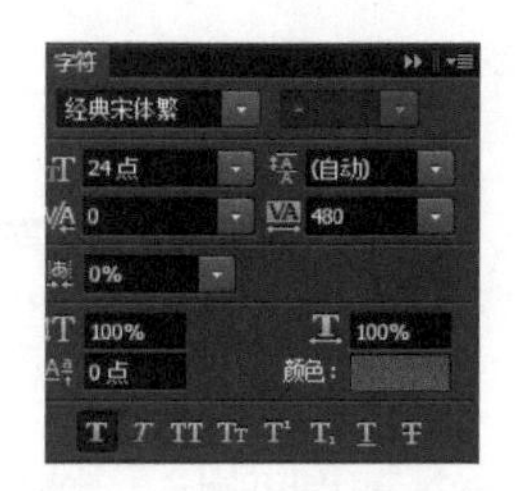

图 6-9-28　字符面板

图 6-9-29　图层面板

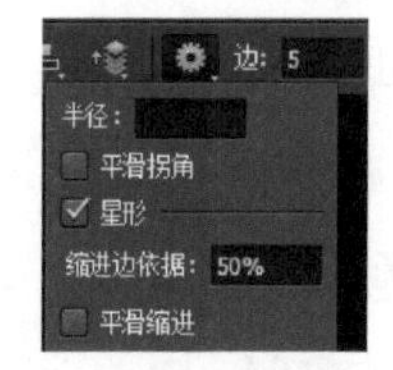

图 6-9-30　设置参数

图 6-9-31　绘制五角星

图 6-9-32　填充五角星

17．按 Ctrl+J 组合键，复制“图层 4”得到“图层 4 副本”，按 Ctrl+T 组合键将“图层 4 副本”进行自由变换，选择“水平翻转”，移动到合适位置，确认后得到图 6-9-33。此时的图层面板和路径面板分别如图 6-9-34、图 6-9-35 所示。

图 6-9-33　最终效果图

图 6-9-34　图层面板

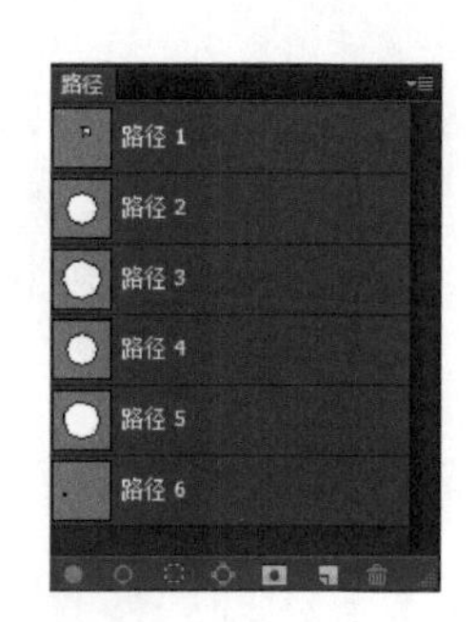

图 6-9-35　路径面板

18．按 Ctrl+H 组合键，隐藏辅助线，按 Ctrl+S 组合键保存文件（菜单法：执行“文件”→“存储为”命令），在弹出的对话框中，输入文件名“会徽”，格式选择“.jpg”。

6.10 拓展练习：教练徽章

●效果图：素材包→Ch06 钢笔工具及路径→6.10 拓展练习：教练徽章→教练徽章.jpg

图 6-10-1 所示为教练徽章效果图，该图形主要通过钢笔工具、路径工具绘制各类路径，并通过画笔描边完成。

1．新建文件（1000 像素×1000 像素），分辨率为 200 像素/英寸，RGB 颜色模式，背景色为白色。

2．打开标尺，添加中心点、辅助线，用“椭圆工具”绘制一个正圆形状，填充颜色为“R：112，G：112，B：112”，如图 6-10-2 所示。

图 6-10-1　教练徽章效果图

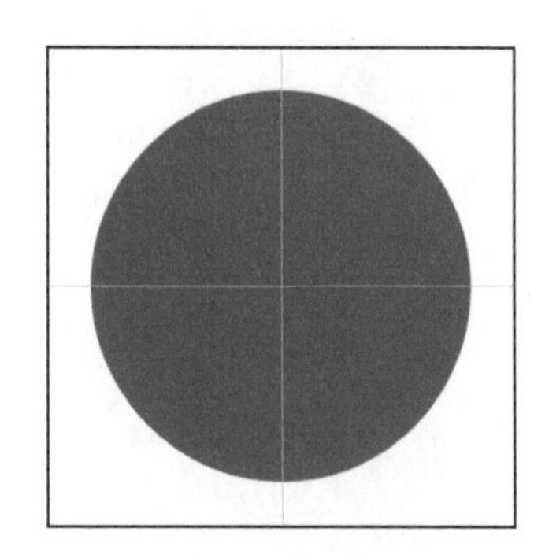

图 6-10-2　绘制正圆

3．采用同步骤 2 的方法再绘制一个白色正圆形状，效果如图 6-10-3 所示。

4．选择“椭圆工具”，绘制一条正圆路径，如图 6-10-4 所示。新建“图层 1”，选择画笔工具进行描边，设置描边颜色为白色，画笔大小为 10 像素，隐藏路径后，效果如图 6-10-5 所示。

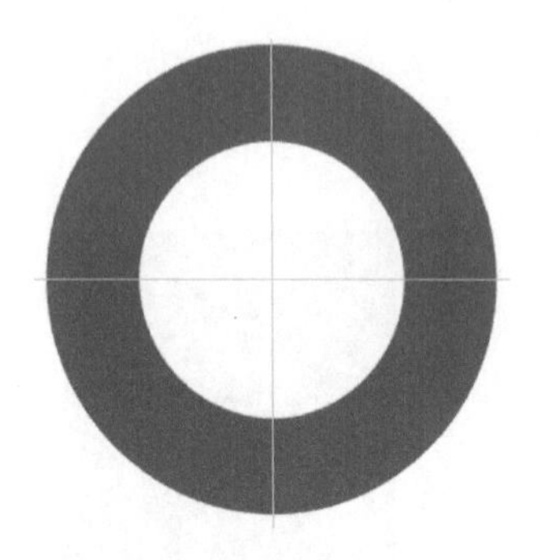

图 6-10-3　绘制白色正圆

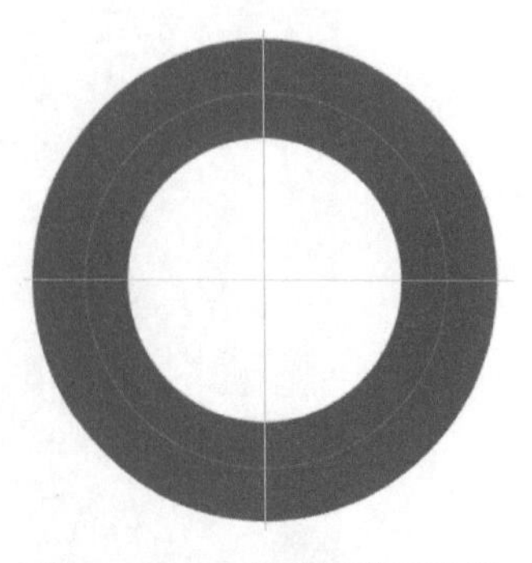

图 6-10-4　绘制正圆路径

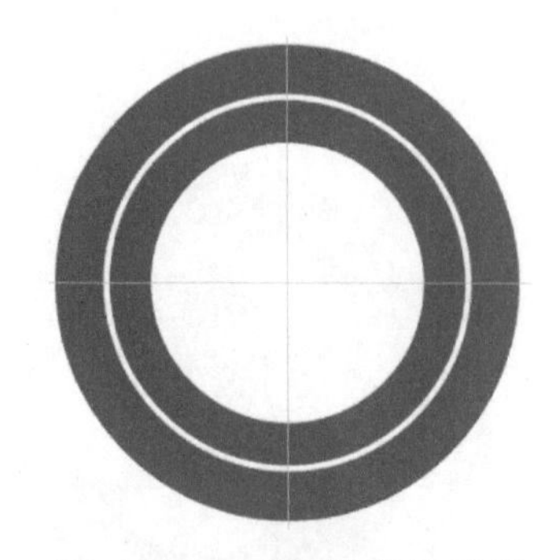

图 6-10-5　隐藏路径效果

5．再绘制一条正圆路径，如图 6-10-6 所示。为该路径添加文字，并调整其位置和大小，效果如图 6-10-7 所示。

6．选择“图层 1”，将“图层 1”多余的圆环部分选中删除，得到图 6-10-8 所示的效果。

7．隐藏步骤 5 中的路径，继续选择椭圆工具绘制图 6-10-9 所示的正圆路径，为该路径添加文字，并调整其位置和大小，效果如图 6-10-10 所示。

8．隐藏步骤 7 中的路径，用钢笔工具绘制出图 6-10-11 所示的路径并填充颜色，用钢笔工具绘制出图 6-10-12 所示的曲线，用画笔进行描边。填充和描边的颜色均为“R：222，G：109，B：53”，描边画笔大小为 4 像素。

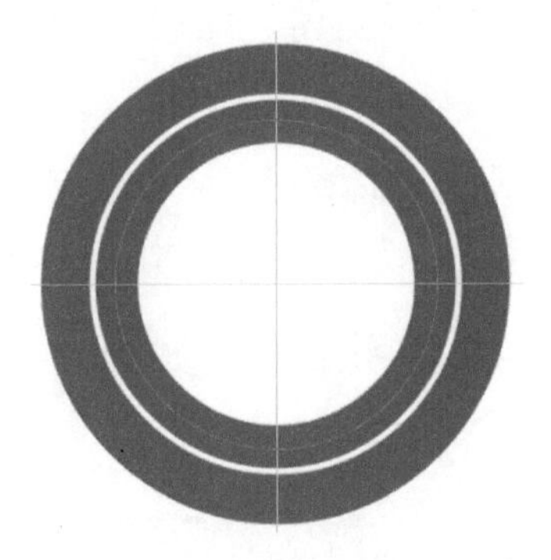

图 6-10-6　绘制第二条正圆路径

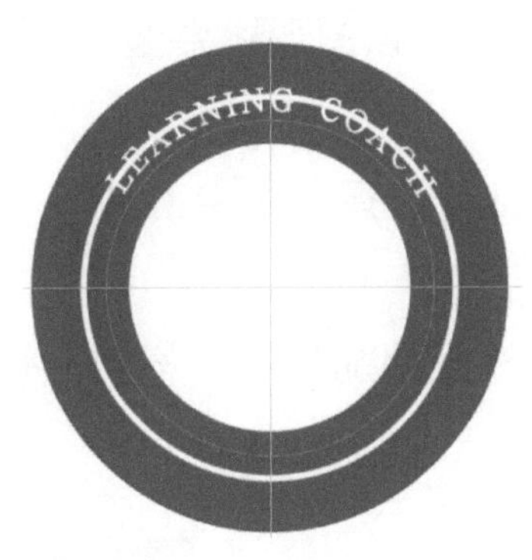

图 6-10-7　添加上方文字

图 6-10-8　删除多余圆环

图 6-10-9　绘制第三条正圆路径

图 6-10-10　添加下方文字

图 6-10-11　绘制中间图形并填充颜色

图 6-10-12　绘制曲线

9．完成操作，保存文件。

6.11 拓展练习：文字招贴

●素　材：素材包→Ch06 钢笔工具及路径→6.11 拓展练习：文字招贴→素材

●效果图：素材包→Ch06 钢笔工具及路径→6.11 拓展练习：文字招贴→文字招贴.jpg

图 6-11-1 所示为文字招贴效果图，该图形主要通过文字工具、钢笔工具、路径工具制作招贴效果。

1．打开背景素材，按 T 快捷键，选择“文字工具”，选择合适的字体输入一个较大的字母 R，如图 6-11-2 所示。

2．双击文字图层 R，添加“渐变叠加”图层样式，设置一种紫红系渐变，如图 6-11-3 所示。参数的设置如图 6-11-4 所示。

图 6-11-1　文字招贴效果图

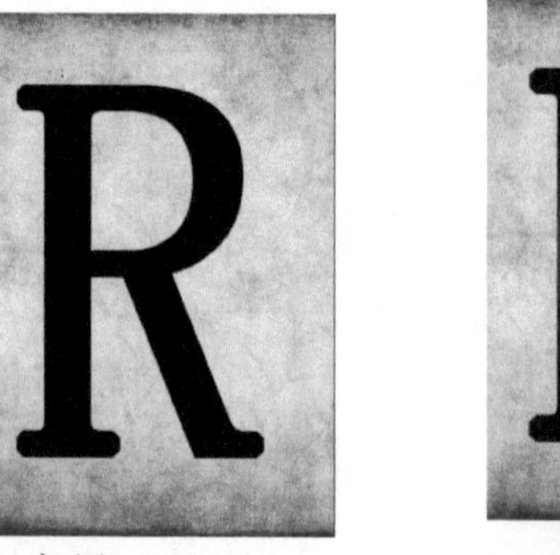

图 6-11-2　输入字母 R

图 6-11-3　设置渐变

3．按 P 快捷键，选择“钢笔工具”，在字母上方单击并绘制一条曲线路径，如图 6-11-5 所示。按 T 快捷键，使用“文字工具”，将鼠标指针移至路径前，当鼠标指针变成曲线图标时，单击路径并输入文字，如图 6-11-6 所示。

图 6-11-4　参数设置

图 6-11-5　绘制曲线路径

图 6-11-6　输入文字

4．按住 Alt 键，将字母 R 的图层样式拖到步骤 3 的路径文字图层中，则字母 R 的渐变叠加图层样式被复制，如图 6-11-7 所示。

5. 用同样的方法输入另外一条路径的文字，如图 6-11-8 所示。

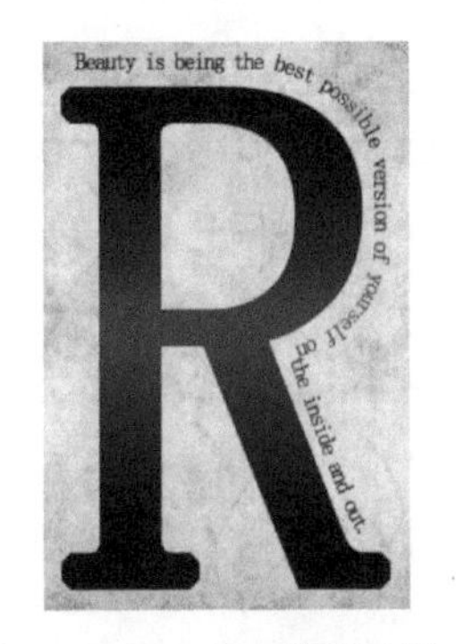

图 6-11-7 复制图层样式

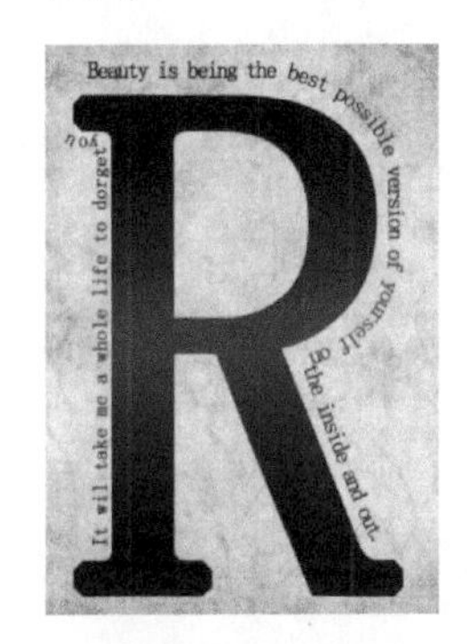

图 6-11-8 输入另一条路径的文字

6. 选中字母 R 所在的图层，用魔棒选中图 6-11-9 所示的选区，单击“路径”面板上的“从选区生成工作路径”按钮，则选区转换成路径。

7. 使用“文字工具”，将鼠标指针移至路径内，当鼠标指针变成图标时，单击路径并输入文字，得到图 6-11-10 所示的效果。

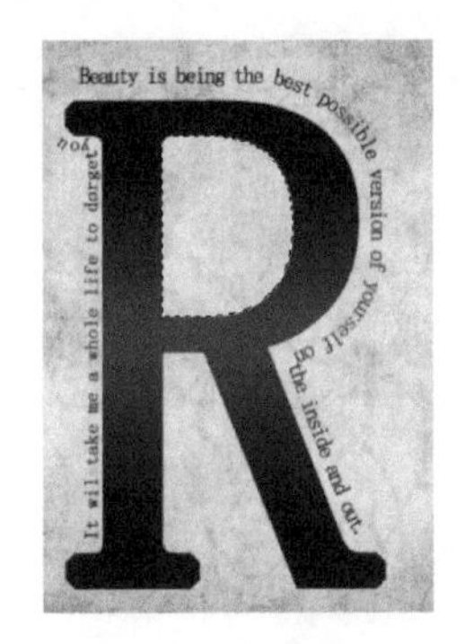

图 6-11-9 选中选区

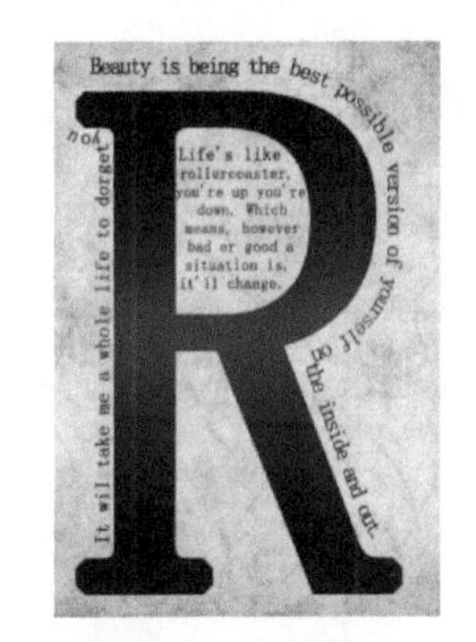

图 6-11-10 最终效果图

8. 完成操作，保存文件。

6.12 钢笔工具及路径：企鹅

● 难易程度：★★☆☆

● 教学难点：用路径工具和钢笔工具绘制路径

● 教学重点：多条路径的计算

● 实例描述：运用路径工具、钢笔工具绘制各种路径，通过移动路径、计算路径、转换路径为选区、填充选区、水平翻转对象等操作完成卡通企鹅的绘制

● 实例文件：

效 果 图：素材包→Ch06 钢笔工具及路径→6.12 企鹅绘制→企鹅.jpg

一、新建文件

打开 Photoshop CS6 软件，按 Ctrl+N 组合键（菜单法：执行“文件”→“新建”命令），打开“新建”对话框，新建一个文件，输入文件名“QQ 头像”，设置文件宽度为 846 像素，高度为 944 像素，分辨率为 300 像素/英寸，颜色模式为 RGB 颜色，如图 6-12-1 所示。

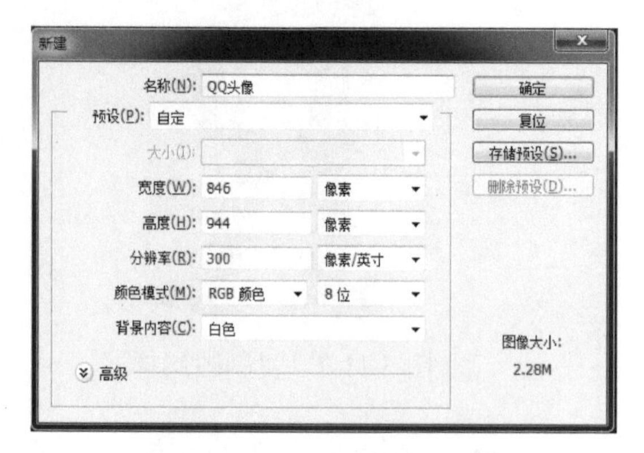

图 6-12-1 “新建”对话框

二、绘制企鹅

1．选择“椭圆工具”，绘制图 6-12-2 所示的两条椭圆路径，将两个椭圆路径均设置成“合并路径”，并将两条路径水平居中对齐，如图 6-12-3 所示。用“路径选择工具”框选两条椭圆路径，选择“合并形状”，合并后的效果如图 6-12-4 所示。

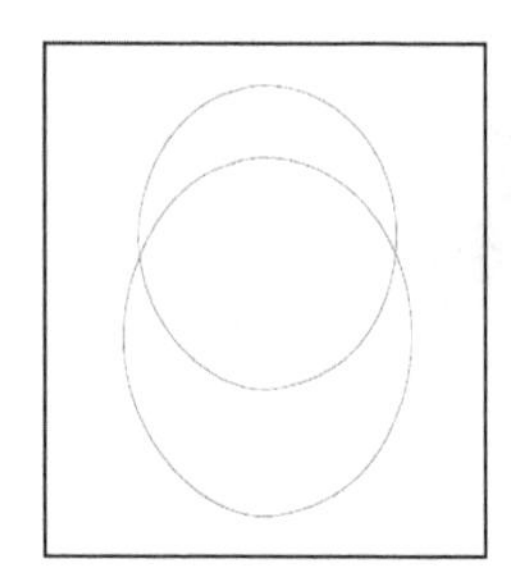

图 6-12-2 椭圆路径

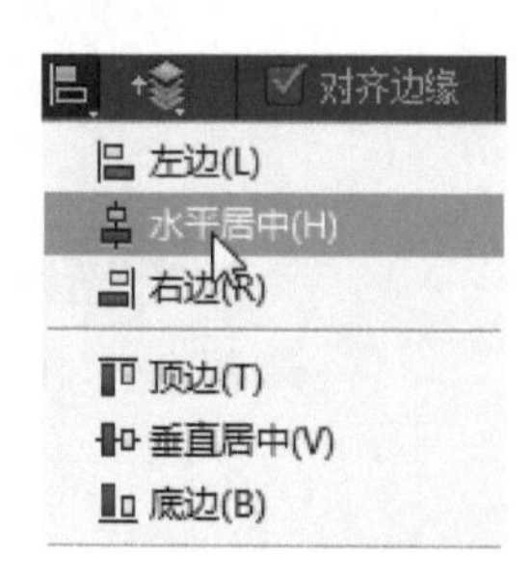

图 6-12-3 水平居中对齐

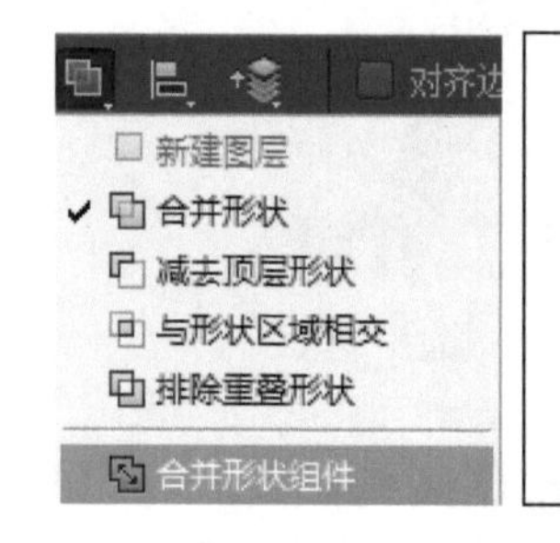

图 6-12-4 合并形状及效果

2．按 D 快捷键，还原前景色和背景色为黑白色，此时前景色为黑色。选中步骤 1 中合并的路径，按 Ctrl+Enter 组合键将路径转换成选区，新建“图层 1”，按 Alt+Delete 组合键以当前前景色填充选区，按 Ctrl+D 组合键取消选区，填充后的效果如图 6-12-5 所示。

图 6-12-5 填充颜色

3．继续选择“椭圆工具”，绘制图 6-12-6 所示的椭圆路径。选择“路径选择工具”，选中刚刚绘制的椭圆路径，按住 Alt 键向上移动，复制得到另一条椭圆路径，如图 6-12-7 所示。选择“矩形工具”，再绘制一条矩形路径，如图 6-12-8 所示。

4．将下方的椭圆路径（第一条椭圆路径）和矩形路径设置成“合并形状”属性，上方的椭圆路径设置成“减去顶层形状”属性，选中三条路径，对三条路径进行“合并形状”，得到图 6-12-9 所示的路径。

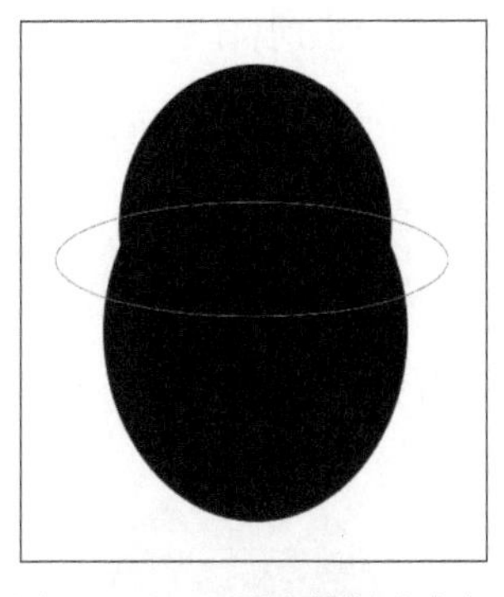

图 6-12-6　绘制椭圆路径

图 6-12-7　复制椭圆路径

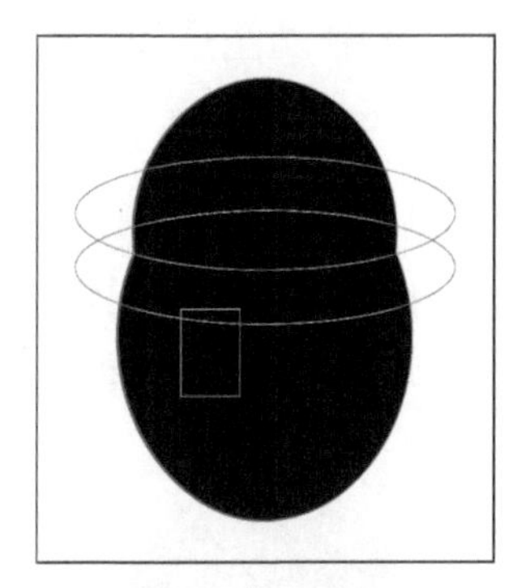

图 6-12-8　绘制矩形路径

5．在“图层”面板里，选中“图层 1”，单击“新建图层”按钮；在“图层 1”上方创建“图层 2”，单击“设置前景色”按钮；在弹出的“拾色器（前景色）”对话框中设置颜色为红色“#ff0000”，如图 6-12-10 所示，单击“确定”按钮。按 Ctrl+Enter 组合键将步骤 4 中的路径转换成选区，按 Alt+Delete 组合键以当前前景色（#ff0000）填充选区，按 Ctrl+D 组合键取消选区，填充效果如图 6-12-11 所示。

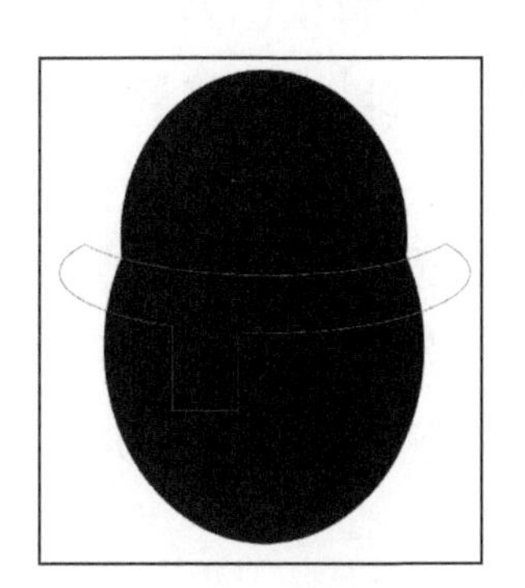

图 6-12-9　计算路径

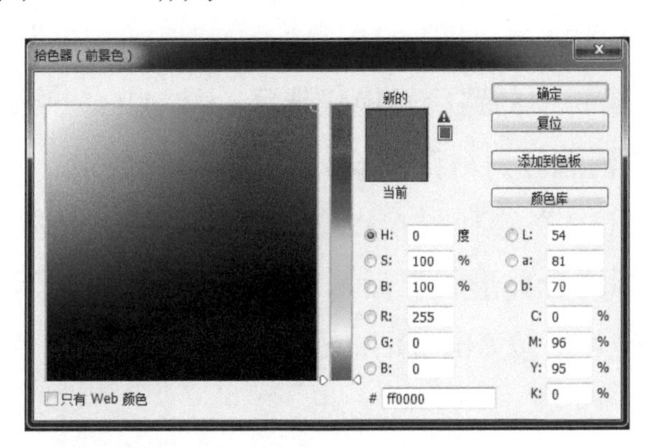

图 6-12-10　“拾色器（前景色）”对话框

图 6-12-11　填充颜色

6．在“图层”面板中，将“图层 2”的不透明度设置为 50%，修改后得到图 6-12-12 所示的效果。

7．按 P 键选择“钢笔工具”，绘制图 6-12-13 所示的两条路径，并将两条路径都设置成“合并形状”。按 Ctrl+Enter 组合键，将两条路径转换成选区，如图 6-12-14 所示。

图 6-12-12　设置不透明度

图 6-12-13　绘制路径

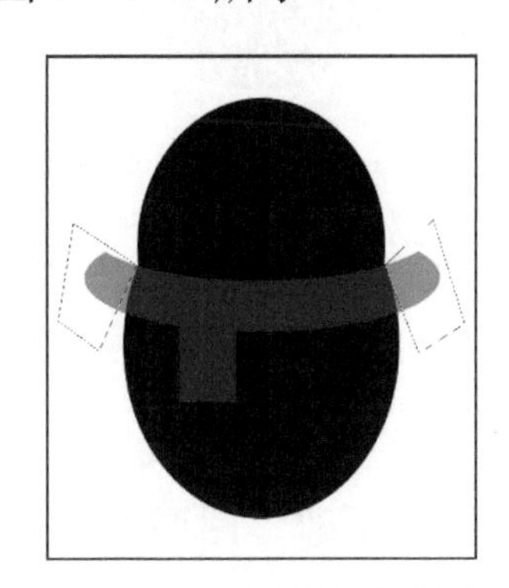

图 6-12-14　转换成选区

8．选中“图层 2”，按 Delete 键，再按 Ctrl+D 组合键取消选区，得到图 6-12-15 所示的效果。在“图层”面板中，将“图层 2”的不透明度还原设置为 100%，设置后的效果如图 6-12-16 所示。

9．选择“椭圆工具”，绘制一条椭圆路径，并进行适当的缩放和位置调整，如图 6-12-17 所示。选择“路径选择工具”，按住 Alt 键将该路径复制和变换，得到图 6-12-18 所示的效果。

图 6-12-15　删除选区

图 6-12-16　设置不透明度

图 6-12-17　绘制椭圆路径

10．在“图层 1”的上方新建“图层 3”。按 D 快捷键，还原前景色和背景色为黑白色。按 Ctrl+Enter 组合键将步骤 9 中的路径转换成选区，按 Alt+Delete 组合键以当前前景色填充选区，按 Ctrl+D 组合键取消选区，得到图 6-12-19 所示的效果。

11．再次使用“椭圆工具”绘制图 6-12-20 所示的路径（先绘制椭圆路径 A，再绘制椭圆路径 B），同步骤 7 进行“合并形状”后，得到图 6-12-21 所示的组合路径。同步骤 10，选中“图层 3”，新建“图层 4”，按 Ctrl+Delete 组合键，填充背景色为白色，效果如图 6-12-22 所示。

图 6-12-18　复制椭圆路径

图 6-12-19　填充路径

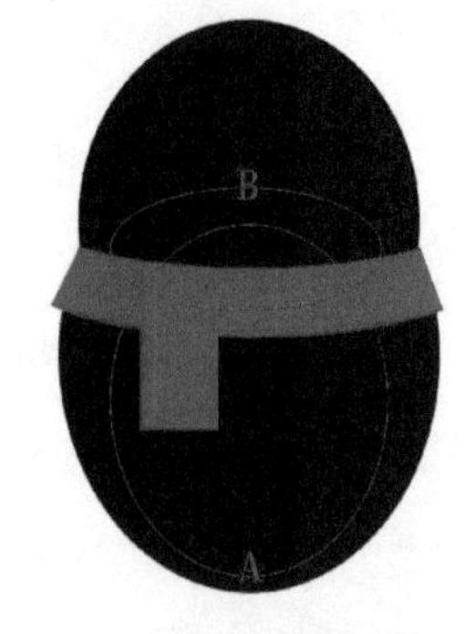

图 6-12-20　绘制路径

12．在“图层 2”上方新建“图层 5”。继续使用椭圆工具绘制“左眼”路径，如图 6-12-23 所示，转换成选区后填充白色。再绘制一条椭圆路径，转换成选区后填充黑色，效果如图 6-12-24 所示。

13．新建“图层 6”，用“椭圆工具”和“钢笔工具”绘制“右眼”路径，并填充相应颜色，效果如图 6-12-25 所示。

14．新建“图层 7”，使用“椭圆工具”绘制两条椭圆路径，如图 6-12-26 所示。将两条路径设置成“与形状区域相交”，再进行“合并形状”命令，得到图 6-12-27 所示路径。转换成选区后，填充相应颜色“#faaf08”，如图 6-12-28 所示。

图 6-12-21　组合路径

图 6-12-22　填充颜色

图 6-12-23　绘制“左眼”路径

图 6-12-24　填充左眼颜色

图 6-12-25　绘制“右眼”

图 6-12-26　绘制路径

15．在背景图层上方新建“图层 8”，同理绘制出两条椭圆路径，转换成选区后填充颜色“#faaf08”，最终效果如图 6-12-29 所示。

图 6-12-27　合并后的路径

图 6-12-28　填充颜色

图 6-12-29　绘制双脚并填充颜色

三、保存文件

按 Ctrl+S 组合键保存文件（菜单法：执行“文件”→“存储为”命令），在弹出的对话框中，输入文件名“企鹅”，格式选择“.jpg”。

6.13 拓展练习：吉祥宝宝 e baby

● 效果图：素材包→Ch06 钢笔工具及路径→6.13 拓展练习：吉祥宝宝 e baby→吉祥宝宝 e baby.jpg

图 6-13-1 为“吉祥宝宝 e baby”卡通形象效果图，该图主要通过椭圆工具绘制选区，通过路径工具绘制路径，并通过自由变换、填充、描边等操作完成绘制。

1．新建文件（1227 像素×1602 像素），分辨率为 300 像素/英寸。

2．绘制圆形脑袋图形，填充颜色（#e33905）并描边（在图层样式中描边：黑色，4 像素），得到“头”图层，如图 6-13-2 所示。绘制白色圆形脸谱图形，如图 6-13-3 所示，得到“脸蛋”图层。

3．绘制圆形耳朵图形，填充颜色并描边，得到“左耳朵”图层，通过复制及水平翻转得到“右耳朵”图层，如图 6-13-4 所示。

图 6-13-1 “吉祥宝宝 e baby”卡通形象效果图

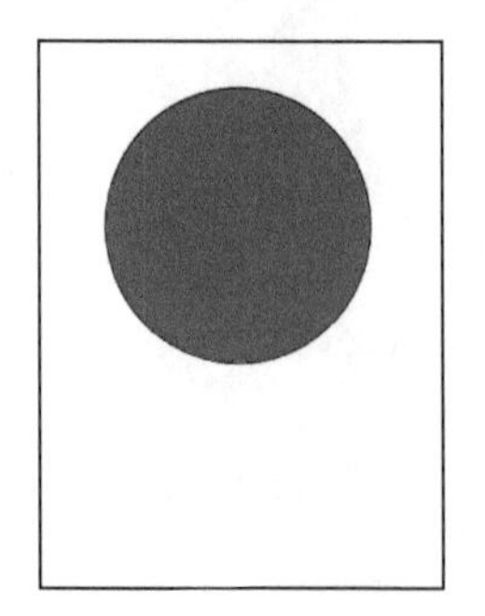

图 6-13-2 绘制圆形脑袋图形

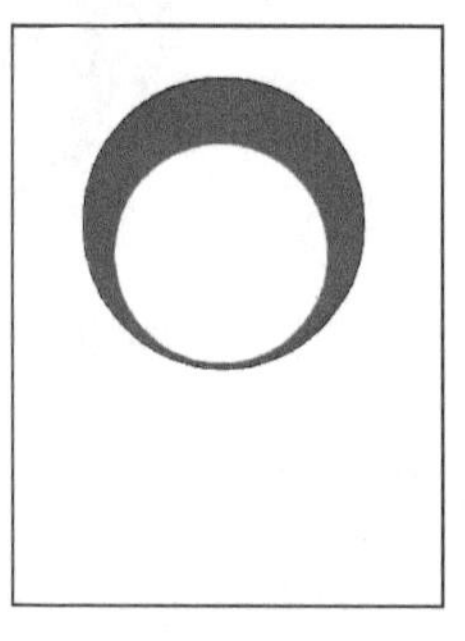

图 6-13-3 绘制白色圆形脸谱图形

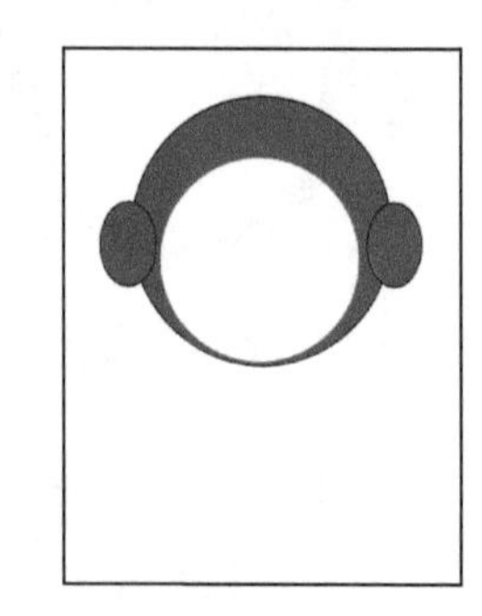

图 6-13-4 绘制耳朵图形

4．对用“椭圆工具”绘制的眼睛处椭圆路径和用矩形工具绘制的矩形路径进行修剪，效果如图 6-13-5 所示。将修剪后的路径转换成选区，填充白色并描边，如图 6-13-6 所示，得到“图层 1”，通过自由变换、旋转得到图 6-13-7 所示的结果。

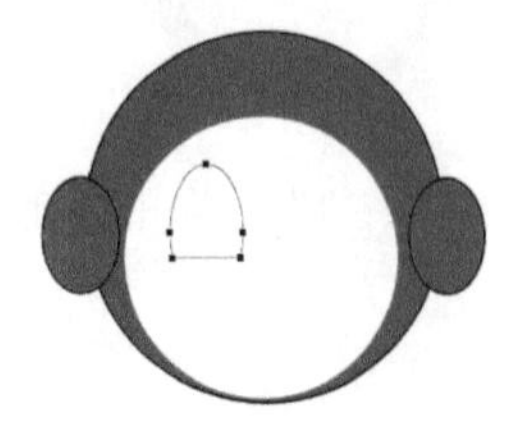

图 6-13-5 绘制路径

图 6-13-6 填充并描边

图 6-13-7 自由变换

5．绘制眼睛处的两条椭圆路径，并分别填充橙色和白色。运用自由变换进行缩放和旋转，得到图 6-13-8 所示的效果，得到“眼睛”图层。通过复制、水平翻转，得到图 6-13-9 所示的效果，得到“眼睛 副本”图层。

6．绘制嘴巴处的两条椭圆路径，修剪路径后填充颜色，效果如图 6-13-10 所示。

7．利用多边形套索工具，绘制图 6-13-11 所示的选区并填充颜色。

图 6-13-8　绘制眼珠

图 6-13-9　水平翻转

图 6-13-10　绘制嘴巴

图 6-13-11　绘制多边形

8．在新图层里，分别绘制身体部位的 5 条椭圆路径，合并计算后，填充颜色并描边，得到 e baby 的身体，得到“身体”图层，如图 6-13-12 所示。同理绘制白色肚皮，得到“肚皮”图层，如图 6-13-13 所示。将“身体”和“肚皮”图层组建成群“下半身”。

9．利用“钢笔工具”及“椭圆工具”绘制路径，得到感叹号状的装饰图案，如图 6-13-14 所示。通过复制、自由变换得到“感叹号”图层，效果如图 6-13-15 所示。将所有“感叹号”图层合并为一个图层，重命名为“感叹号”。

图 6-13-12　绘制身体

图 6-13-13　绘制肚皮

图 6-13-14　感叹号状图案

图 6-13-15　自由变换

10．最后添加字母“e”和单词“baby”完成制作。

11．完成操作，保存文件。

Chapter 7

第 7 章

图层蒙版与通道

案例讲解

- ◎ 7.1 制作婚纱摄影版式
- ◎ 7.3 宝宝相册
- ◎ 7.5 添加白云

拓展案例

- ◎ 7.2 Banner 设计
- ◎ 7.4 时尚撕边
- ◎ 7.6 婚纱照抠图
- ◎ 7.7 人物写真

7.1 图层蒙版与通道：制作婚纱摄影版式

● 难易程度：★★☆☆

● 教学重点：图层矢量蒙版的创建和编辑

● 教学难点：图层矢量蒙版的编辑

● 实例描述：给图层创建矢量蒙版，运用画笔工具，对蒙版进行编辑，并通过图层重命名和编组等命令完成婚纱摄影版式的制作

● 实例文件：

素　　材：素材包→Ch07 图层蒙版与通道→7.1 制作婚纱摄影版式→素材

效 果 图：素材包→Ch07 图层蒙版与通道→7.1 制作婚纱摄影版式→制作婚纱摄影版式.jpg

1．打开 Photoshop CS6 软件，按 Ctrl+O 组合键，打开“素材 1”作为背景，如图 7-1-1 所示。

2．按 Ctrl+O 组合键，打开“素材 2”。将“素材 2”拖入“素材 1”所在的文件中，得到新图层。将新图层重命名为“人物”，按 Ctrl+T 组合键进行适当的缩放和移动，效果如图 7-1-2 所示。

图 7-1-1　背景素材 1

图 7-1-2　导入素材 2

3．选中“人物”图层，单击“图层”面板底部的“添加矢量蒙版”按钮，即可为该图层添加一个图层蒙版，如图 7-1-3 所示。

小知识 | 图层蒙版

图层蒙版是一种位图工具，通过蒙版中的黑白关系控制画面的显示与隐藏，蒙版中黑色的区域为隐藏，白色的区域为显示，而灰色的区域则为半透明显示。灰色程度越深，画面越透明。

图 7-1-3　添加矢量蒙版

4．按 B 快捷键，选择“画笔工具”，选择软画笔（硬度为 0%），调整画笔的不透明度（50%左右），画笔颜色为黑色，画笔大小可根据实际情况进行调整（用“[”键和“]”键分别缩小和放大画笔）。选中“人物”图层中的蒙版，用设置好的画笔在蒙版中涂抹，直到得到图 7-1-4 所示的效果，此时对应的图层蒙版效果如图 7-1-5 所示。

图 7-1-4　绘制蒙版

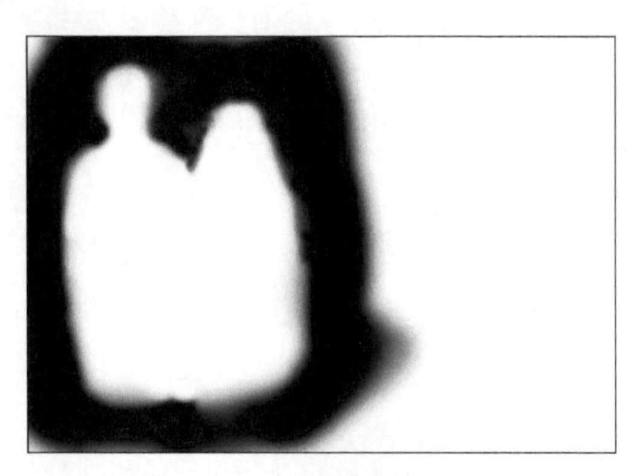

图 7-1-5　蒙版绘制情况

小知识 | 图层蒙版

单击图层蒙版，进入蒙版编辑状态，此时可以使用黑色画笔进行绘制。在画面中可以看到黑色画笔绘制的区域变为透明，若用白色画笔绘制，则透明的区域重新显示。

如果要查看绘制的蒙版效果，可以按住 Alt 键单击蒙版缩览图。

若查看添加蒙版后图像的原图，可以按住 Shift 键单击蒙版缩览图，此时素材显示成未添加蒙版时的原图状态。

5．打开“素材 3”，将“素材 3”拖入“素材 1”所在的文件中，得到新图层，并将其重命名为“花”，将该图层移动到“人物”图层的下方，按 Ctrl+T 组合键进行适当的缩放和移动，并将该图层的混合模式设置为“柔光”，如图 7-1-6 所示，得到图 7-1-7 所示的效果。

6．同步骤 5，打开“素材 4”，将“素材 4”拖入“素材 1”所在的文件中，得到新图层，将新图层重命名为“墨”，将该图层移动到“花”图层的下方，并将该图层的混合模式设置为“划分”，不透明度调整为“37%”。单击“图层”面板底部的“添加矢量蒙版”按钮，为“墨”

图层添加一个图层蒙版。

图 7-1-6　设置柔光模式

图 7-1-7　设置柔光后的效果

7．按 B 快捷键，选择“画笔工具”，选择软画笔（硬度为 0%），调整画笔的不透明度（50%左右），画笔颜色为黑色，根据实际需要，可适当调整画笔大小。选中“墨”图层中的蒙版，用设置好的画笔在蒙版中涂抹，直到得到图 7-1-8 所示的效果。此时对应的图层蒙版效果如图 7-1-9 所示，“图层”面板如图 7-1-10 所示。

图 7-1-8　用画笔绘制蒙版

图 7-1-9　蒙版绘制情况

8．选中“人物”“花”“墨”图层，按 Ctrl+G 组合键，将 3 个图层合并成组，命名为“左侧”，如图 7-1-11 所示。

图 7-1-10　“图层”面板

图 7-1-11　合并成组

9．按 Ctrl+O 组合键，打开“素材 5”，并拖入“素材 1”所在的文件中，得到新图层。将新图层重命名为“描边”，按 Ctrl+T 组合键进行适当的缩放和移动，效果如图 7-1-12 所示。

10．同理打开“素材 6”，将该素材拖入文件中，得到新图层。将新图层重命名为“新娘”，并将其移到“描边”图层的下方，按 Ctrl+T 组合键进行适当的缩放后移动至图 7-1-13 所示的位置。

图 7-1-12　拖入素材 5

图 7-1-13　拖入素材 6

11．单击“图层”面板底部的“添加矢量蒙版”按钮，为“新娘”图层添加一个图层蒙版。同步骤 7，用黑色的软画笔在蒙版中涂抹绘制，直到得到图 7-1-14 所示的效果，此时对应的图层蒙版效果如图 7-1-15 所示，“图层”面板如图 7-1-16 所示。

图 7-1-14　用画笔绘制蒙版

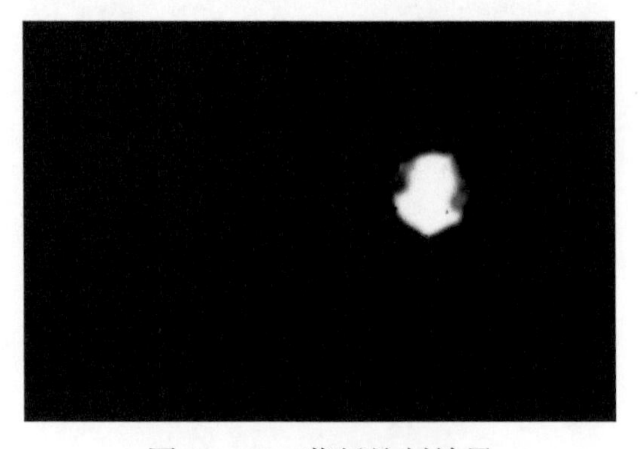

图 7-1-15　蒙版绘制效果

12．选中“描边”“新娘”图层，按 Ctrl+G 组合键，将两个图层合并成组，命名为“右侧”，如图 7-1-17 所示。

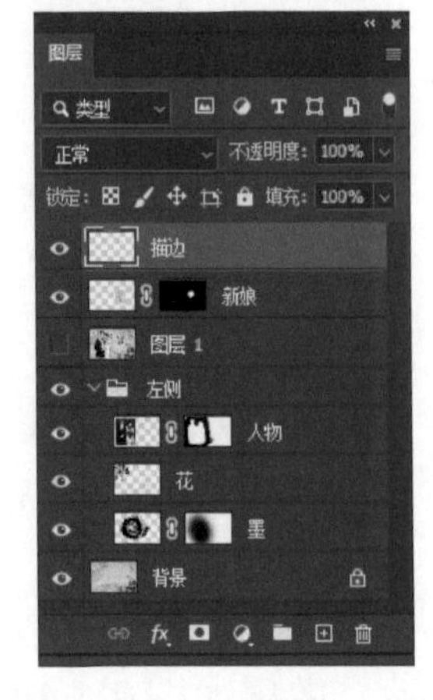

图 7-1-16　“图层”面板

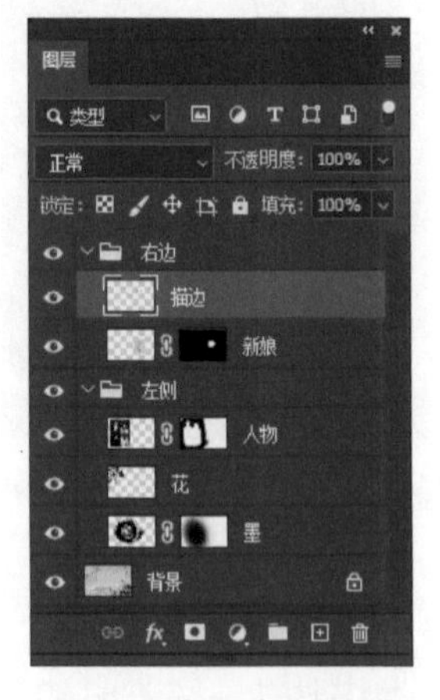

图 7-1-17　合并成组

13．按 Ctrl+O 组合键，打开“素材 7.png”，并拖入文件中，得到新图层。将新图层重命名为“艺术字”，按 Ctrl+T 组合键，进行适当的缩放和移动，最终效果如图 7-1-18 所示。

图 7-1-18　添加文字素材

14．按 Ctrl+S 组合键保存文件，在弹出的对话框中，输入文件名“制作婚纱摄影版式”，格式选择“.jpg”。

7.2 拓展练习：Banner 设计

- 素　材：素材包→Ch07 图层蒙版与通道→7.2 拓展练习：Banner 设计→素材
- 效果图：素材包→Ch07 图层蒙版与通道→7.2 拓展练习：Banner 设计→Banner 设计.jpg

图 7-2-1 为 Banner 设计效果图，该案例主要通过创建蒙版、编辑处理素材，并使用钢笔工具、路径工具绘制曲线，利用画笔描边，设置图层样式等操作完成。

图 7-2-1　Banner 设计效果图

1．新建文件（980 像素×272 像素），分辨率为 300 像素/英寸，背景填充颜色为#05001e。

2．导入“科技.jpg”素材，为该图层添加矢量蒙版。选择软画笔，在蒙版中进行涂抹绘制，直到得到图 7-2-2 所示的效果。

3．选择“钢笔工具”，绘制多条曲线路径，如图 7-2-3 所示。

4．新建“图层 2”，选择白色硬画笔，对步骤 3 中的路径进行描边，得到图 7-2-4 所示的效果。

图 7-2-2　“科技.jpg”素材涂抹后的效果

图 7-2-3　绘制多条曲线路径

图 7-2-4　描边

5．给“图层 2”添加图 7-2-5 所示的描边图层样式，得到图 7-2-6 所示的效果。

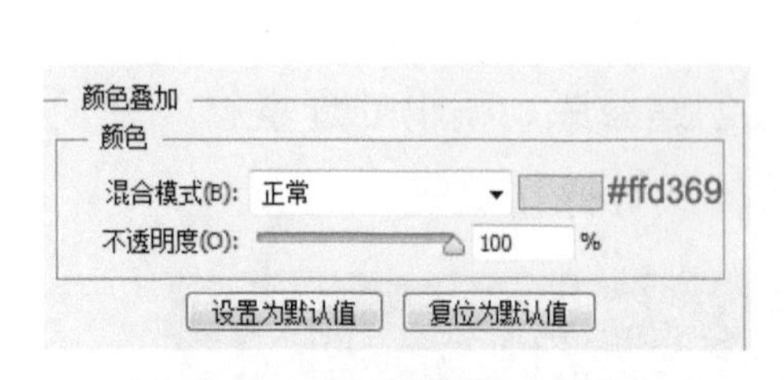

图 7-2-5　添加描边图层样式

图 7-2-6　添加描边图层样式后的效果

6．选择“椭圆工具”和“钢笔工具”，分别绘制出图 7-2-7 所示的椭圆路径和直线路径。

图 7-2-7　绘制椭圆路径和直线路径

7．新建“图层 3”，选择白色硬画笔，对步骤 6 中的椭圆路径和直线路径同时描边，得到图 7-2-8 所示的效果。

8．给“图层 3”添加图层蒙版，选择黑色软画笔并适当调整其不透明度，在“图层 3”的蒙版里涂抹绘制，直到得到图 7-2-9 所示的效果。

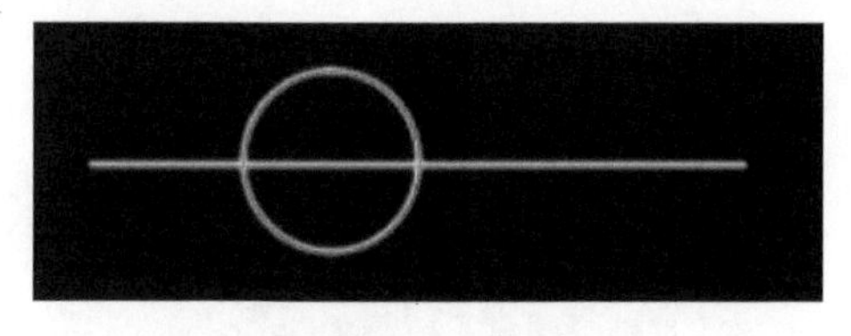

图 7-2-8　描边

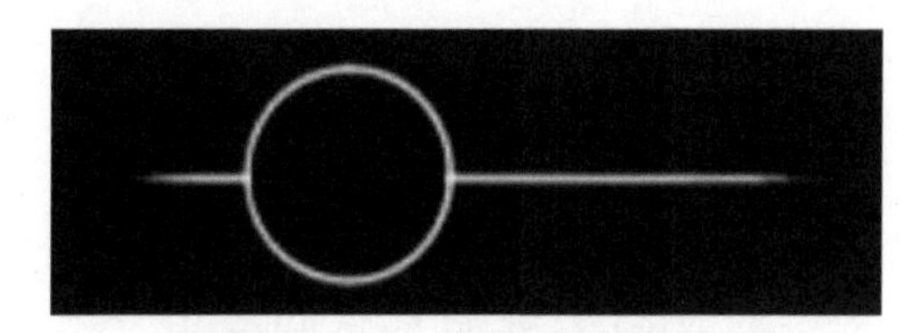

图 7-2-9　“图层 3”蒙版

9．为“图层 3”添加外发光图层样式，如图 7-2-10 所示。此时的效果如图 7-2-11 所示。

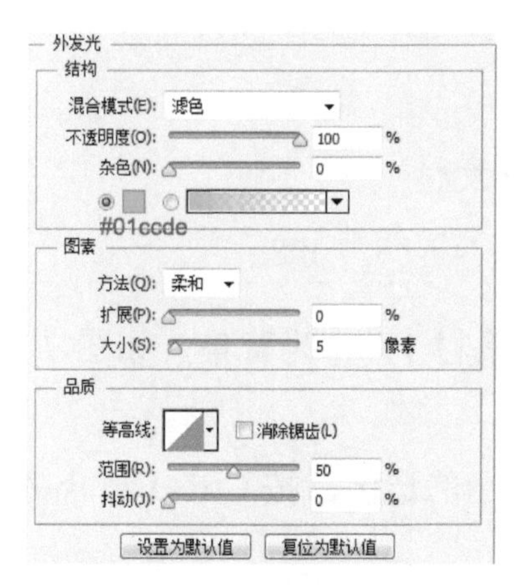

图 7-2-10　外发光图层样式

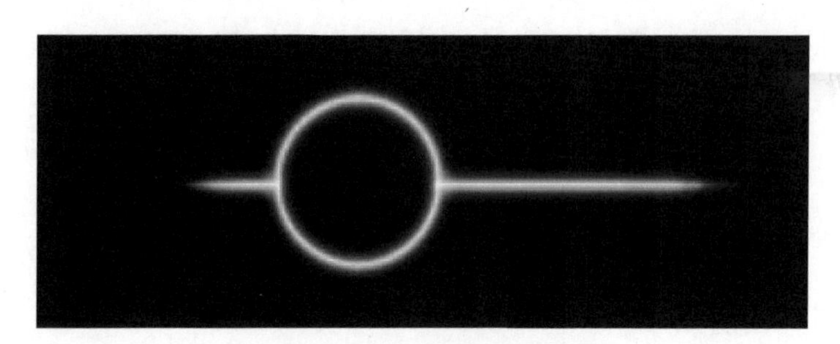

图 7-2-11　外发光效果

10．新建“图层 4”，用白色的软画笔为圆形路径添加光点，效果如图 7-2-12 所示。

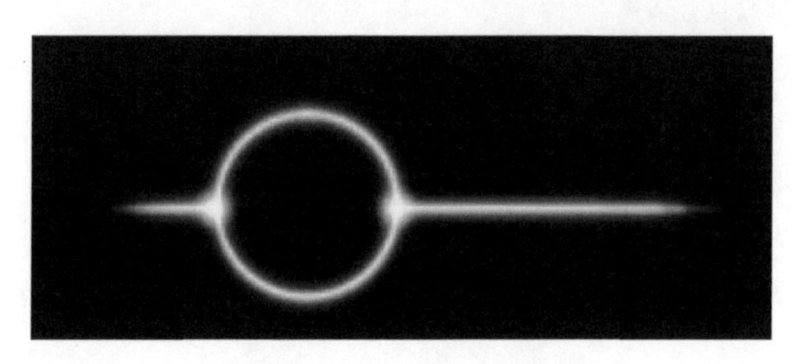

图 7-2-12　添加光点

11．添加文字，效果如图 7-2-13 所示。

图 7-2-13　添加文字

12．完成操作，保存文件。

7.3 图层蒙版与通道：宝宝相册

- 难易程度：★★☆☆
- 教学重点：图层剪贴蒙版的创建
- 教学难点：图层剪贴蒙版的应用
- 实例描述：通过选区给图层创建矢量蒙版，并通过创建剪贴蒙版和添加图层样式等命令完成宝宝相册的制作
- 实例文件：

素　　材：素材包→Ch07 图层蒙版与通道→7.3 宝宝相册→素材

效 果 图：素材包→Ch07 图层蒙版与通道→7.3 宝宝相册→宝宝相册.jpg

1．打开 Photoshop CS6 软件，按 Ctrl+O 组合键，打开“素材 1”作为背景，如图 7-3-1 所示。

2．按 M 快捷键，选择“矩形选框工具”，绘制图 7-3-2 所示的选区。按 Ctrl+J 组合键，得到“图层 1”。

图 7-3-1　背景素材

图 7-3-2　绘制矩形选区

3．按 W 快捷键激活“快速选择工具”，单击“图层 1”中的白色部分，得到图 7-3-3 所示的选区。单击“图层”面板底部的“添加矢量蒙版”按钮，即可为该图层添加一个图层蒙版。图层蒙版的效果如图 7-3-4 所示。

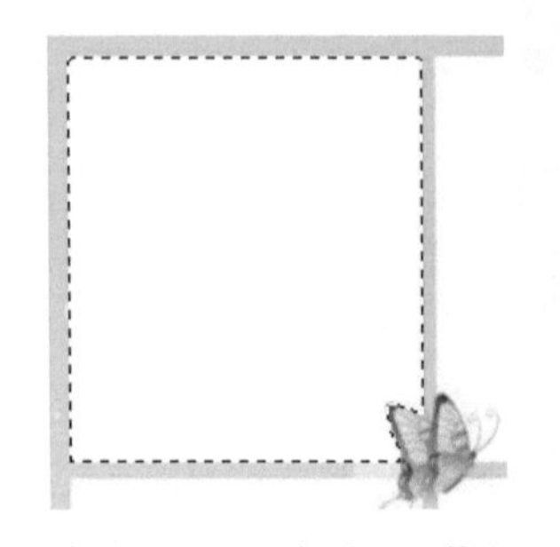

图 7-3-3　添加矢量蒙版

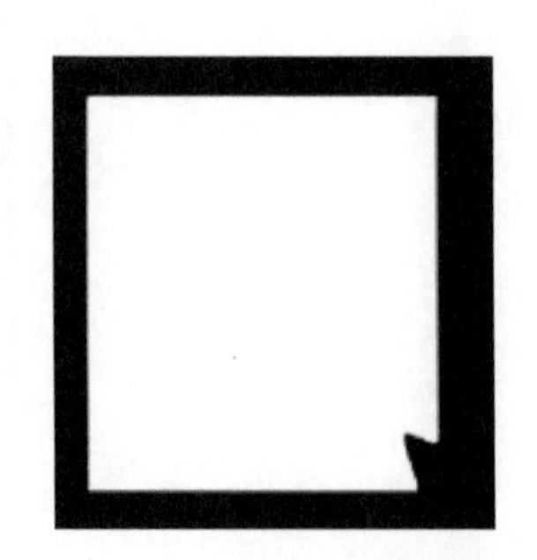

图 7-3-4　图层蒙版效果

4．打开“素材 2”，并拖入“素材 1”文件中，得到“图层 2”。将该图层的不透明度设置为 60%（方便观察下层图像），按 Ctrl+T 组合键对该图层进行自由变换，进行适当的缩放和移动后得到图 7-3-5 所示的效果。

5．按 Ctrl+Alt+G 组合键，则“图层 2”转换成剪贴蒙版，并将“图层 2”的不透明度还原成 100%，得到图 7-3-6 所示的效果，此时的“图层”面板如图 7-3-7 所示。

图 7-3-5　修改不透明度并自由变换

图 7-3-6　设置剪贴蒙版

图 7-3-7　“图层”面板（一）

6．双击“图层 1”，为该图层添加“描边”及“投影”的图层样式，参数设置如图 7-3-8、图 7-3-9 所示，此时的“图层”面板如图 7-3-10 所示。

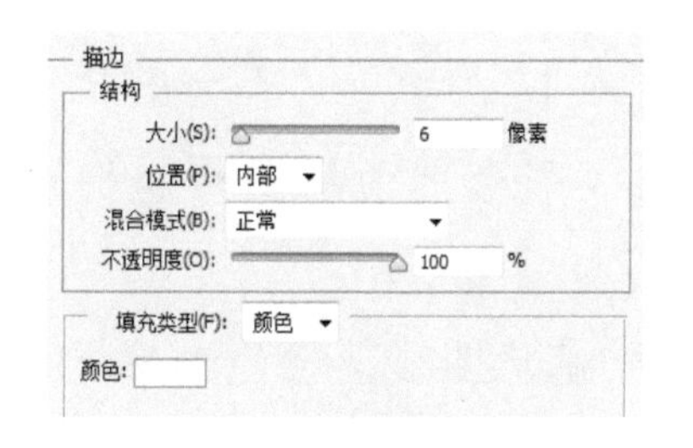

图 7-3-8　描边参数设置

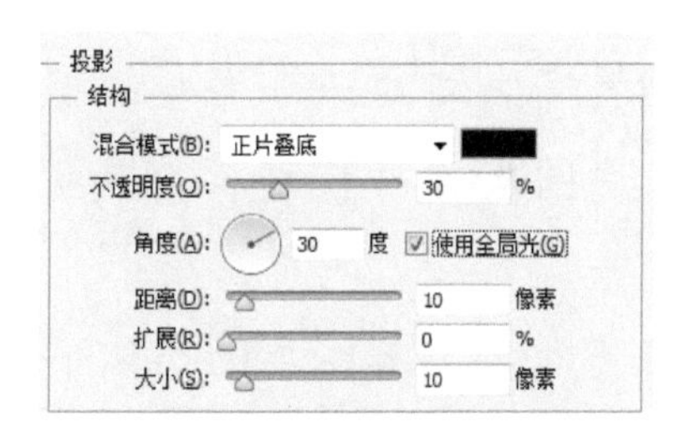

图 7-3-9　投影参数设置

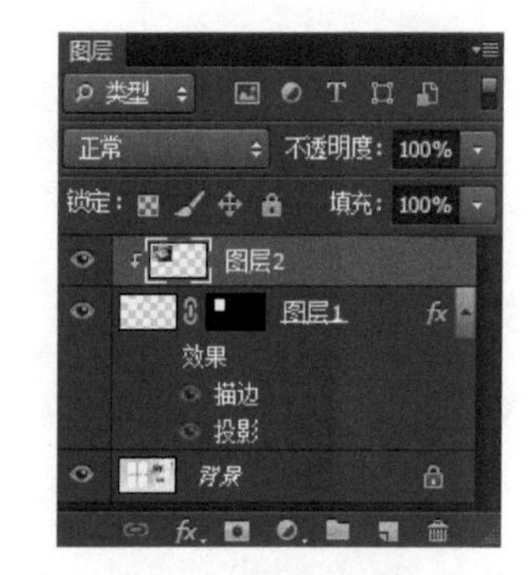

图 7-3-10　“图层”面板（二）

7．重复步骤 2—步骤 6，分别得到“图层 3”—“图层 8”，其中“图层 4”“图层 6”“图层 8”是剪贴蒙版，得到的效果如图 7-3-11 所示，此时的“图层”面板如图 7-3-12 所示，其中“图层 5”和“图层 7”中的投影参数如图 7-3-13 所示，其他图层的“描边”“投影”设置与步骤 6 中的相同。

小知识 | 剪贴蒙版的原理

剪贴蒙版通过使用处于下方图层的形状来限制上方图层的显示状态。剪贴蒙版组由两部分组成：基底图层和内容图层。基底图层用于限定最终图像的形状，而内容图层则用于限定最终图像显示的颜色图案。

如本案例中的“图层 1”“图层 3”“图层 5”“图层 7”均为基底图层，“图层 2”“图层 4”“图层 6”“图层 8”均为内容图层。

图 7-3-11　创建多个剪贴蒙版

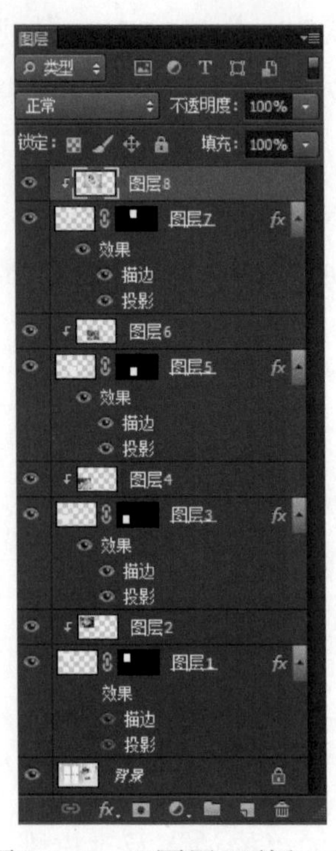

图 7-3-12　“图层”面板（三）

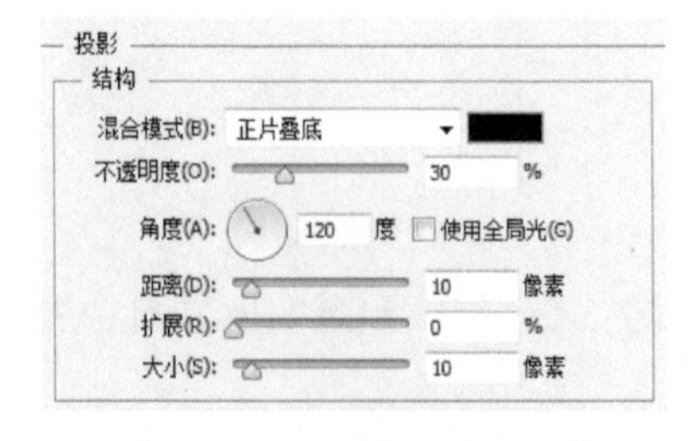

图 7-3-13　设置投影参数

小知识 | 基底图层和内容图层的原理

基底图层：是位于剪贴蒙版组底端的一个图层，且只有一个，它决定了位于其上方的图像的显示范围。如果基底图层进行移动、变换等操作，那么上面的图像也会受到影响。

内容图层：可以是一个或多个。对内容图层的操作不会影响基底图层，但是对其进行移动、变换等操作时，其显示范围也会随之而改变。需要注意的是，剪贴蒙版虽然可以应用在多个图层中，但是这些图层不能隔开，必须是相邻的图层。

8．输入文字，并为文字添加“描边”“投影”“渐变叠加”等图层样式，具体参数设置分别如图 7-3-14～图 7-3-16 所示，添加文字后得到图 7-3-17 所示的效果。最终效果如图 7-3-18 所示。

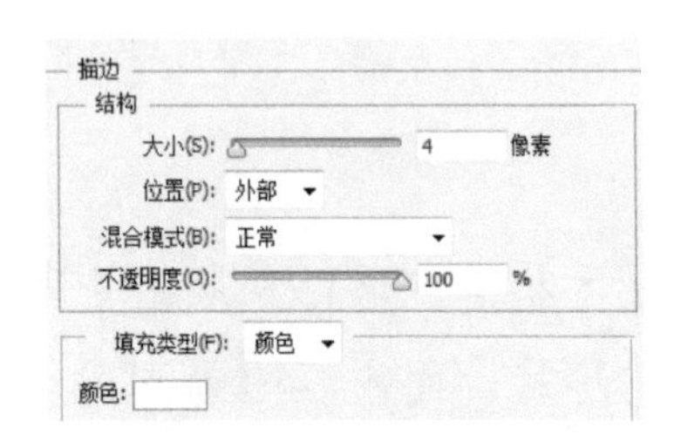

图 7-3-14　设置描边

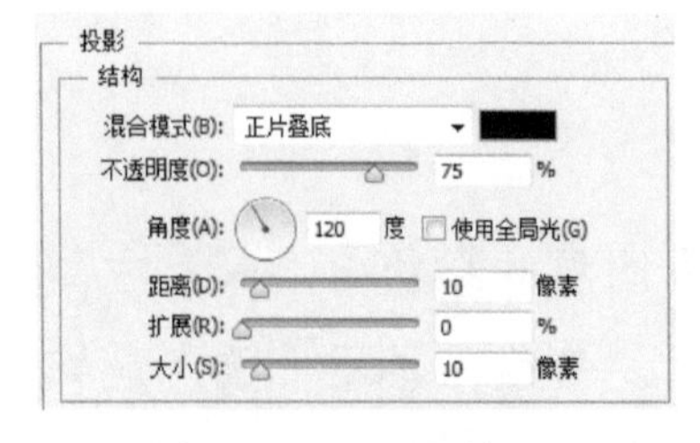

图 7-3-15　设置投影

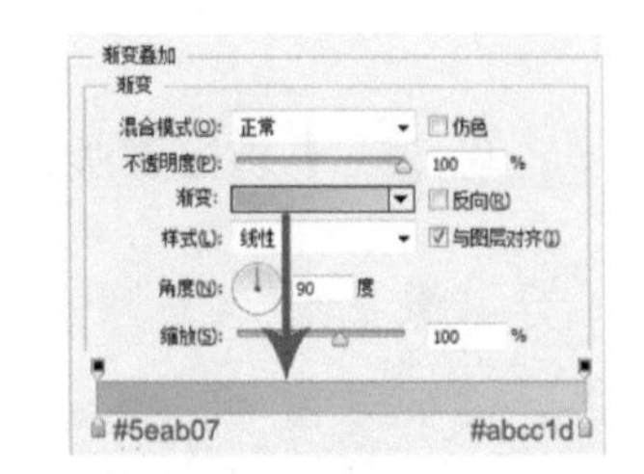

图 7-3-16　设置渐变叠加

9．按 Ctrl+S 组合键保存文件，在弹出的对话框中，输入文件名“宝宝相册”，格式选择“.jpg”。

图 7-3-17　文字效果

图 7-3-18　最终效果

7.4 拓展练习：时尚撕边

●素　材：素材包→Ch07 图层蒙版与通道→7.4 拓展练习：时尚撕边→素材
●效果图：素材包→Ch07 图层蒙版与通道→7.4 拓展练习：时尚撕边→时尚撕边.jpg

图 7-4-1 为时尚撕边效果图，该案例主要通过通道创建选区，并使用“喷溅”滤镜及剪贴蒙版等操作完成。

图 7-4-1　时尚撕边效果图

1．打开“素材 1”作为背景素材。

2．利用矩形选框工具绘制图 7-4-2 所示的选区，按 Ctrl+Shift+U 组合键对选区内图层进行去色操作，并复制到新的图层，得到“图层 1”，效果如图 7-4-3 所示。

3．选择“多边形套索工具”，绘制图 7-4-4 所示的选区。打开“通道”面板，单击“创建新通道”按钮，新建一个 Alpha 通道，得到“Alpha1”通道，如图 7-4-5 所示。在通道中为选区填充白色，如图 7-4-6 所示。

图 7-4-2　绘制选区（一）

图 7-4-3　去色效果

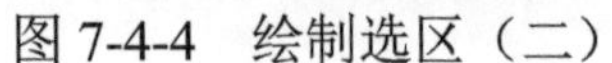

图 7-4-4　绘制选区（二）

图 7-4-5　新建“Alpha1”通道

图 7-4-6　为选区填充白色

4．按 Ctrl+D 组合键取消选区，打开“喷溅”对话框（菜单法：执行“滤镜”→“滤镜库”→“画笔描边”→“喷溅”命令），喷溅参数设置如图 7-4-7 所示，得到图 7-4-8 所示的效果。

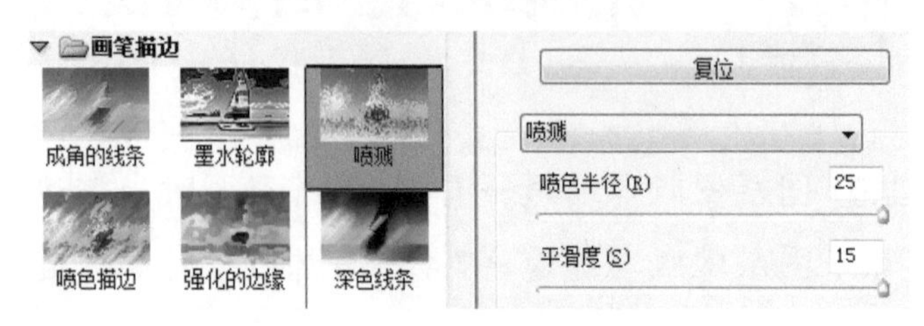

图 7-4-7　喷溅参数设置

5．将“Alpha1”通道载入选区，回到“图层”面板，选择“图层 1”，并为其添加蒙版。双击“图层 1”，为其添加“描边”和“内阴影”图层样式，参数设置分别如图 7-4-9、图 7-4-10 所示，得到的效果如图 7-4-11 所示。

图 7-4-8　喷溅效果

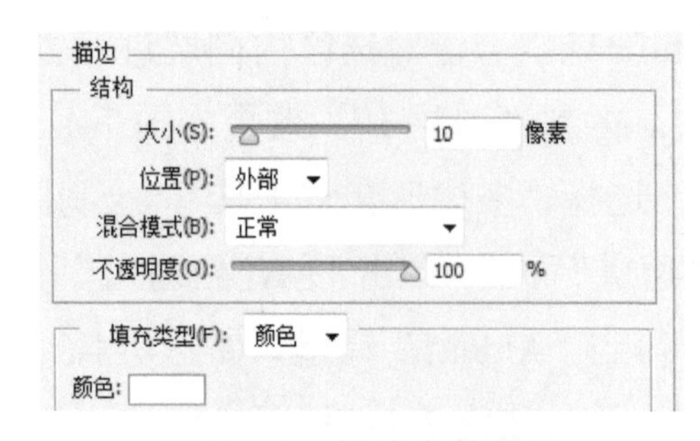

图 7-4-9　描边参数设置

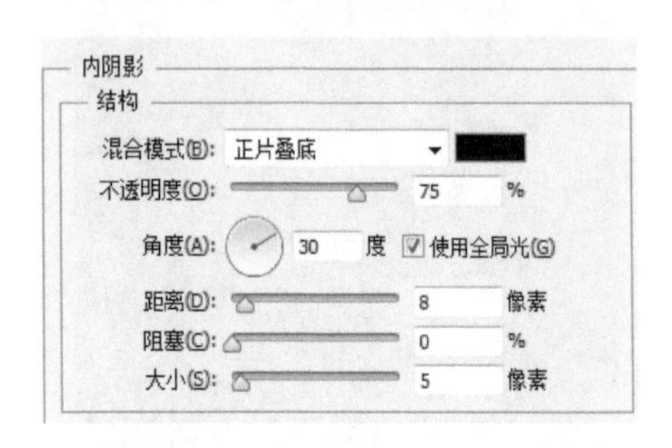

图 7-4-10　内阴影参数设置

图 7-4-11　描边和内阴影效果

6．导入“2.png”素材，得到“图层 2”，利用自由变换命令进行缩放，并移动到图 7-4-12

所示的位置。

7．为“图层 2”添加图层蒙版，选择黑色软画笔在蒙版中进行涂抹，直到得到图 7-4-13 所示的效果。

图 7-4-12　导入“2.png”素材

图 7-4-13　为“图层 2”添加图层蒙版并涂抹

8．导入“3.png”素材，得到“图层 3”，利用自由变换命令将该素材缩放并移动到图 7-4-14 所示的位置。按 Ctrl+Alt+G 组合键，将“图层 3”转换成“图层 2”的剪贴蒙版，效果如图 7-4-15 所示。

9．将“图层 3”的图层样式设置为“正片叠底”，并将该图层的不透明度设置为 75%，此时的“图层”面板如图 7-4-16 所示，图案效果如图 7-4-17 所示。

图 7-4-14　导入“3.png”素材

图 7-4-15　剪贴蒙版效果

图 7-4-16　“图层”面板

图 7-4-17　“图层 3”设置后的效果

10．为“图层 3”添加图层蒙版，选择黑色软画笔在蒙版中进行涂抹（也可配用矩形选区完成涂抹绘制），直到得到图 7-4-1 所示的效果。

11．完成操作，保存文件。

7.5 图层蒙版与通道：添加白云

● 难易程度：★★☆☆

● 教学重点：通道的创建

● 教学难点：通道的应用

● 实例描述：通过通道的复制及对通道进行色阶调整抠出天空中的白云，并通过图层蒙版及画笔工具对多余的白云进行处理，完成为背景图层添加白云的特效

● 实例文件：

素　　材：素材包→Ch07 图层蒙版与通道→7.5 添加白云→素材

效 果 图：素材包→Ch07 图层蒙版与通道→7.5 添加白云→添加白云.jpg

1．打开 Photoshop CS6 软件，按 Ctrl+O 组合键，打开素材“建筑.jpg”作为背景，如图 7-5-1 所示。

2．按 Ctrl+O 组合键，打开素材“白云.jpg”，得到“图层 1”。按 Ctrl+T 组合键进行自由变换，将白云缩放后移动到图 7-5-2 所示的位置。

图 7-5-1　背景素材

图 7-5-2　白云素材

3．在“图层”面板中单击“背景”图层前的按钮，隐藏背景图层，打开“通道”面板，选择红色通道，将“红”通道拖到“创建新通道”按钮（）处，得到“红 副本”通道，如图 7-5-3 所示。

4．按 Ctrl+L 组合键，打开“色阶”对话框，调整“红 副本”通道的图像效果，设置的参数如图 7-5-4 所示，单击“确定”按钮，得到的效果如图 7-5-5 所示。

5．单击“通道”面板下方的“将通道作为选区载入”按钮，将“红 副本”通道转换成选区，选中 RGB 通道，回到“图层”面板，选中“图层 1”，为其添加蒙版，得到图 7-5-6

所示的效果。

6. 按B快捷键，选择“画笔工具”中的软画笔，可根据实际情况调整画笔的不透明度。设置前景色为黑色，在蒙版中涂抹绘制，将挡住建筑物的多余的白云涂抹掉，此时的图层蒙版如图7-5-7所示，最终效果如图7-5-8所示。

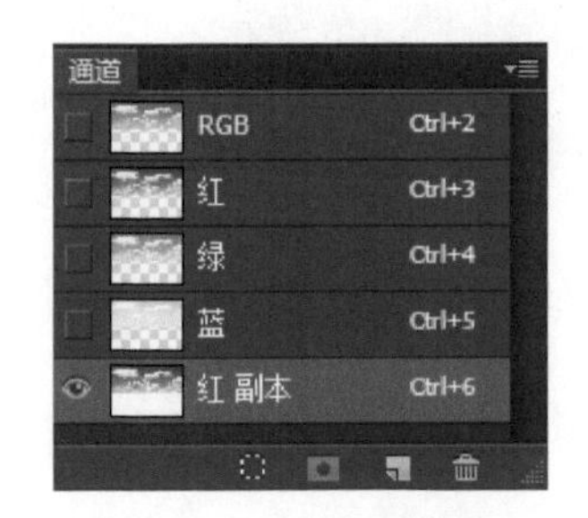

图7-5-3 复制通道

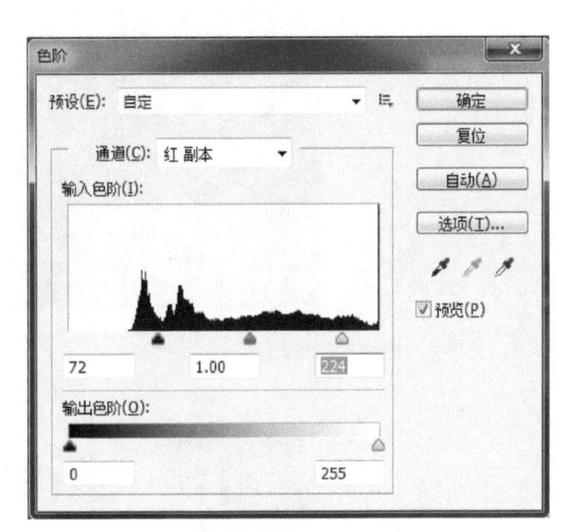

图7-5-4 调整色阶

图7-5-5 调整色阶后的效果

图7-5-6 添加图层蒙版

图7-5-7 编辑图层蒙版

7. 按Ctrl+S组合键保存文件，在弹出的对话框中，输入文件名“添加白云”，格式选择“.jpg”。

图 7-5-8　最终效果

7.6　拓展练习：婚纱照抠图

●素　材：光盘→Ch07 图层蒙版与通道→7.6 拓展练习：婚纱照抠图→素材

●效果图：素材包→Ch07 图层蒙版与通道→7.6 拓展练习：婚纱照抠图→婚纱照抠图.jpg

图 7-6-1 所示为婚纱照抠图效果，该案例主要通过复制通道、调整色阶抠出透明婚纱，并通过创建蒙版和使用画笔对蒙版进行编辑等操作完成背景与婚纱的完美融合。

图 7-6-1　婚纱照抠图效果

1．打开“婚纱.jpg”素材作为新文件，按 Ctrl+Shift+S 组合键保存为“婚纱照抠图.jpg”。

2．用魔棒工具并配用磁性套索工具，抠出人物和婚纱选区，选区效果如图 7-6-2 所示。

3．按 Ctrl+J 组合键，将选区里的内容复制到新的图层，得到“图层 1”。

4．打开背景素材，将背景素材拖入新文件中，得到“图层 2”。将“图层 2”移动到“图层 1”的下方，此时的效果如图 7-6-3 所示。

图 7-6-2　抠出人物婚纱选区

图 7-6-3　加入背景

5．在“图层”面板中隐藏“背景”图层和“图层 2”，打开“通道”面板，选择红色通道，得到“红 副本”通道。

6．按 Ctrl+L 组合键，打开“色阶”对话框，调整“红 副本”通道的图像效果，设置的参数如图 7-6-4 所示。单击“确定”按钮，得到的效果如图 7-6-5 所示。

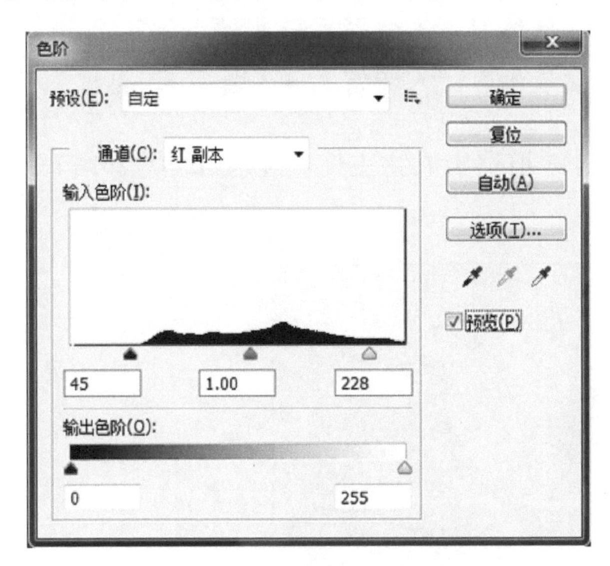

图 7-6-4　“色阶”对话框

图 7-6-5　调整效果

7．选择白色的软画笔，将人物的头发、脸部、手臂、腰部及服饰等涂抹成白色（将完全不透明的区域涂抹成白色），可以通过绘制选区进行涂抹，直到得到图 7-6-6 所示的效果。

8．将“红 副本”通道载入选区，选中 RGB 通道，回到“图层”面板，选中“图层 1”，为“图层 1”添加蒙版，使“图层 2”显现出来，得到图 7-6-7 所示的效果。

9．选择黑色的软画笔，适当调整不透明度（8%左右），在图层蒙版中对人物脖子、肩膀、服饰装饰区域进行涂抹，把较深的黑色区域变浅，再用白色的软画笔对手臂及手指不太清晰的区域进行涂抹，直到得到图 7-6-1 所示的效果。

10．完成操作，保存文件。

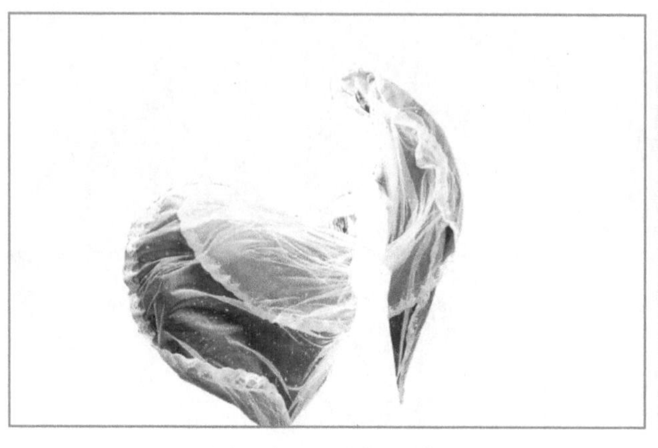

图 7-6-6　涂抹白色

图 7-6-7　为“图层 1”添加蒙版

7.7 拓展练习：人物写真

● 素　材：素材包→Ch07 图层蒙版与通道→7.7 拓展练习：人物写真→素材
● 效果图：素材包→Ch07 图层蒙版与通道→7.7 拓展练习：人物写真→人物写真.jpg

图 7-7-1 为人物写真效果图，该图像主要通过通道抠出人物主体，并通过创建和编辑图层蒙版等操作完成。

图 7-7-1　人物写真效果图

1．打开背景素材，如图 7-7-2 所示，按 Ctrl+L 组合键对“背景”图层进行色相/饱和度调整，设置的参数如图 7-7-3 所示，得到图 7-7-4 所示的效果。

2．打开人物素材，并拖入背景素材中，得到“图层 1”。

3．隐藏其他图层，在“通道”面板中复制“蓝”通道得到“蓝 副本”通道，对该通道进行色阶调整，设置的参数如图 7-7-5 所示，调整后的效果如图 7-7-6 所示。

4．利用白色的软画笔，将人物图中完全不透明的区域涂抹成白色，直到得到图 7-7-7 所示的效果。

图 7-7-2　背景素材

图 7-7-3　设置的参数

图 7-7-4　色相/饱和度调整效果

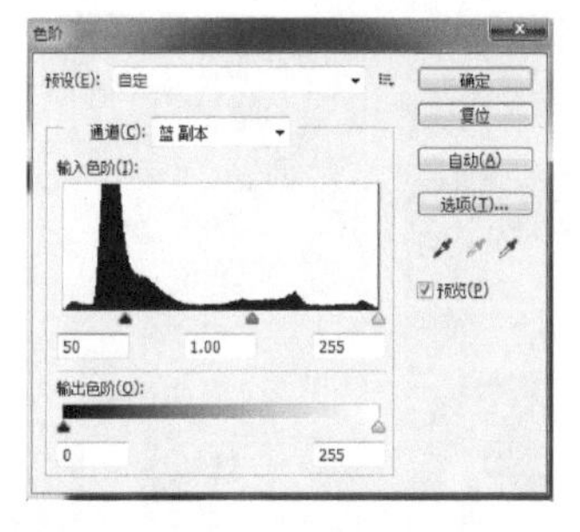

图 7-7-5　“色阶”对话框

图 7-7-6　色阶调整效果

图 7-7-7　涂抹白色

5．将“蓝 副本”通道载入选区，选中 RGB 通道，回到“图层”面板，选中“图层 1”，为“图层 1”添加蒙版，并使其他图层显现出来，得到图 7-7-8 所示的效果。

6．选择白色的软画笔，适当调整不透明度（20%左右），用软画笔在手臂及裙子与背景的交界处进行涂抹，直到人物与背景自然地融合在一起，如图 7-7-9 所示。

图 7-7-8　为“图层 1”添加蒙版

图 7-7-9　最终效果

7．完成操作，保存文件。

Chapter 8

第8章

滤　　镜

案例讲解

拓展案例

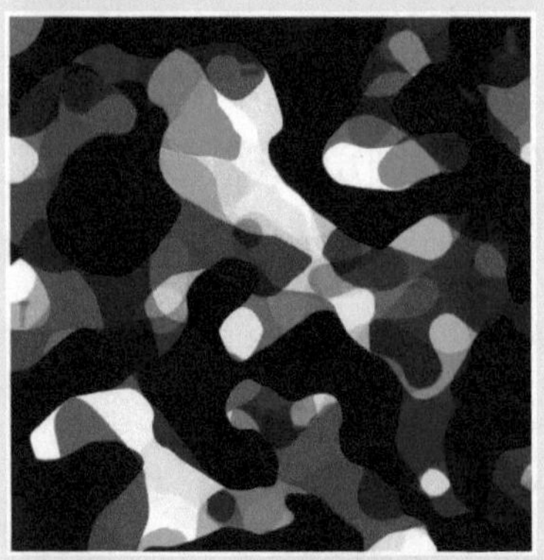

8.1 滤镜：水彩画

- 难易程度：★★☆☆
- 教学重点：水彩画效果的制作
- 教学难点：素描、艺术效果、风格化等滤镜的应用
- 实例描述：运用素描、艺术效果、风格化等各种滤镜，并通过不同的参数设置，完成水彩画的制作
- 实例文件：

素　　材：素材包→Ch08 滤镜→8.1 水彩画→素材

效 果 图：素材包→Ch08 滤镜→8.1 水彩画→水彩画.jpg

1．打开 Photoshop CS6 软件，按 Ctrl+O 组合键，打开“Gathering.jpg” 素材作为背景，如图 8-1-1 所示。

2．连按 3 次 Ctrl+J 组合键复制“背景”图层，“图层”面板如图 8-1-2 所示。

图 8-1-1　背景素材

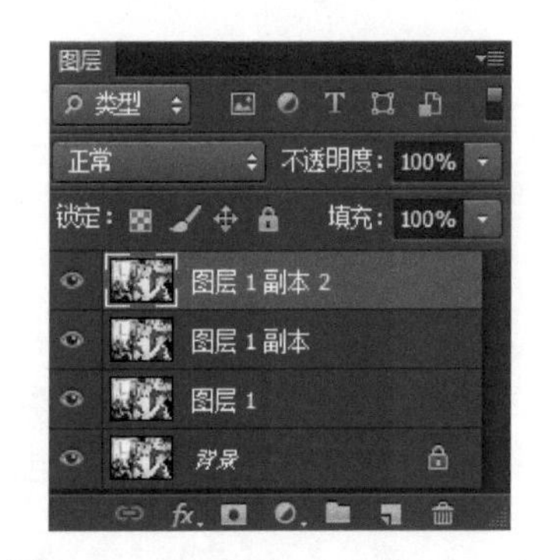

图 8-1-2　“图层”面板（一）

3．单击最上方两个图层前的眼睛按钮，隐藏“图层 1 副本”和“图层 1 副本 2”。

4．选中“图层 1”，执行“滤镜”→“滤镜库”命令，在打开的界面中选择“素描”→“水彩画纸”命令，并进行图 8-1-3 所示的参数设置，使画面呈现出水彩的晕染和画纸的纤维效果。

5．单击“确定”按钮，设置“图层 1”的“不透明度”为 60%，“图层”面板如图 8-1-4 所示，效果如图 8-1-5 所示。

6．选中并让“图层 1 副本”显示出来，按 Ctrl+Alt+F 组合键再次打开滤镜库，选择“艺术画笔”→“调色刀”命令，并进行图 8-1-6 所示的参数设置，可以创建大色块，效果如图 8-1-7 所示。

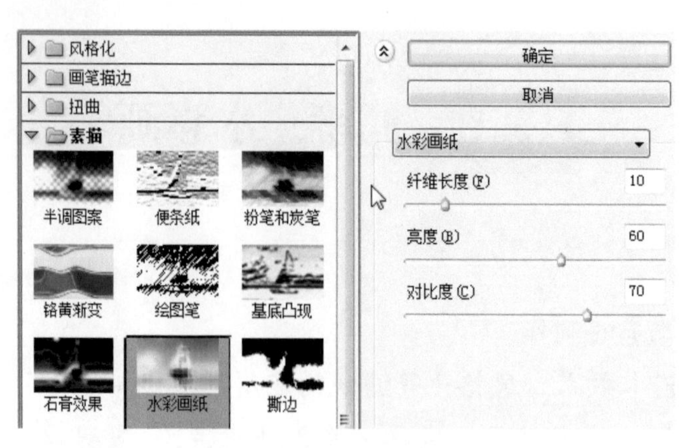

图 8-1-3　水彩画纸滤镜

图 8-1-4　“图层”面板（二）

图 8-1-5　水彩画纸效果

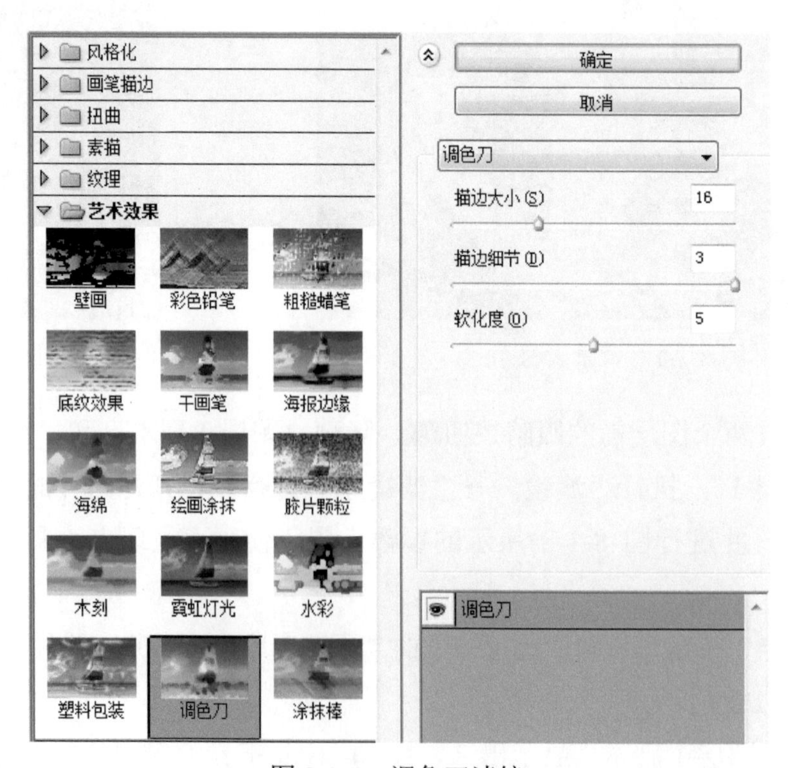

图 8-1-6　调色刀滤镜

7．单击“确定”按钮，并将该图层的混合模式设置为“柔光”，如图 8-1-8 所示。

图 8-1-7　调色刀效果

图 8-1-8　“图层”面板（三）

8．选中并让“图层 1 副本 2”显示出来，执行“滤镜”→“风格化”→“查找边缘”命令，提取出对象的轮廓，效果如图 8-1-9 所示。

9．设置该图层的混合模式为“正片叠底”，“不透明度”为 50%，将轮廓线稿叠加到水彩效果上，得到的效果如图 8-1-10 所示。

图 8-1-9　查找边缘效果

图 8-1-10　设置柔光及不透明度

10．在“图层”面板中单击“创建新的填充或调整图层”按钮，选择“曲线”命令，并按图 8-1-11 所示设置参数，得到的最终效果如图 8-1-12 所示。

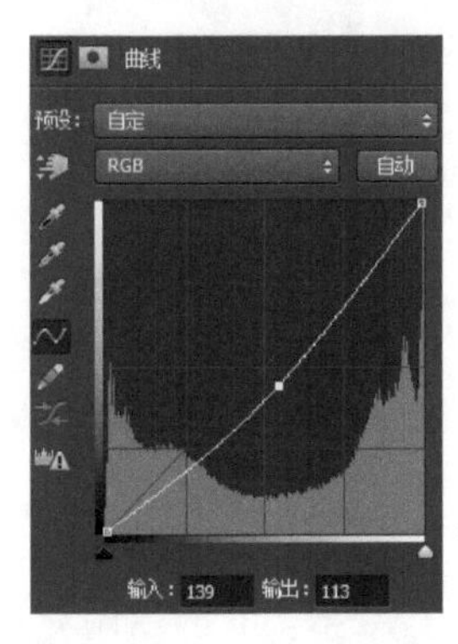

图 8-1-11　设置曲线

图 8-1-12　最终效果

11．按 Ctrl+S 组合键保存文件，在弹出的对话框中，输入文件名“水彩画”，格式选择“.jpg”。

8.2 拓展练习：波普艺术

● 素　材：素材包→Ch08 滤镜→8.2 拓展练习：波普艺术→素材
● 效果图：素材包→Ch08 滤镜→8.2 拓展练习：波普艺术→波普艺术.jpg

图 8-2-1 为波普艺术效果图，运用海报边缘、木刻等滤镜，并通过不同的参数设置，完成波普艺术效果。

1．打开“背景.jpg”素材，如图 8-2-2 所示。

2．按 Ctrl+J 组合键，复制“背景”图层，得到“图层 1”。

3．执行“滤镜”→“滤镜库”→“海报边缘”命令，打开滤镜库，设置的参数如图 8-2-3 所示。

4．执行“滤镜”→“滤镜库”→“木刻”命令，打开滤镜库，设置的参数如图 8-2-4 所示。

5．按 Ctrl+L 组合键，打开“色阶”对话框，设置的参数如图 8-2-5 所示，增加色调对比度，单击“确定”按钮，得到图 8-2-6 所示的效果。

图 8-2-1　波普艺术效果图

图 8-2-2　“背景.jpg”素材

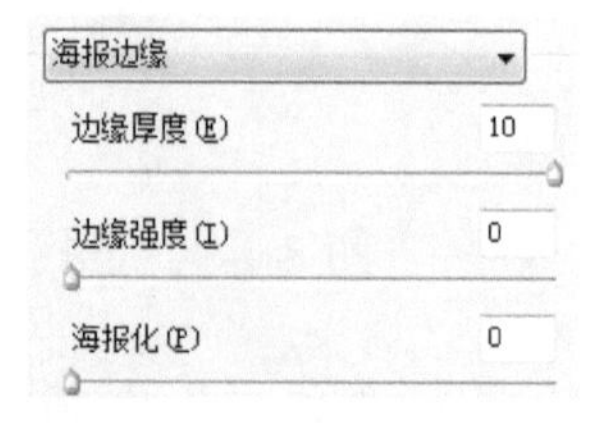

图 8-2-3　设置海报边缘参数

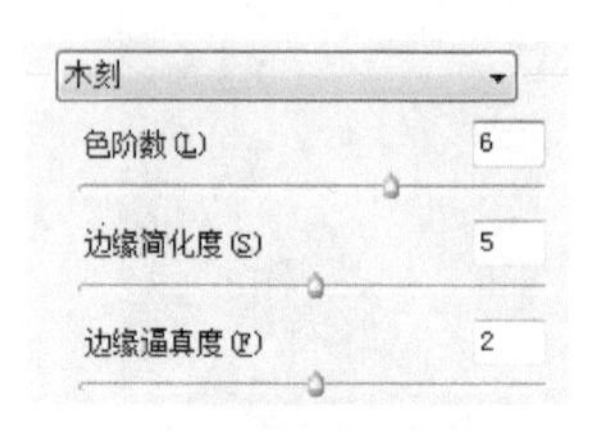

图 8-2-4　设置木刻参数

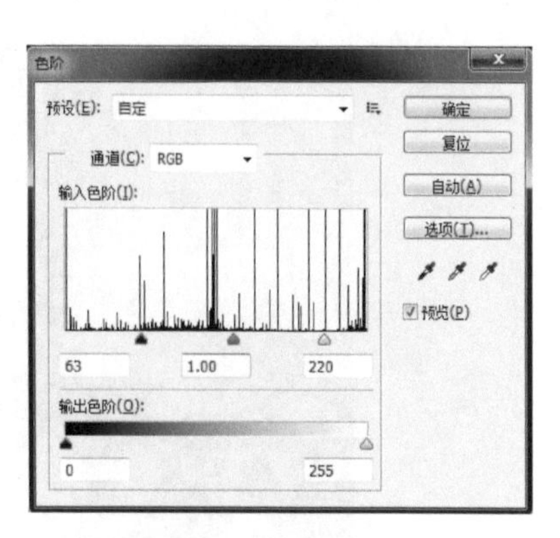

图 8-2-5　“色阶”对话框

图 8-2-6　增加色调对比度效果

6．将“图层 1”的混合模式设置为“颜色加深”，得到图 8-2-7 所示的效果。

7．隐藏“图层 1”，选择“背景”图层，用魔棒工具选中图 8-2-8 所示的选区。

8．新建“图层 2”，设置前景色为“R：255，G：167，B：0”，按 Alt+Delete 组合键填充颜色，得到图 8-2-9 所示的效果，此时的“图层”面板如图 8-2-10 所示。

图 8-2-7　“颜色加深”效果

图 8-2-8　选中选区

图 8-2-9　填充颜色

图 8-2-10　“图层”面板

9．完成操作，保存文件。

8.3 滤镜：抽象艺术

● 难易程度：★★☆☆

● 教学重点：掌握滤镜杂色和中间值叠加使用的方法

● 教学难点：理解滤镜叠加使用的思路

● 实例描述：通过添加杂色、点状化、中间值等基本效果的叠加，创造出一种类似迷彩的色彩图案样式，色彩层次丰富，图案变化万千，具有极强的艺术感，常用于海报设计中

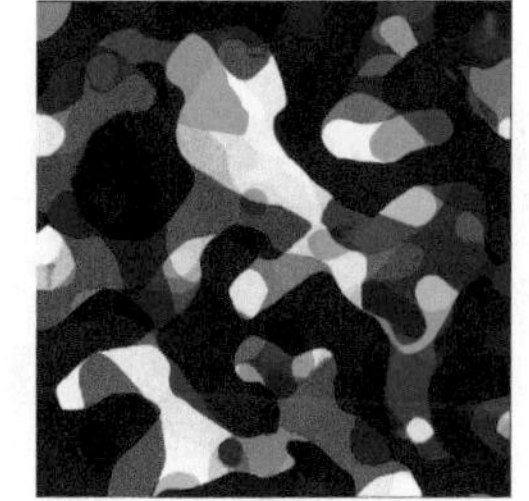

● 实例文件：

效 果 图：素材包→Ch08 滤镜→8.3 抽象艺术→抽象艺术.jpg

1．打开 Photoshop CS6 软件，按 Ctrl+N 组合键新建文件，名称为“抽象艺术”，参数设置如图 8-3-1 所示。

2．执行“滤镜”→“杂色”→“添加杂色”命令，弹出“添加杂色”对话框，设置的参数如图8-3-2所示。单击“确定”按钮，得到图8-3-3所示的效果。

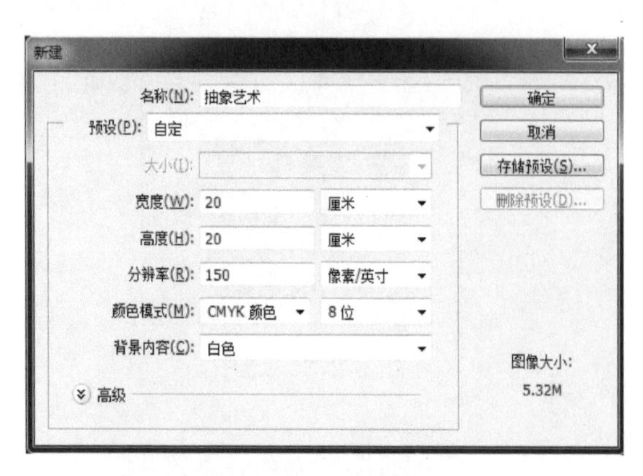

图8-3-1　新建文件

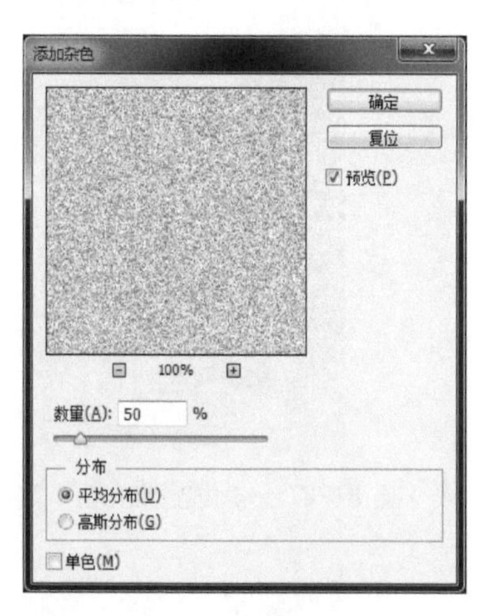

图8-3-2　“添加杂色”对话框

3．按D快捷键，还原前景色和背景色为黑白色。

4．执行“滤镜”→“像素化”→“点状化”命令，在弹出的“点状化”对话框中设置单元格大小为140，如图8-3-4所示。单击“确定”按钮，得到图8-3-5所示的效果。

图8-3-3　杂色滤镜效果

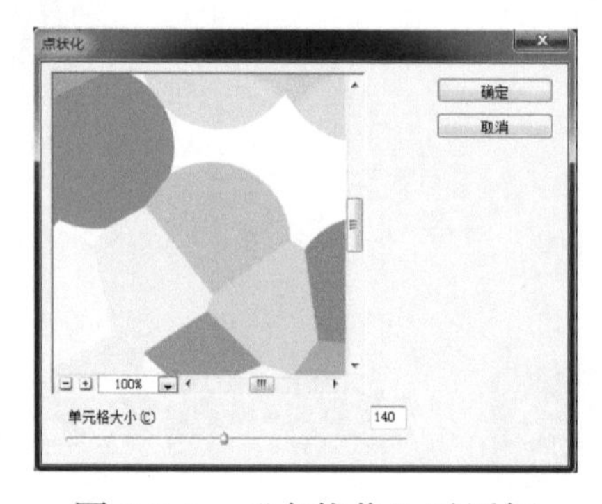

图8-3-4　“点状化”对话框

图8-3-5　点状化滤镜效果

5．执行“滤镜”→“杂色”→“中间值”命令，在弹出的“中间值”对话框中设置半径值为60像素，如图8-3-6所示。单击“确定”按钮，得到图8-3-7所示的效果。

6．按Ctrl+I组合键将图像的颜色进行反相处理，得到图8-3-8所示的效果。

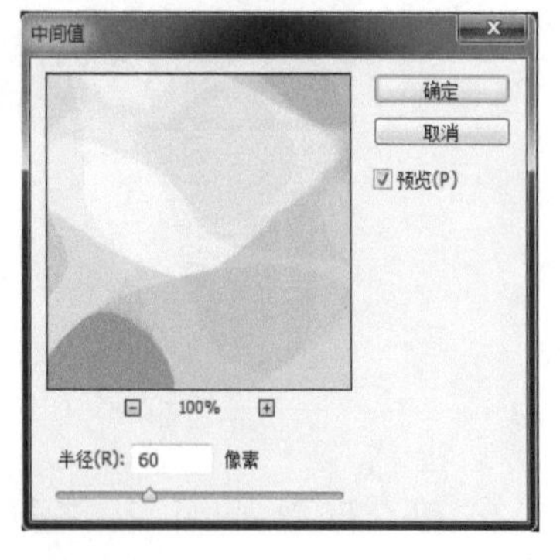

图8-3-6　“中间值”对话框

图8-3-7　中间值滤镜效果

图8-3-8　反相效果

7. 按 Ctrl+L 组合键打开“色阶”对话框，并进行图 8-3-9 所示的设置，得到图 8-3-10 所示的最终效果。

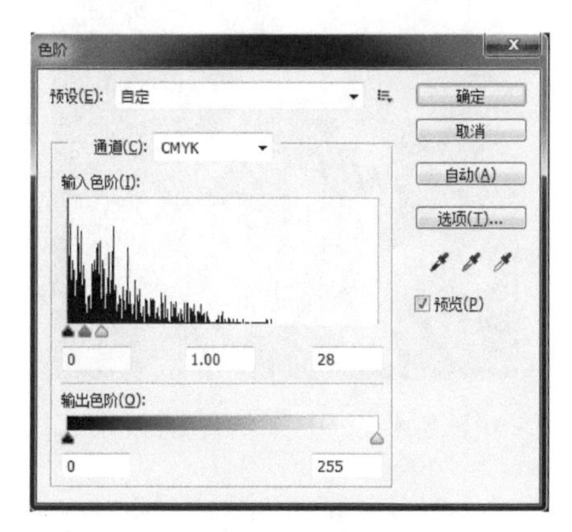

图 8-3-9 调整色阶

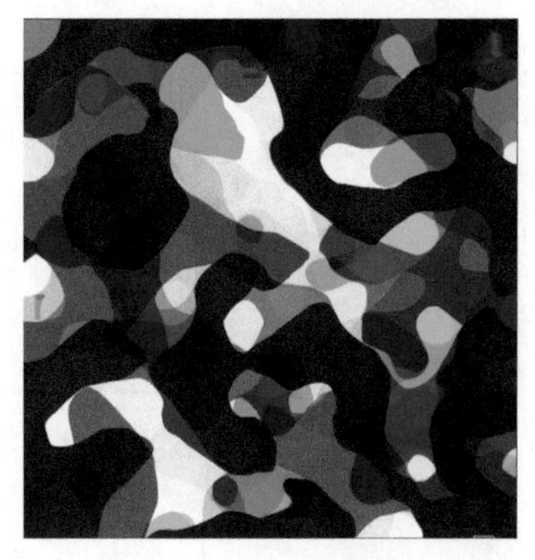

图 8-3-10 抽象艺术最终效果

8. 按 Ctrl+S 组合键保存文件，在弹出的对话框中，输入文件名“抽象艺术”，格式选择“.jpg”。

8.4 拓展练习：线性抽象艺术

●效果图：素材包→Ch08 滤镜→8.4 拓展练习：线性抽象艺术→线性抽象艺术.jpg

图 8-4-1 为线性抽象艺术效果图，运用添加杂色、点状化、中间值、等高线等滤镜，并通过不同的参数设置及反相、色阶命令完成。

1. 重复“8.3 滤镜：抽象艺术”案例的步骤 1—7，得到图 8-4-2 所示的效果。

图 8-4-1 线性抽象艺术效果

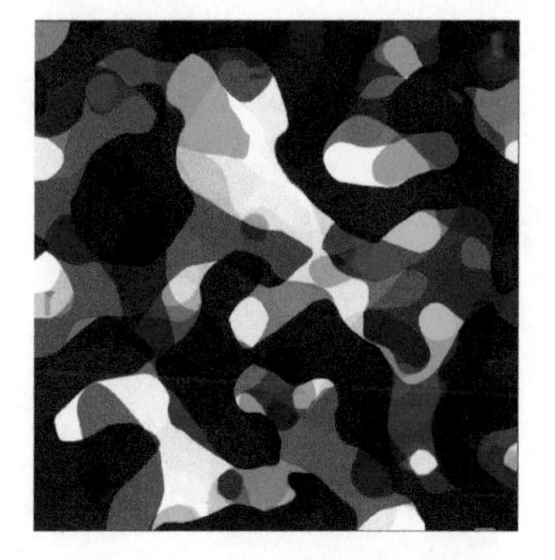

图 8-4-2 抽象艺术效果

2. 执行“滤镜”→“杂色”→“中间值”命令，在弹出的“中间值”对话框中设置半径值为 50 像素，如图 8-4-3 所示。单击“确定”按钮，得到图 8-4-4 所示的效果。

3. 按 Ctrl+F 组合键可重复使用上一次滤镜，连续按三次组合键执行“中间值”滤镜命令，得到图 8-4-5 所示的效果。

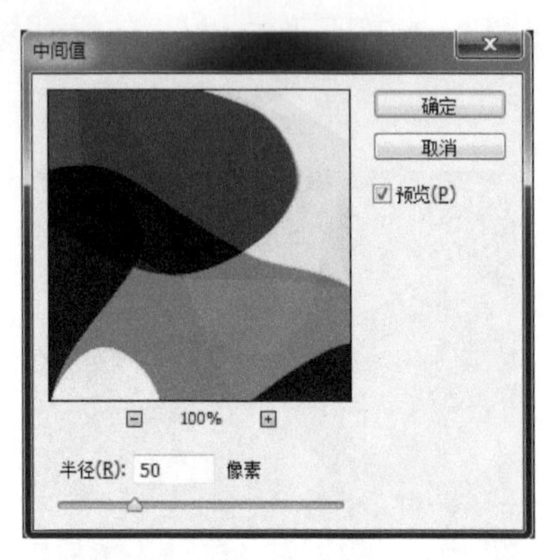

图 8-4-3 “中间值”对话框

图 8-4-4 中间值滤镜效果

4．执行“滤镜”→“风格化”→“等高线”命令，在打开的“等高线”对话框中进行图 8-4-6 所示的设置。单击“确定”按钮，得到最终效果图，如图 8-4-1 所示。

图 8-4-5 重复使用三次中间值滤镜

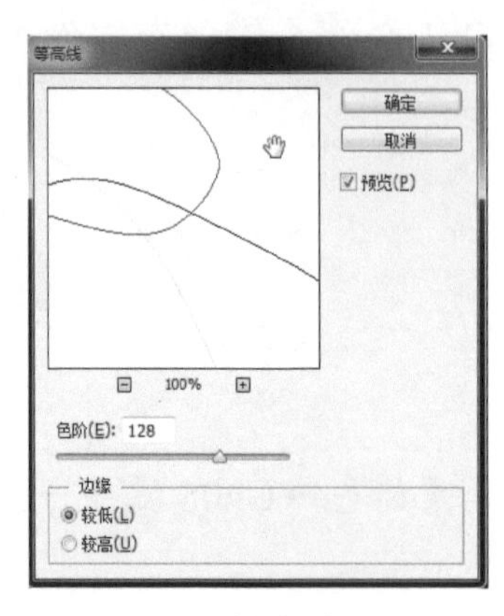

图 8-4-6 “等高线”对话框

5．完成操作，保存文件。

8.5 滤镜：亚麻材质

● 难易程度：★★☆☆

● 教学重点：掌握模糊和点状化滤镜叠加使用的方法

● 教学难点：理解滤镜叠加使用的思路

● 实例描述：利用动感模糊滤镜做出特效，并将白色点状像素进行拉丝处理，通过对图层样式中投影的有效设置，完成仿制亚麻纺织品的视觉效果

● 实例文件：

效 果 图：素材包→Ch08 滤镜→8.5 亚麻材质→亚麻材质.jpg

1．打开 Photoshop CS6 软件，按 Ctrl+N 组合键新建文件，参数设置如图 8-5-1 所示。

2．设置前景色为灰色，参考值为“#808080”。新建“图层 1”，按 Alt+Delete 组合键将“图层 1”填充成灰色，如图 8-5-2 所示。

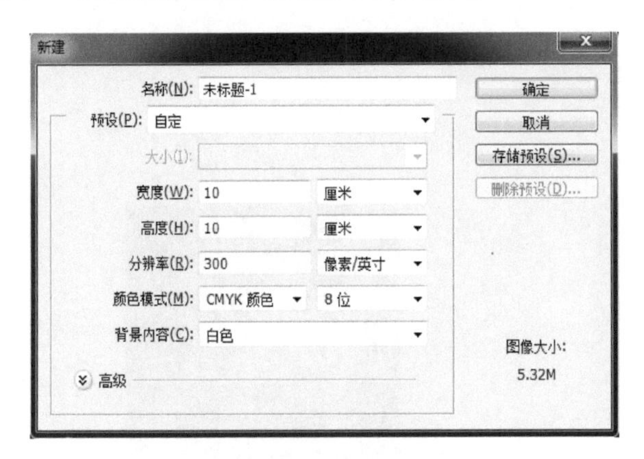

图 8-5-1　新建文件

图 8-5-2　填充灰色

3．执行“滤镜”→“杂色”→“添加杂色”命令，在弹出的“添加杂色”对话框中进行图 8-5-3 所示的设置。单击“确定”按钮，得到图 8-5-4 所示的效果。

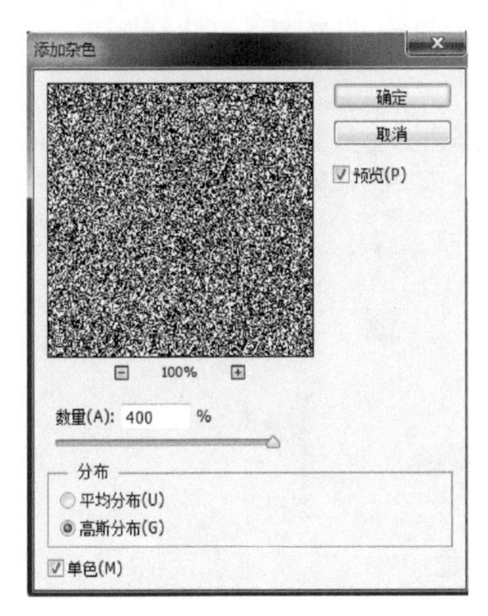

图 8-5-3　“添加杂色”对话框

图 8-5-4　杂色滤镜效果

4．执行“图像”→“调整”→“阈值”命令，在弹出的“阈值”对话框中设置阈值色阶为 128，如图 8-5-5 所示。单击“确定”按钮，得到图 8-5-6 所示的效果。

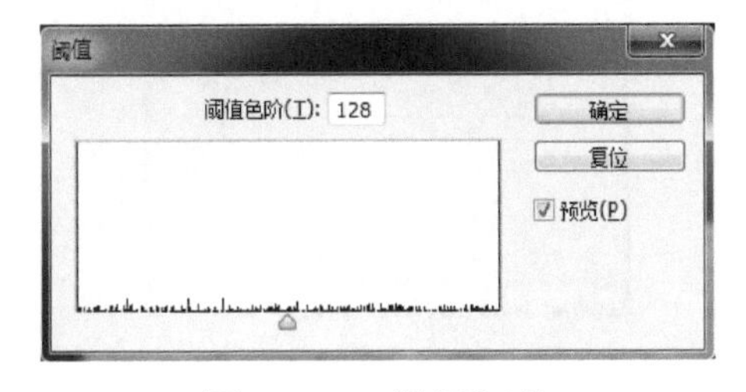

图 8-5-5　设置阈值

图 8-5-6　阈值效果

5．按住 Alt 键，滚动鼠标滚轮，将图像放大。执行“选择”→“色彩范围”命令，用白色吸管取样放大图像中的白色像素，并将颜色容差设置为 200，如图 8-5-7 所示。单击“确定”按钮，得到白色像素选区。按 Ctrl+J 组合键，将选区内的白色像素复制到新图层，得到“图层 2”，“图层”面板如图 8-5-8 所示。

图 8-5-7　色彩范围

图 8-5-8　“图层”面板

6．隐藏“图层 2”，选择“图层 1”。双击“图层 1”，在打开的“图层样式”对话框中设置“渐变叠加”，相应的渐变参数如图 8-5-9 所示。单击“确定”按钮，得到图 8-5-10 所示的效果。

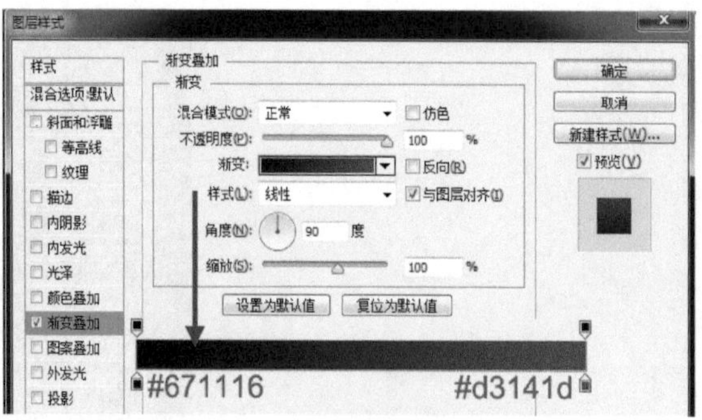

图 8-5-9　设置渐变叠加参数

7．让“图层 2”显示出来，并选中“图层 2”，执行“滤镜”→“模糊”→“动感模糊”命令，设置图 8-5-11 所示参数，单击“确定”按钮。

图 8-5-10　渐变叠加后的效果

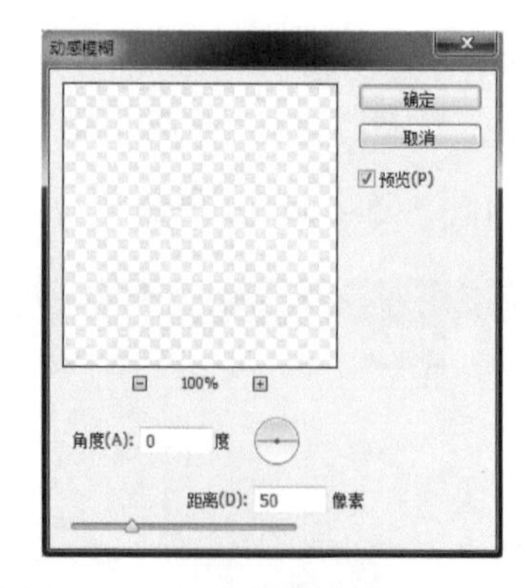

图 8-5-11　“动感模糊”对话框

8．在“图层”面板中，将“图层 2”的不透明度设置为 90%。双击“图层 2”，在打开的“图层样式”对话框中设置“投影”，对应参数如图 8-5-12 所示。

9．按 Ctrl+J 组合键，复制“图层 2”，得到“图层 2 副本”。按 Ctrl+T 组合键将“图层 2 副本”进行自由变换，旋转 90°并确定设置。

10．按 C 快捷键，选择“裁剪工具”，将图像裁剪成 5 厘米×5 厘米的尺寸，得到最终效果，如图 8-5-13 所示（如果纹理足够清晰，可省略本步骤中的裁剪操作）。

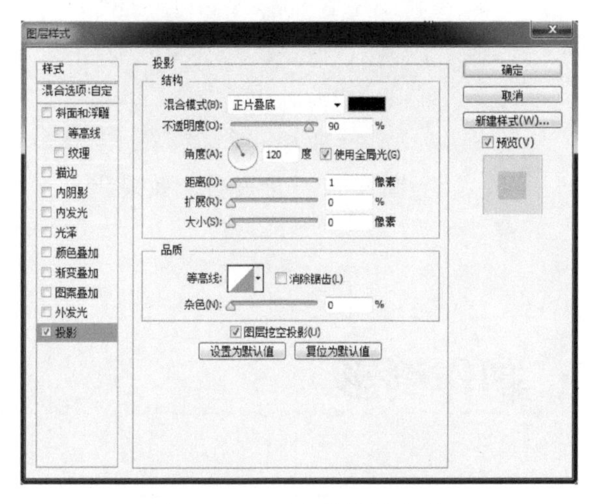

图 8-5-12　设置投影参数

图 8-5-13　裁剪后的效果

11．按 Ctrl+S 组合键保存文件，在弹出的对话框中，输入文件名“亚麻材质”，格式选择“.jpg”。

8.6 拓展练习：小清新背景

● 效果图：素材包→Ch08 滤镜→8.6 拓展练习：小清新背景→小清新背景.jpg

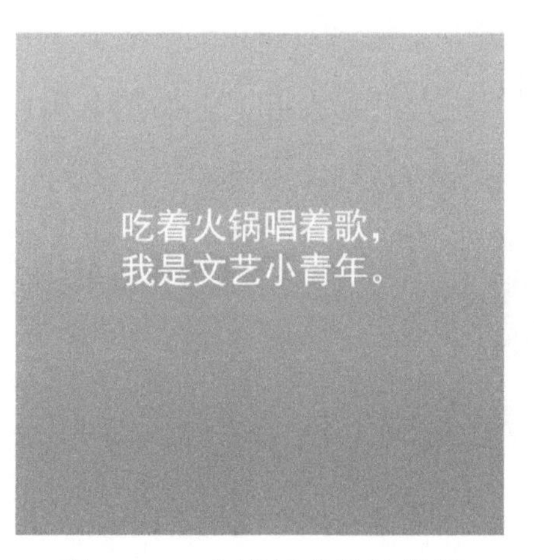

图 8-6-1　小清新背景效果图

图 8-6-1 为小清新背景效果图，通过对图层样式中“渐变叠加”参数的设置改变 8.5 节案例中的亚麻材质效果，得到自然清新的背景。

1．打开 8.5 节案例中的效果图“亚麻材质.jpg”。

2．选择并双击“图层 1”，在打开的“图层样式”对话框中修改“渐变叠加”中的相应参数，如图 8-6-2 所示。单击“确定”按钮，得到图 8-6-3 所示的效果。

3．按 T 快捷键，选择文字工具，输入文字“吃着火锅唱着歌，我是文艺小青年。”得到最终效果，如图 8-6-1 所示。

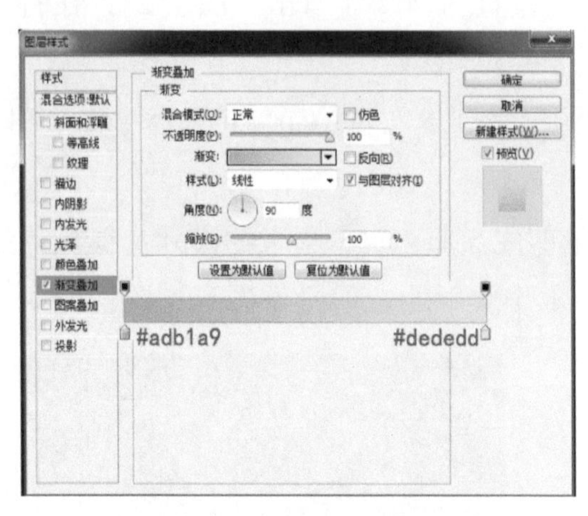

图 8-6-2　设置渐变叠加参数

图 8-6-3　渐变叠加效果

4．完成操作，保存文件。

8.7 滤镜：制作倒影

● 难易程度：★★☆☆

● 教学重点：掌握用玻璃滤镜制作倒影的方法

● 教学难点：理解倒影制作的思路

● 实例描述：利用玻璃滤镜，在设置参数时加入一些纹理素材，最终形成水波效果，并在实现过程中利用自由变换命令和曲线调整命令完成对象的倒影特效

● 实例文件：

素　　材：素材包→Ch08 滤镜→8.7 制作倒影→素材

效 果 图：素材包→Ch08 滤镜→8.7 制作倒影→制作倒影.jpg

1．打开 Photoshop CS6 软件，按 Ctrl+O 组合键，打开素材“瓦力机器人.jpg”，如图 8-7-1 所示。

图 8-7-1　“瓦力机器人.jpg”素材

2．按 Ctrl+J 组合键，复制“背景”图层，得到“图层 1”。

3．按 Ctrl+Alt+C 组合键（菜单法：执行“图像”→“画布大小”命令），打开“画布大小”对话框，将画布单位设置成“厘米”，如图 8-7-2 所示。

4．在打开的“画布大小”对话框中修改所需参数：将高度增大为原来的两倍，同时单击“定位”框中向上的箭头，如图 8-7-3 所示。单击“确定”按钮，得到图 8-7-4 所示的效果。

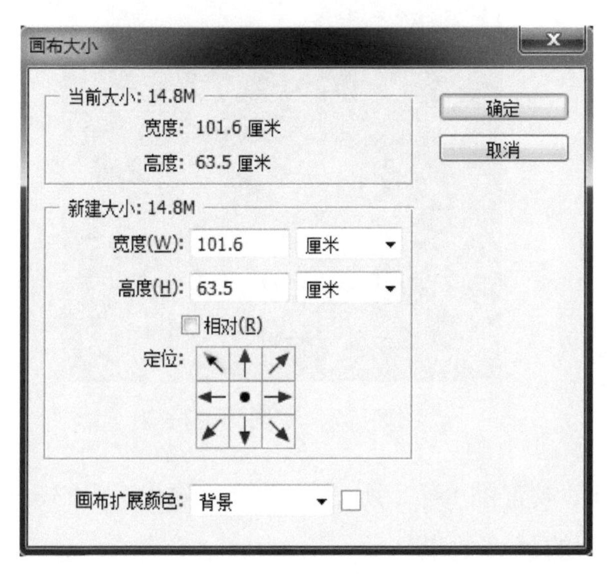

图 8-7-2　“画布大小”对话框

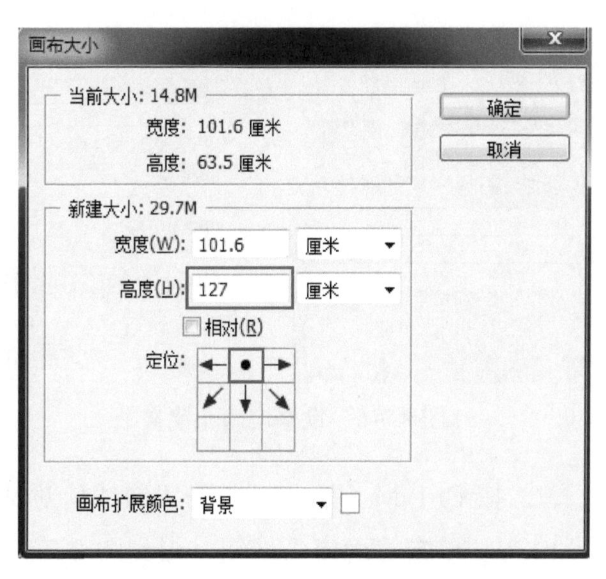

图 8-7-3　修改“画布大小”参数

5．选中“图层 1”，按 Ctrl+T 组合键对“图层 1”中的图像进行自由变换，对着变换的图像右击，在弹出的菜单中选择“垂直翻转”，并配用 Shift 键垂直向下拖到图 8-7-5 所示的位置，使两张图像无缝对接。

图 8-7-4　画布增大效果

图 8-7-5　垂直向下翻转

6．执行“滤镜”→“滤镜库”→“扭曲”→“玻璃”命令，在弹出的对话框中载入“纹理素材.jpg”文件，参数设置如图 8-7-6 所示。单击“确定”按钮，得到图 8-7-7 所示的效果。

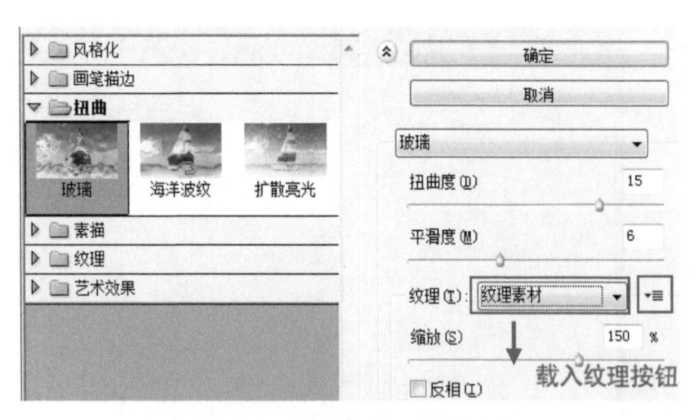

图 8-7-6　设置玻璃滤镜参数

图 8-7-7　玻璃滤镜特效

7．按 Ctrl+M 组合键，打开“曲线”对话框，设置图 8-7-8 所示的参数，输出为 103，输入为 130，单击“确定”按钮，得到图 8-7-9 所示的最终效果。

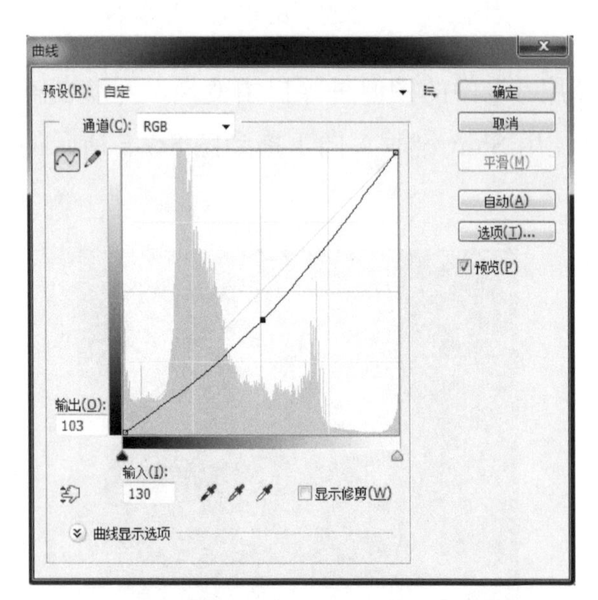

图 8-7-8　调整曲线

图 8-7-9　最终效果图

8．按 Ctrl+S 组合键保存文件，在弹出的对话框中，输入文件名“制作倒影”，格式选择“.jpg”。

8.8 拓展练习：公交广告牌

●素　材：素材包→Ch08 滤镜→8.8 拓展练习：公交广告牌→素材
●效果图：素材包→Ch08 滤镜→8.8 拓展练习：公交广告牌→公交广告牌.jpg

图 8-8-1 为公交广告牌效果图，通过盖印图层、透视变形及添加图层蒙版等操作完成。

图 8-8-1　公交广告牌效果图

1．打开 8.7 节案例中的效果图“制作倒影.jpg”文件，如图 8-8-2 所示。

2．利用“文字工具”，输入文字“低质量的社交”“不如高质量的独处”，字体分别为黑体、幼圆，并适当调节文字的大小和位置，效果如图 8-8-3 所示。

图 8-8-2　“制作倒影.jpg”文件

图 8-8-3　加入文字后的效果

3．选中文字图层，按 Ctrl+Shift+Alt+E 组合键，将所有图层盖印，得到“图层 1”。

4．打开“候车亭.jpg”素材，将盖印好的“图层 1”拖入“候车亭”文件中，适当调节透视效果。

5．对于小块公告栏则再次拖入盖印好的“图层 1”，通过适当的透视及添加图层蒙版操作，得到最终效果，如图 8-8-1 所示。

6．完成操作，保存文件。

8.9 滤镜：波尔卡原点

- 难易程度：★★☆☆
- 教学重点：如何利用滤镜生成波尔卡原点图像
- 教学难点：在通道中运用滤镜并生成所需要的选区
- 实例描述：对通道应用彩色半调滤镜制作特殊选区，并对选区进行渐变叠加，得到一种类似于波尔卡原点风格的特效。在处理一些海报素材时，这种风格往往可以增加氛围和视觉层次
- 实例文件：
  素　　材：素材包→Ch08 滤镜→8.9 波尔卡原点→素材
  效 果 图：素材包→Ch08 滤镜→8.9 波尔卡原点→波尔卡原点.jpg

1．打开 Photoshop CS6 软件，按 Ctrl+O 组合键，打开素材文件“dog.jpg”，如图 8-9-1 所示。

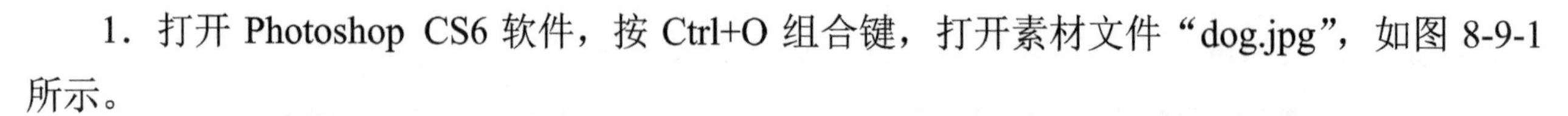

2．打开“通道”面板，复制“红”通道，得到“红 副本”通道，如图 8-9-2 所示。

图 8-9-1　“dog.jpg”素材

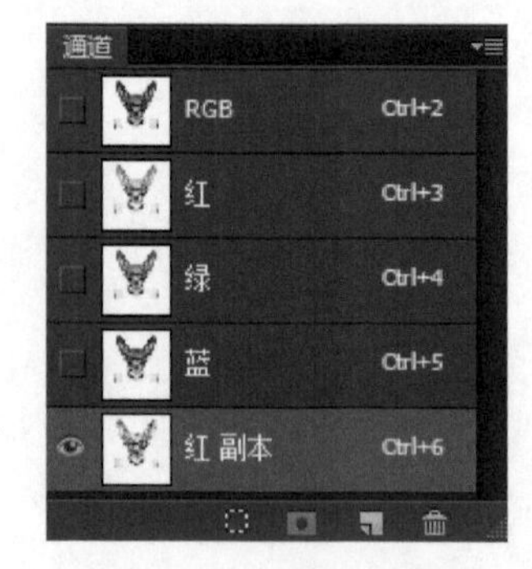

图 8-9-2　复制通道

3．选中“红 副本”通道，执行“滤镜”→“像素化”→“彩色半调”命令，在弹出的对话框中进行参数设置，如图 8-9-3 所示。单击“确定”按钮，得到图 8-9-4 所示的效果。

4．按住 Ctrl 键，单击“红 副本”通道缩览图，生成图 8-9-5 所示的选区。按 Ctrl+Shift+I

组合键将选区进行反向选择，得到图 8-9-6 所示的选区。

5．回到“图层”面板，新建“图层 1”，填充任意色后，按 Ctrl+D 组合键取消选区。

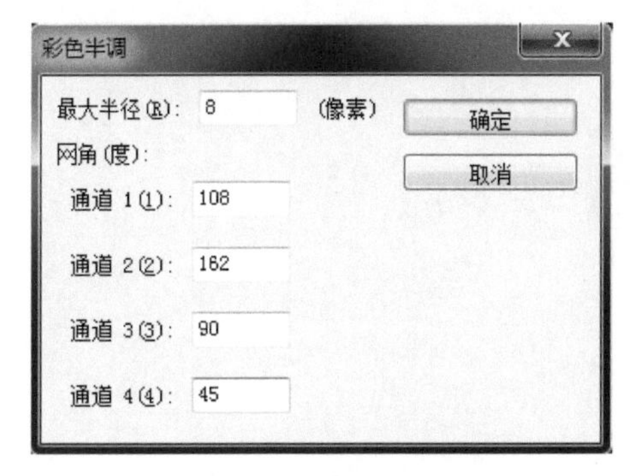

图 8-9-3　设置彩色半调

图 8-9-4　彩色半调特效

6．双击“图层 1”所在的图层，在弹出的“图层样式”对话框中选择“渐变叠加”，设置渐变参数及渐变色，分别如图 8-9-7、图 8-9-8 所示。

图 8-9-5　“红 副本”通道选区

图 8-9-6　反向后的选区

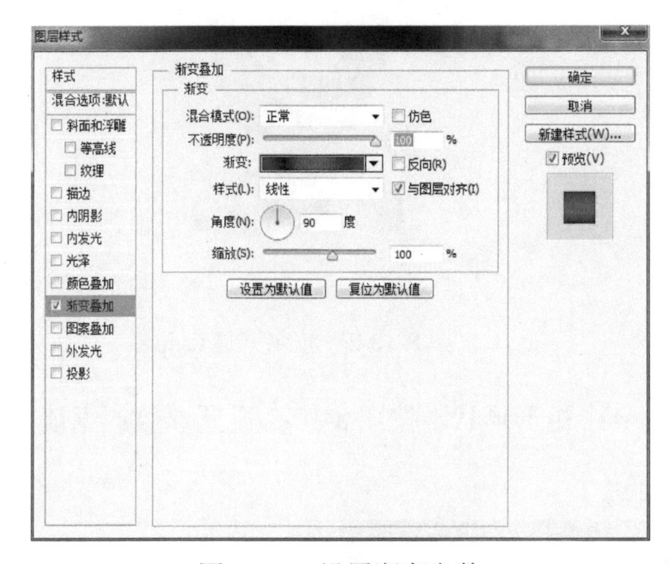

图 8-9-7　设置渐变参数

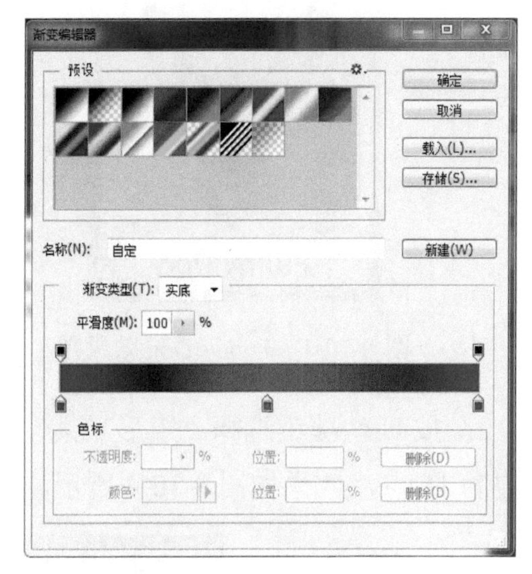

图 8-9-8　设置渐变色

7．单击“确定”按钮，得到图 8-9-9 所示的最终效果。

8．按 Ctrl+S 组合键保存文件，在弹出的对话框中，输入文件名“波尔卡原点”，格式选择“.jpg”。

图 8-9-9　最终效果图

8.10 拓展练习：Funny Dog

●素　材：素材包→Ch08 滤镜→8.10 拓展练习：Funny Dog→素材
●效果图：素材包→Ch08 滤镜→8.10 拓展练习：Funny Dog→Funny Dog.jpg

图 8-10-1 为 Funny Dog 效果图，本案例是彩色半调滤镜的再次应用，通过文字工具、添加“渐变叠加”图层样式等操作完成。

1．打开 8.9 节案例中的效果图“波尔卡原点.jpg”，如图 8-10-2 所示。

图 8-10-1　Funny Dog 效果图

图 8-10-2　波尔卡原点.jpg

2．按 U 快捷键选择“矩形工具”，绘制一个矩形形状，按图 8-10-3 设置参数：无填充，描边为 15 点，效果如图 8-10-4 所示。

图 8-10-3　设置参数

3．重复 8.9 节案例中的步骤 2—7，并隐藏“矩形 1”图层，得到图 8-10-5 所示的边框。

4．输入文字，并给文字添加“渐变叠加”图层样式，此时的“图层”面板如图 8-10-6 所示。完成的最终效果图如图 8-10-1 所示。

图 8-10-4　描边效果

图 8-10-5　边框

图 8-10-6　“图层”面板

5．完成操作，保存文件。

Chapter 9 第 9 章

综 合 实 例

案例讲解

◎ 9.1 艺术人像

◎ 9.3 创意合成

◎ 9.5 化妆品广告

◎ 9.7 美丽斗门

拓展案例

◎ 9.2 燃烧照片

◎ 9.4 单车女孩

◎ 9.6 手机广告

◎ 9.8 风味曲奇

9.1 综合实例：艺术人像

- 难易程度：★★★☆
- 教学重点：蒙版和混合模式的综合应用
- 教学难点：素材的拼贴，火烧纸特效的制作方法
- 实例描述：利用色彩调整素材制作出底纹效果，运用钢笔工具抠出人像，通过图层样式中的渐变叠加调整头发和眼睛的色彩，应用蒙版把素材拼贴在人像的衣服上，最后制作火燃烧的效果
- 实例文件：

  素　　材：素材包→Ch09 综合实例→9.1 艺术人像→素材

  效 果 图：素材包→Ch09 综合实例→9.1 艺术人像→艺术人像.jpg

1．打开 Photoshop CS6 软件，按 Ctrl+N 组合键，在弹出的“新建”对话框中，设置文件宽度为 820 像素，高度为 1024 像素，分辨率为 300 像素/英寸，颜色模式为 RGB 颜色。

2．将素材“底纹纸.jpg”拖到新建文件中，并适当进行缩放，如图 9-1-1 所示。选择“底纹纸”图层，右击，在弹出的菜单中选择“栅格化图层”命令，如图 9-1-2 所示。

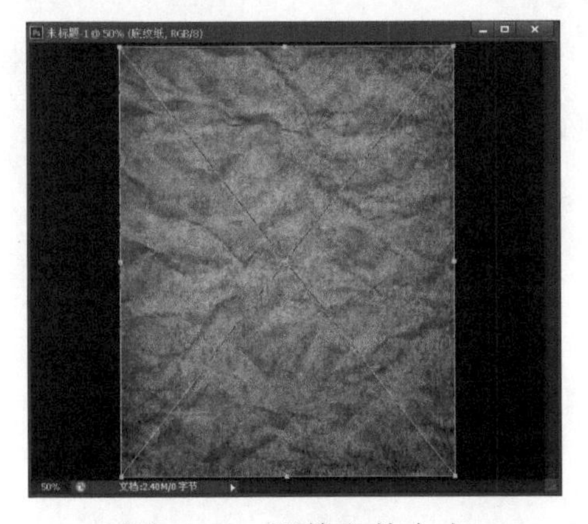

图 9-1-1　调整文件大小

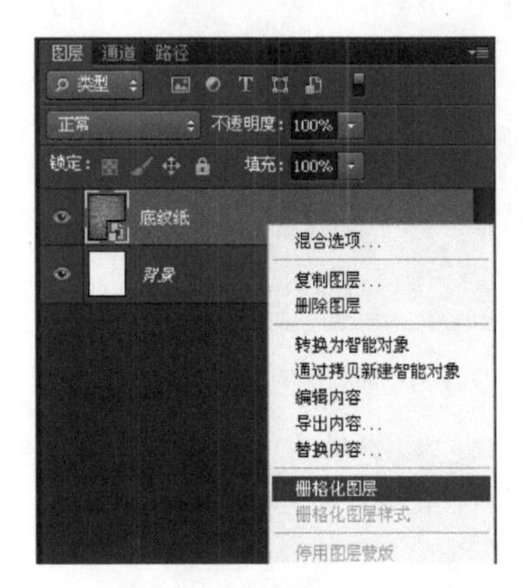

图 9-1-2　栅格化图层

3．按 Ctrl+U 组合键，打开“色相/饱和度”对话框，设置饱和度为−53，明度为+46，如图 9-1-3 所示，单击“确定”按钮，效果如图 9-1-4 所示。

4．按 Ctrl+O 组合键，打开素材“人像.jpg”。按 P 快捷键选择“钢笔工具”，在属性栏中设置钢笔的操作方式为“路径”，如图 9-1-5 所示。

5．用钢笔工具把人像外轮廓选出来，注意发丝不需要选择，如图 9-1-6 所示。

6．选择“直接选择工具”，放大图像并调整路径，如图 9-1-7 所示。

7．按 Ctrl+Enter 组合键，将路径转成选区，如图 9-1-8 所示。

8．按 Ctrl+C 组合键复制选区内图像，回到新建文件中，按 Ctrl+V 组合键粘贴，如图 9-1-9 所示。

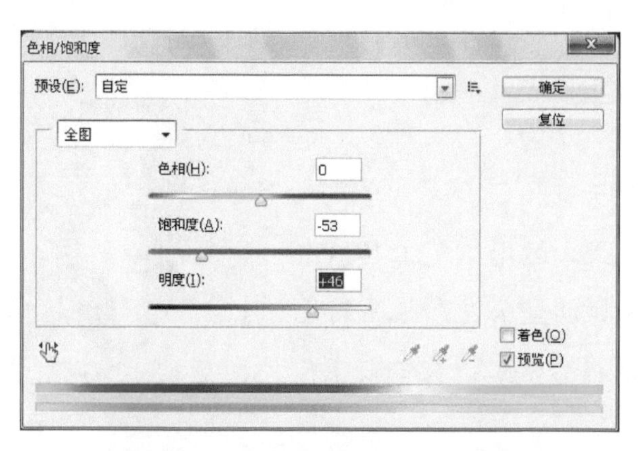

图 9-1-3 “色相/饱和度”对话框

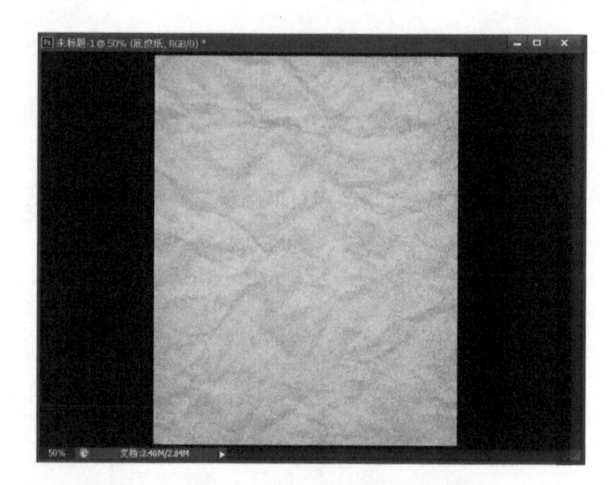

图 9-1-4 设置参数后的效果

图 9-1-5 选择路径

图 9-1-6 抠选人物

图 9-1-7 调整路径

图 9-1-8 将路径转为选区

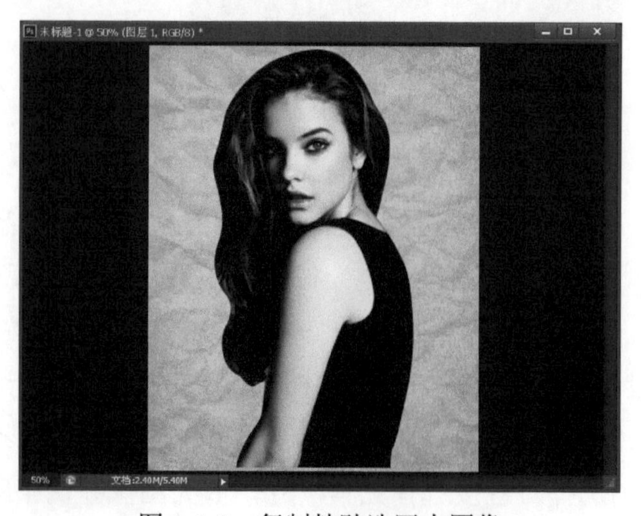

图 9-1-9 复制粘贴选区内图像

9. 按 Ctrl+T 组合键，配用 Shift 键等比例缩放图像，把图像移动到适当的位置，如图 9-1-10 所示。

10．执行“图像”→“调整”→“亮度/对比度”命令，在弹出的对话框中设置亮度为 33，对比度为 85，如图 9-1-11 所示。

图 9-1-10 调整比例和位置

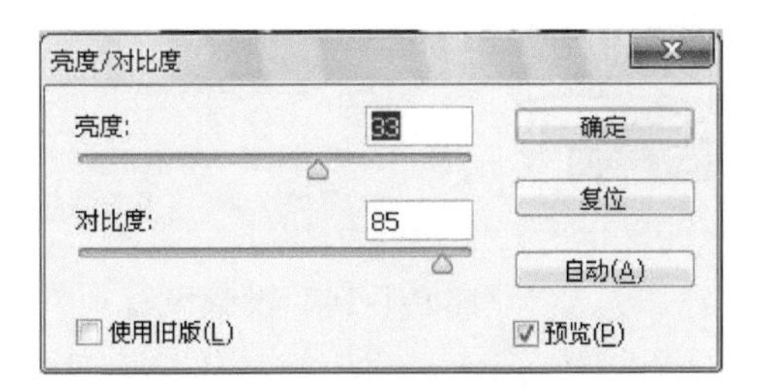

图 9-1-11 “亮度/对比度”对话框

11．按 L 快捷键，选择“套索工具”，在人像下方，绘制图 9-1-12 所示的选区。

12．按 Delete 快捷键删掉选区内部分，按 Ctrl+D 组合键取消选区，如图 9-1-13 所示。

图 9-1-12 创建选区

图 9-1-13 删除选区内部分

13．双击“图层 1”，打开“图层样式”对话框，选中并激活“投影”，设置角度为 45 度，取消选中“使用全局光”复选框，设置距离为 5 像素，扩展为 0%，大小为 5 像素，如图 9-1-14 所示。

14．执行“选择”→“色彩范围”命令，在弹出的“色彩范围”对话框中，设置“颜色容差”为 200，如图 9-1-15 所示。在“选择”栏选择“阴影”，单击“确定”按钮，生成图 9-1-16 所示的选区。

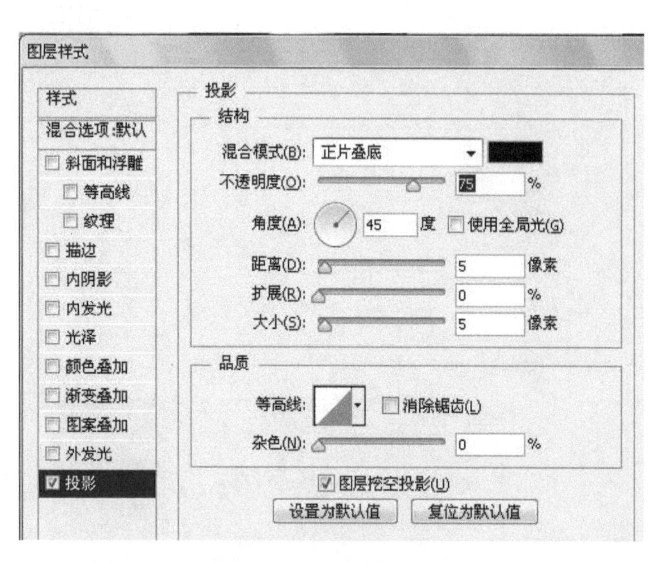

图 9-1-14　投影设置

图 9-1-15　色彩范围（一）

15．新建“图层 2”，选择柔角画笔，设置前景色为红色，在人像头发位置涂上红色，效果如图 9-1-17 所示。

图 9-1-16　色彩范围（二）

图 9-1-17　选区内涂红色

16．将“图层 2”的混合模式设置为“颜色”，双击该图层，打开“图层样式”对话框，选中并激活“渐变叠加”，单击“渐变”下拉按钮，进入渐变编辑器，选择“红，绿渐变”色，“渐变”为“反向”，如图 9-1-18 所示。单击“确定”按钮，完成操作，如图 9-1-19 所示。

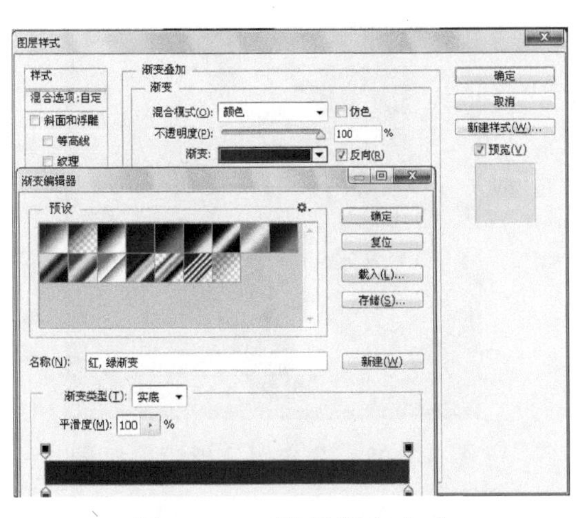

图 9-1-18 选择渐变方式

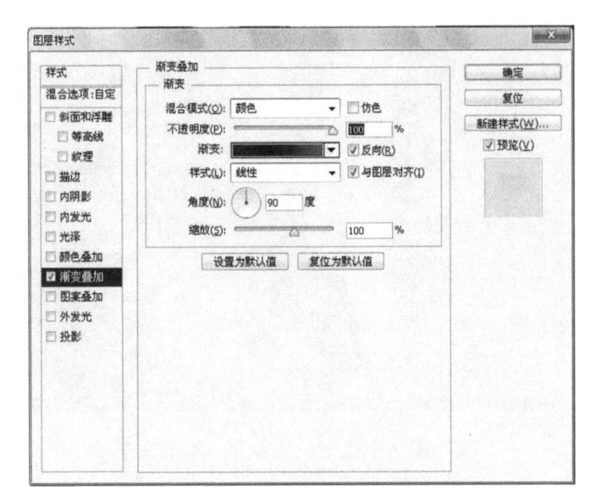

图 9-1-19 设置渐变叠加参数

17．按 Ctrl+J 组合键将“图层 2”复制得到“图层 2 副本”，选择“图层 1”，将素材“风景.jpg”拖入新建文件中，调整其位置，如图 9-1-20 所示。

18．选中“风景”图层，按 Ctrl+Shift+U 组合键将风景去色，在“风景”和“图层 1”之间按 Alt 键创建剪贴蒙版（或按 Ctrl+Alt+G 组合键，将“风景”图层转换成“图层 1”的剪贴蒙版），如图 9-1-21 所示。

图 9-1-20 调整文件位置

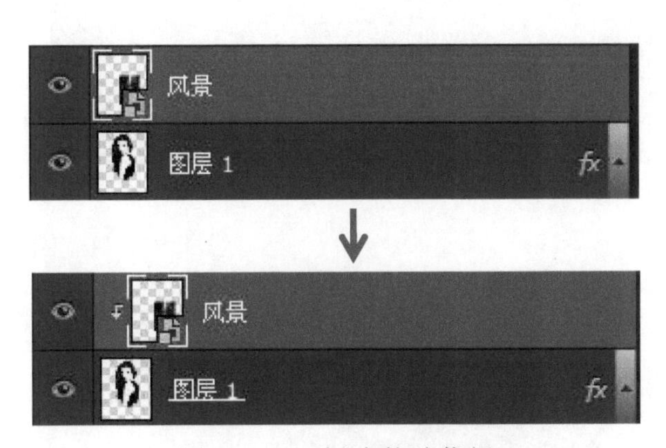

图 9-1-21 创建剪贴蒙版

19．单击“图层”面板下方的■按钮，为“风景”图层创建图层蒙版，设置前景色为黑色，按 Alt+Delete 组合键给蒙版填充黑色，如图 9-1-22 所示。

20．选择柔角画笔，并将前景色设置为白色，设置画笔透明度为 33%，在人物衣服上方把风景涂出来。如果涂出边界，可以设置前景色为黑色来修改，如图 9-1-23 所示。

21．将素材“报纸.jpg”拖入新建文件中，调整其位置，选中“报纸”图层，在“报纸”图层和“风景”图层之间按 Alt 键创建剪贴蒙版，如图 9-1-24 所示。

22．将“报纸”图层的混合模式设置为“点光”，创建图层蒙版，选择黑色柔角画笔，设置画笔透明度为 40%，将人物衣服外面的图像都涂掉，并将人物衣服下方涂掉一些，使效果更加自然，如图 9-1-25 所示。

图 9-1-22　给蒙版填充黑色

图 9-1-23　在衣服位置涂出风景

图 9-1-24　创建剪贴蒙版

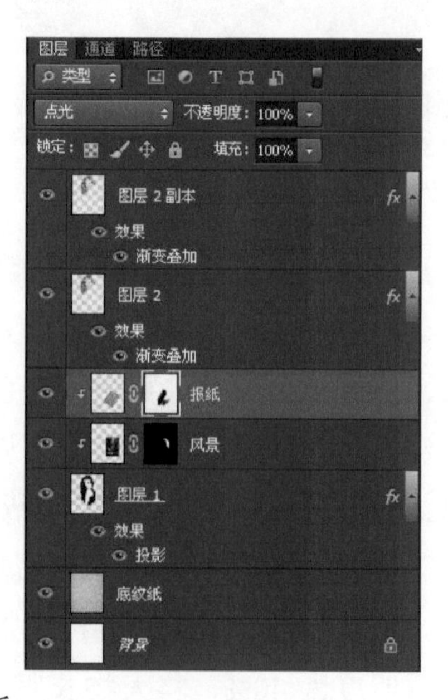

图 9-1-25　创建图层蒙版

（1）图像放大显示组合键是：Ctrl++，图像缩小显示组合键是：Ctrl+-。

（2）按住 Alt 键并滚动鼠标滑轮，也可以放大或缩小图像。

（3）按住 Space 键，鼠标指针变成抓手工具，按住鼠标左键进行拖动，可以对图像进行上下左右移动。

23．新建“图层 3”，按住 Ctrl 键单击“图层 1”的缩览图，载入选区。选择柔角画笔，设置画笔不透明度为 56%，颜色为深棕色。沿着下方边缘绘制，继续选择深一点的颜色在下方沿着边缘绘制，按 Ctrl+D 组合键取消选区，如图 9-1-26 所示。

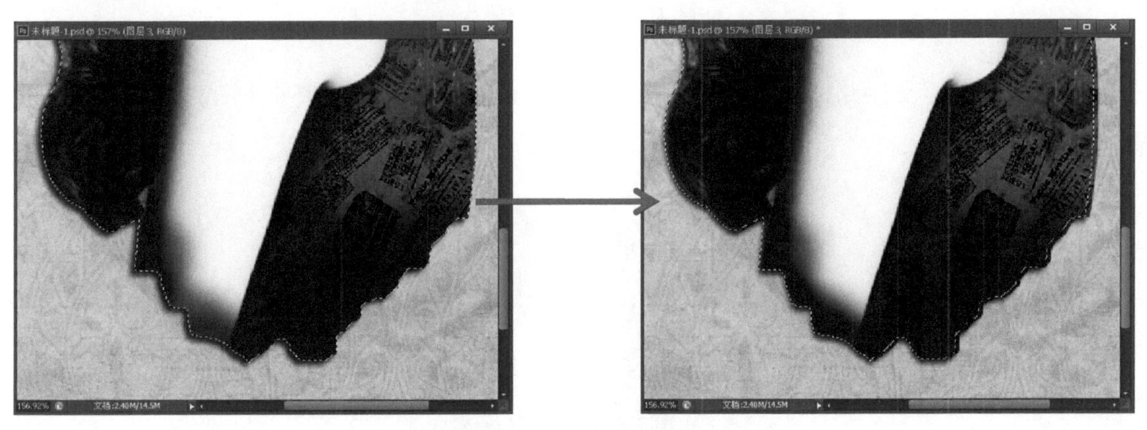

图 9-1-26　绘制边缘

24．按 Ctrl+O 组合键，打开素材“火.jpg”，按 C 快捷键，选择“裁剪工具”，按图 9-1-27 进行裁剪。

25．按 V 快捷键，选择“选择工具”，把素材“火.jpg”拖到“图层 3”上一层。按 Ctrl+T 组合键，将素材进行等比例缩放并调整到适当位置，右击，选择“变形”命令，通过手柄走向控制每个点来调整形状，为了能与下层融合得更好，需要把图层的不透明度调到 50%，效果如图 9-1-28 所示。

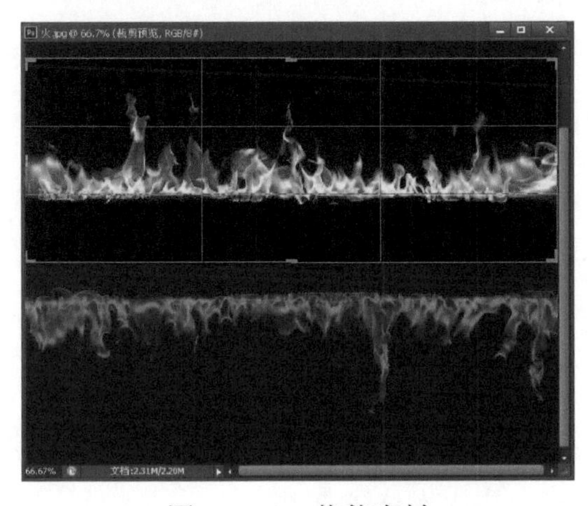

图 9-1-27　裁剪素材

图 9-1-28　变形效果

26．按 Enter 键完成编辑，将不透明度调回 100%，将图层的混合模式设置为“排除”，添加图层蒙版，选择柔角画笔，根据实际情况适当调整画笔不透明度，并根据边缘的走向来涂，注意左右两侧的深浅变化，如图 9-1-29 所示。

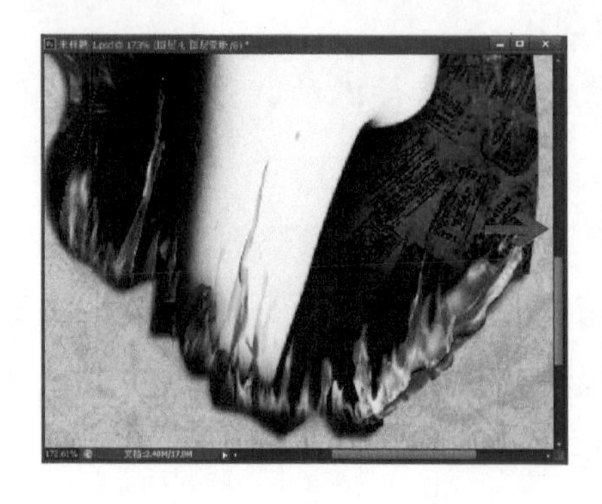
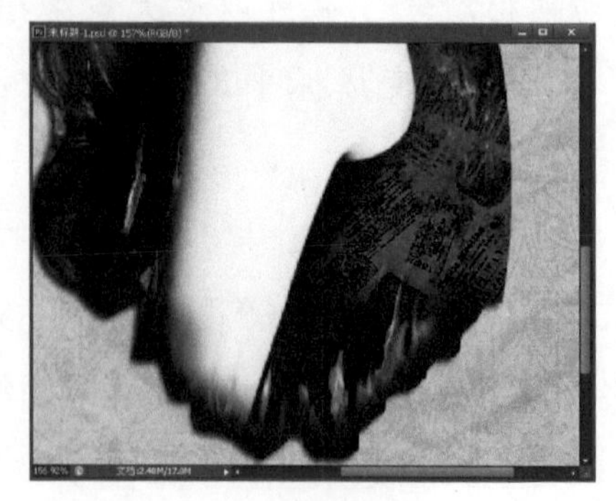

图 9-1-29　添加蒙版

27．将素材“英文字母.jpg”文件拖到“图层 4”上一层，调整素材的大小和位置，最终效果如图 9-1-30 所示。

图 9-1-30　艺术人像效果

9.2 拓展练习：燃烧照片

●素　材：素材包→Ch09 综合实例→9.2 拓展练习：燃烧照片→素材
●效果图：素材包→Ch09 综合实例→9.2 拓展练习：燃烧照片→燃烧照片.jpg

图 9-2-1 为燃烧照片的效果图，该图形主要通过添加图层样式中的投影，运用云彩滤镜制作燃烧纸的选区，运用图层蒙版和图层混合模式来合成火燃烧的效果。

1．新建文件（820 像素×600 像素），分辨率为 200 像素/英寸，RGB 颜色模式。

2．设置前景色为“R：253，G：218，B：188”，填充颜色。

3．将素材“林中小屋.jpg”拖到背景中，并调整其位置，如图 9-2-2 所示。

图 9-2-1　燃烧照片效果图

图 9-2-2　将素材拖入背景

4．将素材“林中小屋.jpg”所在的图层进行栅格化，并进行去色，执行“图像”→“调整”→“照片滤镜”命令，设置浓度为 74%，如图 9-2-3 所示。

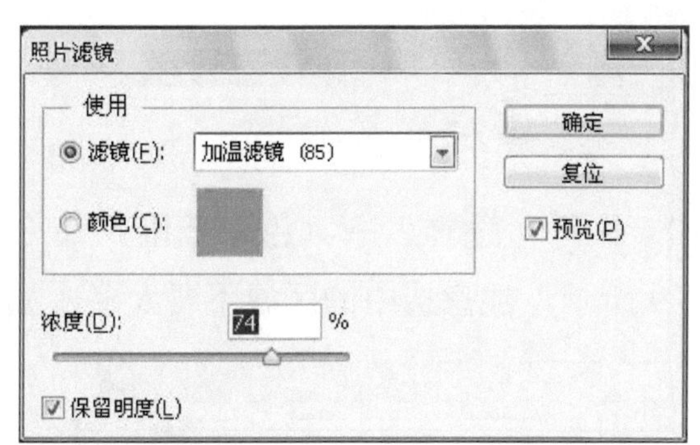

图 9-2-3　设置照片滤镜参数

5．执行“图像”→“调整”→“曲线”命令，在弹出的对话框中设置参数，如图 9-2-4 所示。

6．如图 9-2-5 所示，添加“高斯模糊”滤镜，设置半径值为 1 像素。

7．执行“滤镜”→“滤镜库”→“艺术效果”→“胶片颗粒”命令，设置颗粒数为 3，如图 9-2-6 所示。

8．新建“图层 1”，设置前景色为黑色，背景色为白色，填充前景色，执行“滤镜”→“渲染”→“云彩”命令，添加云彩效果，连续按 Ctrl+F 组合键，直到黑色的形状明显为止，如图 9-2-7 所示。

9．按 Ctrl+L 组合键，设置色阶参数，如图 9-2-8 所示。

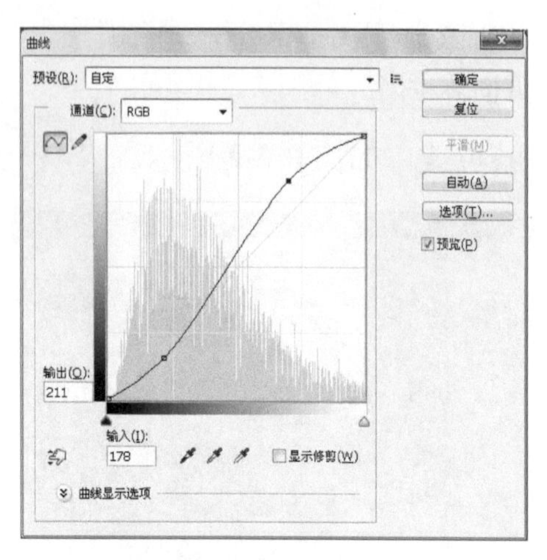

图 9-2-4 “曲线”对话框

图 9-2-5 高斯模糊

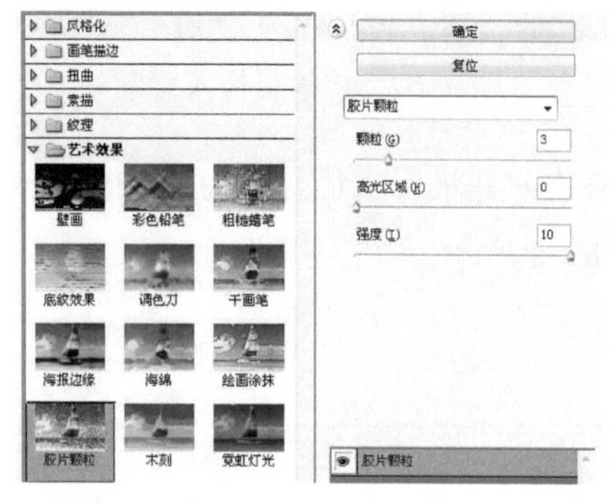

图 9-2-6 胶片颗粒

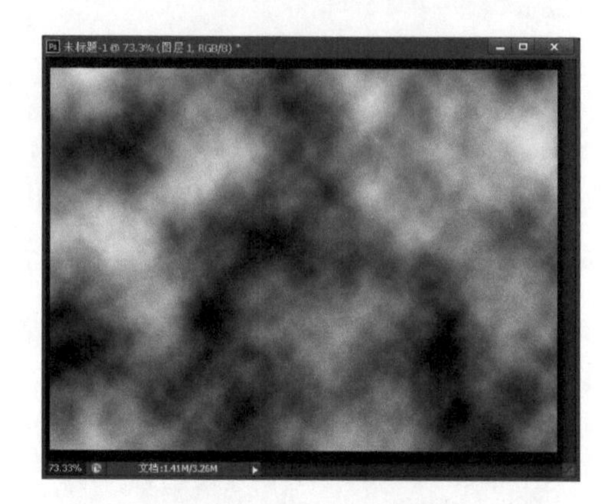

图 9-2-7 云彩效果

10．执行“选择”→“色彩范围”命令，设置颜色容差值为 50，选择黑色区域，如图 9-2-9 所示，注意选中的区域不要太多，如图 9-2-10 所示。

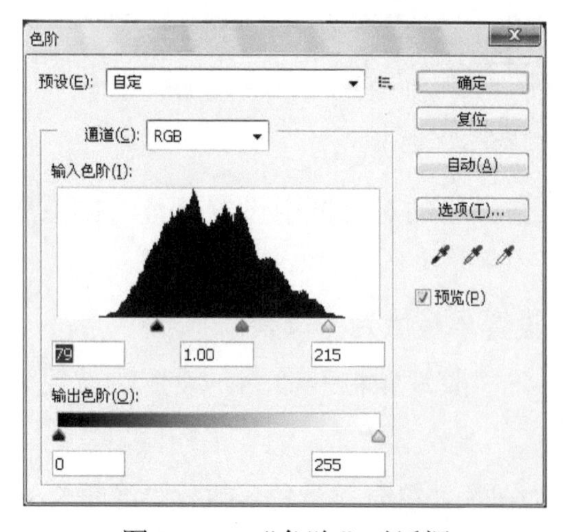

图 9-2-8 “色阶”对话框

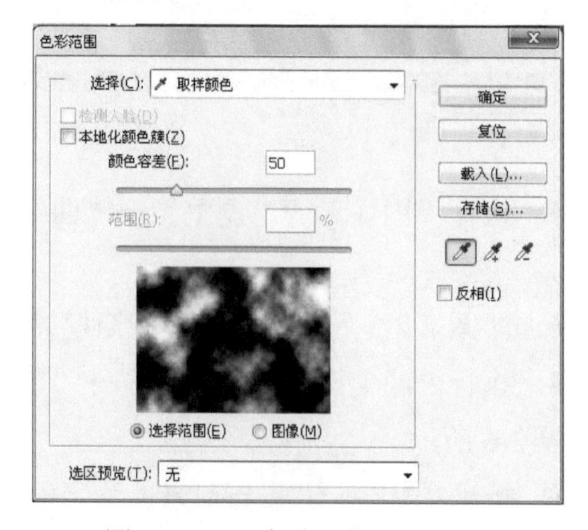

图 9-2-9 “色彩范围”对话框

11．单击“图层 1”前面的按钮，隐藏“图层 1”，选择“林中小屋”图层，按 Delete 键删除选区内的图像，按 Ctrl+D 组合键取消选区，如图 9-2-11 所示。

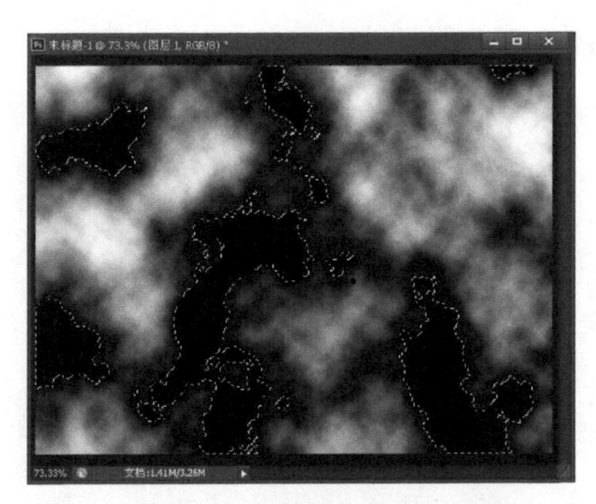

图 9-2-10　删除选区内的图像

图 9-2-11　取消选区

12．给“林中小屋”图层添加图层样式的投影，复制该图层，得到“林中小屋 副本”图层，选中“林中小屋”图层，执行“滤镜”→“模糊”→“高斯模糊”命令，将该图层进行模糊处理，设置半径值为 3.7 像素，如图 9-2-12 所示。

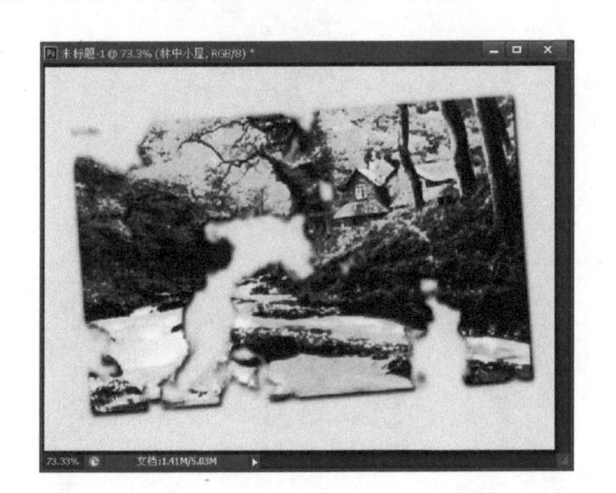

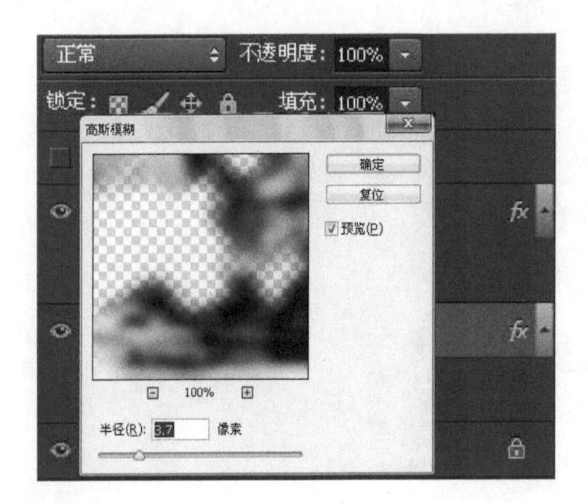

图 9-2-12　设置高斯模糊参数

13．单击激活“图层 1”前面的按钮，显示“图层 1”，将该图层的图层混合模式设置为“叠加”，并设置不透明度为 70%，如图 9-2-13 所示。

14．按 Ctrl 键，选中“林中小屋 副本”图层，载入选区，新建“图层 2”，选择柔角画笔，设置不透明度为 50%，颜色为深棕色，沿着选区边缘涂出燃烧的痕迹，按 Ctrl+D 组合键取消选区，如图 9-2-14 所示。

15．打开素材“燃烧.jpg”，按 L 快捷键选择“套索工具”，框选左侧火焰，如图 9-2-15 所示。

16．将选区内图像复制粘贴到“图层 2”上一层，得到“图层 3”，运用自由变换命令和变形等操作使素材贴近边缘，设置混合模式为“变亮”，添加图层蒙版，设置画笔的不透明度，把火下方擦掉一些，如图 9-2-16 所示。

17．运用“套索工具”把素材上方燃烧的火选中并复制粘贴到“图层 3”上一层，得到“图层 4”，运用自由变换命令和变形等操作使素材贴近边缘，设置混合模式为“变亮”，添加图层蒙版，把火下方擦掉一些，如图 9-2-17 所示。复制“图层 4”，得到“图层 4 副本”，把火移到右边再根据边缘来调整蒙版，最终效果如图 9-2-1 所示。

图 9-2-13　设置效果（一）

图 9-2-14　设置效果（二）

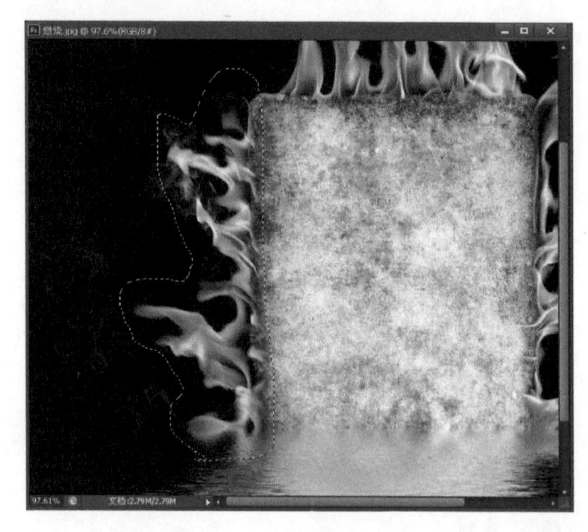

图 9-2-15　“燃烧.jpg”素材

图 9-2-16　设置效果（三）

图 9-2-17　设置效果（四）

18．完成操作，保存文件。

9.3 综合实例：创意合成

● 难易程度：★★★☆

● 教学重点：蒙版、混合模式、填充或调整图层的应用

● 教学难点：颜色的调整；人物和背景如何较好地融为一体

● 实例描述：通过多种素材合成背景并进行调色，对人物和狗等素材进行摆放和色彩调整以丰富画面效果，最后制作光照效果，完成创意合成的制作

● 实例文件：

素　　材：素材包→Ch09 综合实例→9.3 创意合成→素材

效 果 图：素材包→Ch09 综合实例→9.3 创意合成→创意合成.jpg

一、合成背景

1．打开 Photoshop CS6 软件，按 Ctrl+N 组合键（菜单法：执行“文件”→“新建”命令），在弹出的“新建”对话框中，设置文件宽度为 1500 像素，高度为 1600 像素，分辨率为 200 像素/英寸，颜色模式为 RGB 颜色，背景色为白色。

2．将素材“草丛.jpg”拖到新建文件上，得到“草丛”图层，位置调整如图 9-3-1 所示。

3．将素材“天空.jpg”拖到“草丛”图层上一层，得到“天空”图层，位置和比例调整如图 9-3-2 所示。

图 9-3-1　位置调整

图 9-3-2　位置和比例调整

4．为“天空”图层添加图层蒙版（![]），按 G 快捷键，选择“渐变工具”，渐变方式为“线性渐变”，按住 Shift 键在图中从上往下拉出渐变效果，如图 9-3-3 所示。

5．将素材“麦田.jpg”拖到“天空”图层上一层，得到“麦田”图层，使“麦田”的地平线与刚才合成的地平线一致，给“麦田”图层添加图层蒙版（）。按 G 快捷键，选择“渐变工具”，渐变方式为“对称渐变”，按住 Shift 键在图中从上向下拉出渐变效果，如图 9-3-4 所示。

图 9-3-3　渐变蒙版

图 9-3-4　对称渐变

6．按 B 快捷键，选择“画笔工具”，选择柔角画笔，适当设置画笔不透明度，前景色为黑色，把树上面的天空去掉，如图 9-3-5 所示。

图 9-3-5　去掉树上面的天空

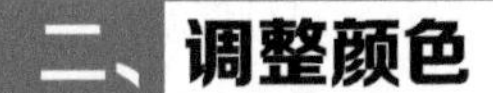

二、调整颜色

1．单击“图层”面板底部的“创建新的填充或调整图层”按钮，在弹出的菜单中，选择“照片滤镜”，得到“照片滤镜 1”图层，设置浓度为 28%，如图 9-3-6 所示。

2．单击“图层”面板底部的“创建新的填充或调整图层”按钮，在弹出的菜单中，选择“渐变映射”，得到“渐变映射 1”图层，设置渐变颜色，左侧颜色“R：130，G：210，B：177”，右侧颜色“R：165，G：137，B：60”，效果如图 9-3-7 所示。

图 9-3-6　照片滤镜

图 9-3-7　渐变映射（一）

3．设置“渐变映射 1”图层的混合模式为“叠加”，此时的效果如图 9-3-8 所示。

小知识｜创建新的填充或调整图层与图像颜色调整的区别

（1）新建调整图层操作是在已有图层的上方建立一个新的蒙版图层，作用于原图，但原图不变，以便于出现错误时进行修改，可以通过蒙版来进行局部调色，通过剪贴蒙版来指定给某层调色。

（2）图像的颜色调整作用于本素材，步骤不多时可以选择此方法，该方法不足之处在于步骤多时只能通过历史记录回到上一步，进行局部调色时需要对图像局部创建选区。

4．继续单击“图层”面板底部的“创建新的填充或调整图层”按钮，在弹出的菜单中，选择“渐变映射”，得到“渐变映射 2”图层，设置渐变颜色，左侧颜色“R：61，G：61，B：61”，右侧颜色“R：241，G：166，B：59”，效果如图 9-3-9 所示。

图 9-3-8　叠加效果（一）

图 9-3-9　渐变映射（二）

5．设置“渐变映射 2”图层的混合模式为“叠加”，此时的效果如图 9-3-10 所示。

图 9-3-10 叠加效果（二）

6．单击“图层”面板底部的“创建新的填充或调整图层”按钮，在弹出的菜单中，选择“渐变”，得到“渐变填充 1”图层，设置渐变颜色，左侧颜色“R：255，G：205，B：51”，右侧颜色为白色，效果如图 9-3-11 所示。

7．设置“渐变填充 1”图层的混合模式为“亮光”，不透明度为 28%，如图 9-3-12 所示。

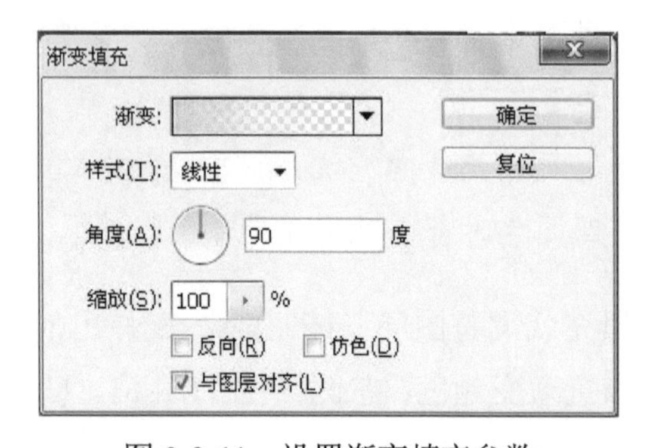

图 9-3-11 设置渐变填充参数

图 9-3-12 渐变填充效果

8．按 Ctrl+Shift+Alt+E 组合键，盖印可见图层，合并所有的图层，得到“图层 1”，如图 9-3-13 所示。

提示：按 Ctrl+Shift+Alt+E 组合键盖印图层

盖印图层就是在处理图片时将处理后的效果合并到新图层上，功能与合并图层差不多，不过比合并图层更好用。因为盖印后，会重新生成一个新图层，但会保留原来创建的所有图层。如果不需要盖印某一层的信息，可以关闭该图层的按钮。

三、合成人物等素材

1．将素材“模特.jpg”拖到文件中，得到“模特”图层，等比例缩放和调整位置，如图 9-3-14 所示。

图 9-3-13　盖印图层

图 9-3-14　调整位置（一）

2．选择“模特”图层，双击“模特”图层，进入“图层样式”对话框，选择并激活内阴影的参数设置，混合模式：颜色减淡，颜色“R：255，G：224，B：141”，不透明度：49%，角度：120 度，距离：8 像素，阻塞：0%，大小：24 像素，如图 9-3-15 所示。

3．给“模特”图层添加图层蒙版（ ），选择柔角画笔，适当设置画笔不透明度，前景色为黑色，用黑色画笔在蒙版中涂抹双脚所在的区域，制作出草遮挡的效果，如图 9-3-16 所示。

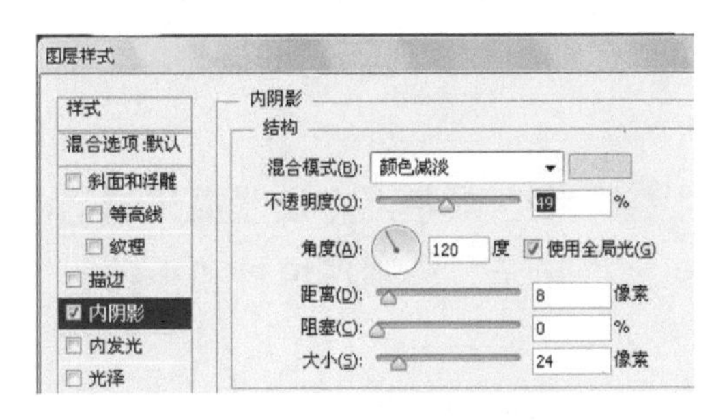

图 9-3-15　设置内阴影参数

图 9-3-16　添加蒙版

4．单击“图层”面板底部的“创建新的填充或调整图层”按钮 ，在弹出的菜单中，选择“色阶”，得到“色阶 1”图层，参数设置如图 9-3-17 所示。

5．在“色阶 1”图层和“模特”图层之间按 Alt 键创建剪贴蒙版，如图 9-3-18 所示。

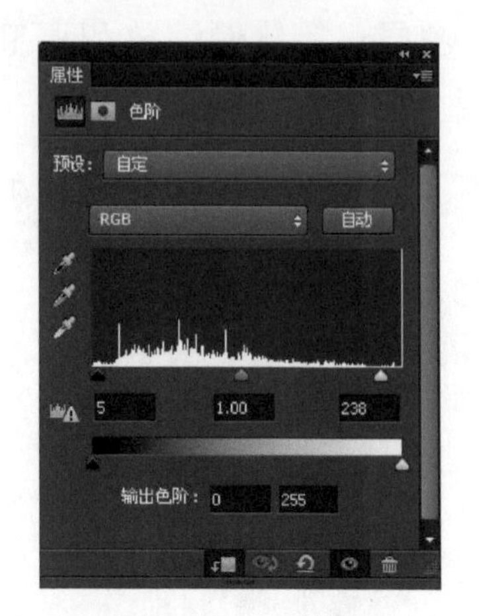

图 9-3-17　色阶

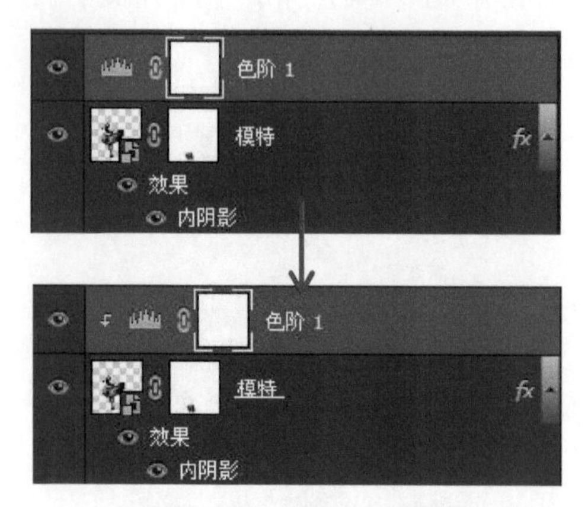

图 9-3-18　创建剪贴蒙版

6．单击“图层”面板底部的“创建新的填充或调整图层”按钮，在弹出的菜单中，选择“照片滤镜”，得到“照片滤镜 2”图层，设置浓度为 77%，如图 9-3-19 所示。

7．按 Alt 键，在“照片滤镜 2”图层和“色阶 1”图层之间创建剪贴蒙版，如图 9-3-20 所示。

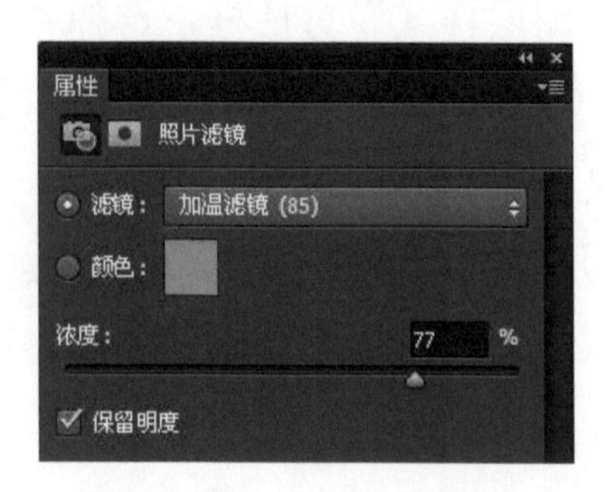

图 9-3-19　照片滤镜

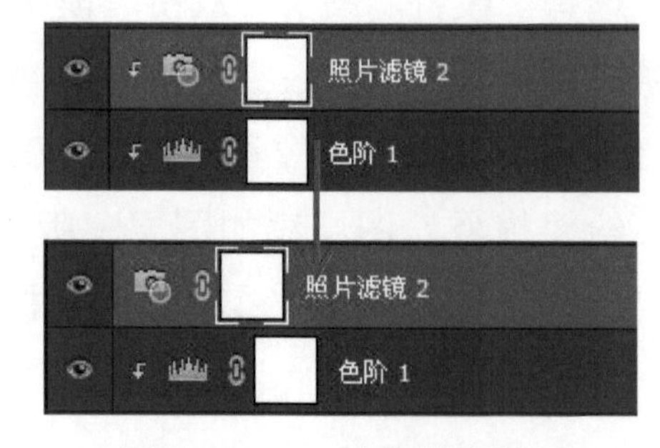

图 9-3-20　创建剪贴蒙版

8．将素材“小狗.jpg”拖到“照片滤镜 2”图层的上一层，得到“小狗”图层，将“小狗.jpg”素材等比例缩放和调整位置，如图 9-3-21 所示。

9．给“小狗”图层添加图层蒙版（），选择柔角画笔，适当设置画笔不透明度，前景色为黑色，将小狗周围的小草涂抹掉，操作时可通过放大或缩小画面进行精细调整，如图 9-3-22 所示。

10．选择盖印后的“图层 1”，选择“加深工具”，在工具栏上方设置柔角画笔，大小为 100 像素，范围为中间调，曝光度为 20%，如图 9-3-23 所示。分别在模特和小狗的下方通过多次加深来制作阴影，如图 9-3-24 所示。

11．选择“小狗”图层，将素材“玫瑰.jpg”拖到“小狗”图层上，等比例缩放和调整位置，放在左下方，如图 9-3-25 所示。

图 9-3-21　调整位置（二）

图 9-3-22　添加蒙版

范围： 中间调　曝光度： 20%　保护色调

图 9-3-23　设置加深工具

图 9-3-24　制作阴影

图 9-3-25　调整位置（三）

提示：给人物、物体添加“内阴影”可以制作反光效果

物体的立体感是靠高光、反光、中间调来实现的，在合成中，素材能很好地与背景融合在一起，除了整体色调的调整外，还要制作素材的反光，反光的颜色来源于周围的颜色，这就需要添加“内阴影”，如图 9-3-26 所示。

添加“内阴影”前

添加“内阴影”后

图 9-3-26　“内阴影”效果

12．将素材“树叶.jpg”拖到“玫瑰”图层的上一层，得到“树叶”图层，等比例缩放和调整位置，放在右上方，如图 9-3-27 所示。

13．将“树叶”图层进行栅格化操作，执行“图像”→“调整”→“照片滤镜”命令，设置浓度为 83%，如图 9-3-28 所示。

图 9-3-27　调整位置（四）

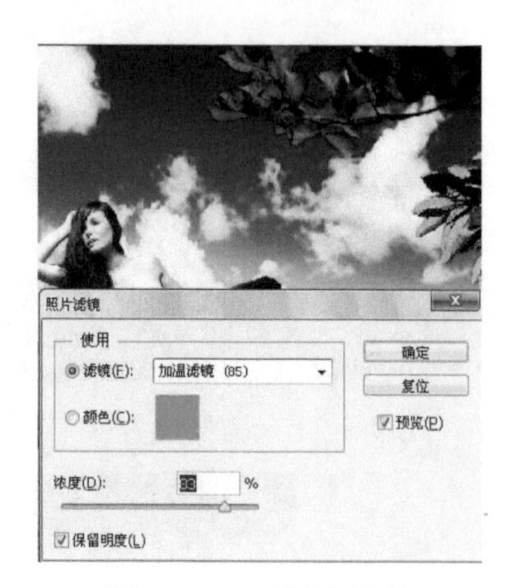

图 9-3-28　照片滤镜

14．将素材“蝴蝶 1.jpg”和“蝴蝶 2.jpg”拖到“树叶”图层的上一层，得到“蝴蝶 1”图层和“蝴蝶 2”图层，等比例缩放和调整位置，如图 9-3-29 所示。

15．选择“蝴蝶 2”图层，按 Ctrl+J 组合键复制图层，得到“蝴蝶 2 副本”图层，并移动到图 9-3-30 所示的位置。

图 9-3-29　调整位置（五）

图 9-3-30　复制图层

16．单击“图层”面板底部的“创建新的填充或调整图层”按钮，在弹出的菜单中，选择“渐变”，得到“渐变填充 2”图层，设置渐变颜色，左侧颜色“R：255，G：229，B：123”，右侧颜色为白色，角度为-48.01 度，如图 9-3-31 所示。

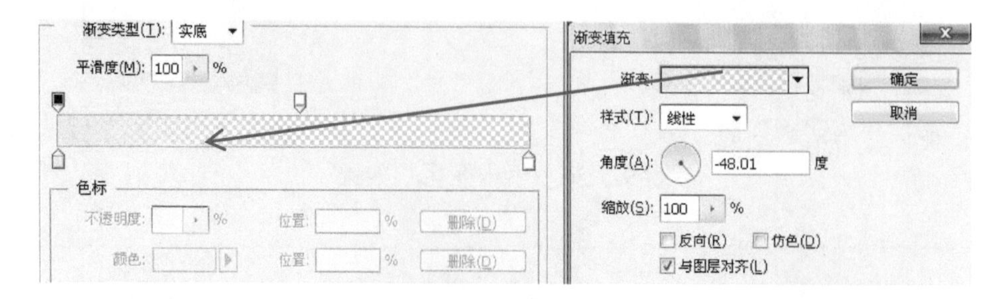

图 9-3-31　渐变图层

17. 将“渐变填充 2”图层的混合模式设置为“强光”，最终效果如图 9-3-32 所示。

图 9-3-32 创意合成效果

9.4 拓展练习：单车女孩

● 素　材：素材包→Ch09 综合实例→9.4 拓展练习：单车女孩→素材
● 效果图：素材包→Ch09 综合实例→9.4 拓展练习：单车女孩→单车女孩.jpg

图 9-4-1 为单车女孩效果图，该图形主要通过多种素材合成背景，通过颜色调整将背景和人物等素材融为一体，最后制作光照效果。

1. 新建文件（1500 像素×1105 像素），分辨率为 200 像素/英寸，RGB 模式。

2. 将素材“天空.jpg”拖到新建文件中，得到“天空”图层，添加图层蒙版（），选择“渐变工具”，渐变方式为“线性渐变”，从上向下拉出渐变，如图 9-4-2 所示。

图 9-4-1 单车女孩效果图

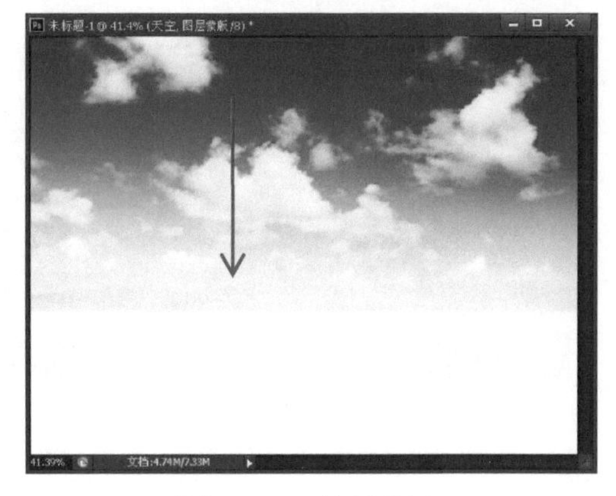

图 9-4-2 线性渐变

3. 按 Ctrl +O 组合键，打开素材“草原.jpg”，运用“磁性套索工具”选择草原中的绿色区域创建选区，将选区内的图像复制粘贴到新的图层中，得到“图层 1”，如图 9-4-3 所示。

4．按 Ctrl +T 组合键，在工作区右击，选择“变形”进行调整，如图 9-4-4 所示。

图 9-4-3　加入草原

图 9-4-4　自由变换

5．选择“天空”图层，把素材“别墅.jpg”拖到新建文件中，得到“别墅”图层，调整到适当位置，给该图层添加图层蒙版（■），涂掉别墅以外的元素，如图 9-4-5 所示。

图 9-4-5　调整并处理别墅

6．选择“天空”图层，拖入素材“层山.jpg”，得到“层山”图层，调整到适当位置，给该图层添加图层蒙版（■），涂掉右上角的信息，如图 9-4-6 所示。

图 9-4-6　加入层山

7．选择“层山”图层，拖入素材“一棵树.jpg”，得到“一棵树”图层，调整到适当位置，给该图层添加图层蒙版（■），涂掉树以外的元素，如图 9-4-7 所示。

图 9-4-7　加入一棵树

8．选择“天空”图层，拖入素材“远山.jpg”，得到“远山”图层，移动到适当位置，按Ctrl+T 组合键，在工作区右击，选择“变形”进行调整，如图 9-4-8 所示。给该图层添加图层蒙版（◘），涂掉天空元素，如图 9-4-9 所示。

图 9-4-8　加入远山并自由变换

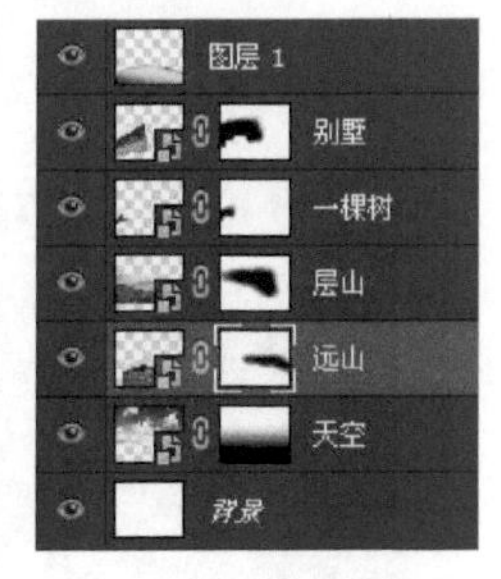

图 9-4-9　涂掉天空元素

9．选择草原“图层 1”，将素材“女孩.jpg”拖到“图层 1”上一层，得到“女孩”图层，调整到适当位置，按 Ctrl +J 组合键复制“女孩”图层，生成“女孩 副本”图层，将“女孩 副本”图层拖到“女孩”图层下，按 Ctrl+T 组合键，在工作区右击，选择“垂直翻转”，并往上移动，效果如图 9-4-10 所示。

10．选择“女孩 副本”图层，右击，选择“栅格化图层”，按 Ctrl+L 组合键（菜单法：执行“图像”→“调整”→“色阶”命令）调出“色阶”对话框，设置图 9-4-11 所示的参数。

图 9-4-10　垂直翻转

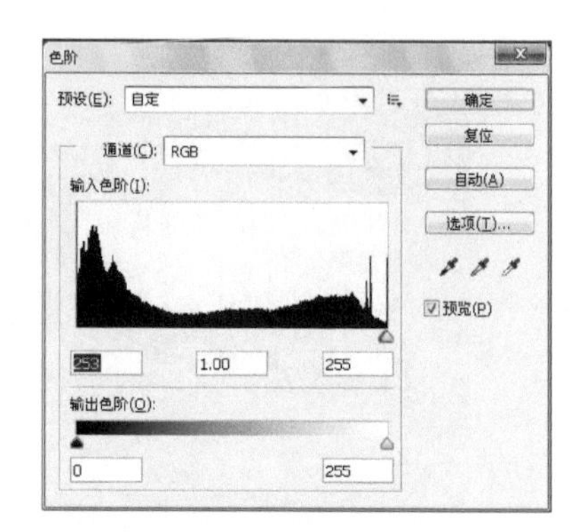

图 9-4-11　“色阶”对话框

11．为“女孩 副本”图层添加“高斯模糊”滤镜，设置半径为 4.8 像素，该图层的“混合模式”设置为“叠加”，效果如图 9-4-12 所示。

12．选择并双击“女孩”图层，进入“图层样式”对话框，选择“内阴影”并激活参数设置。混合模式：颜色减淡，颜色“R：253，G：236，B：140”，不透明度：83%，角度：120 度，距离：4 像素，阻塞：4%，大小：7 像素，如图 9-4-13 所示。

13．将素材“树.jpg”拖到“女孩”图层的上一层，调整到适当位置，如图 9-4-14 所示。

图 9-4-12　高斯模糊滤镜

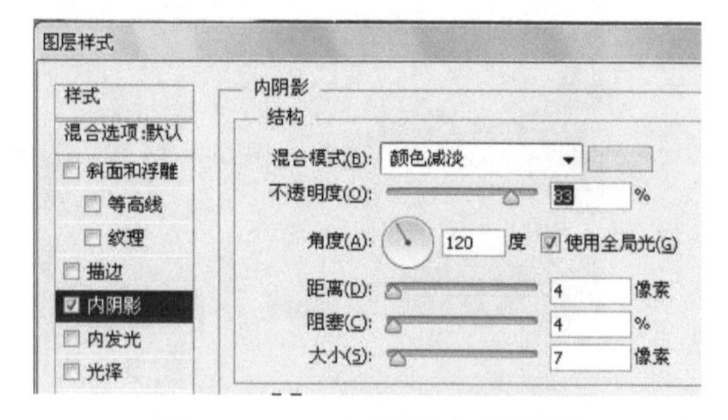

图 9-4-13　内阴影参数设置

14．将素材“花.jpg”拖到“树”图层的上一层，调整到适当位置，如图 9-4-15 所示。

图 9-4-14　加入“树”

图 9-4-15　加入“花”

15．将素材“树 2.jpg”拖到“花”图层的上一层，调整到适当位置，如图 9-4-16 所示。

16．将素材“草地.jpg”拖到“树 2”图层的上一层，得到“草地”图层，调整到适当位置，给该图层添加图层蒙版（ ），涂掉一部分，如图 9-4-17 所示。

图 9-4-16　加入“树 2”

图 9-4-17　加入“草地”

17．单击“图层”面板底部的“创建新的填充或调整图层”按钮，在弹出的菜单中，选择“照片滤镜”，得到“照片滤镜 1”图层，参数设置如图 9-4-18 所示。

18．单击“图层”面板底部的“创建新的填充或调整图层”按钮，在弹出的菜单中，选择“渐变”，得到“渐变填充 1”图层，设置渐变颜色，左侧颜色为“R：236，G：200，B：55”，右侧颜色为白色，参数设置如图 9-4-19 所示。该图层的“混合模式”设置为“亮光”，不透明度设置为 21%，效果如图 9-4-20 所示。

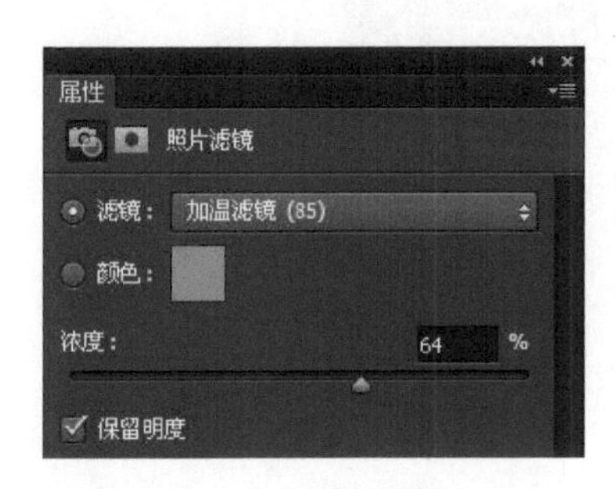

图 9-4-18　参数设置（一）

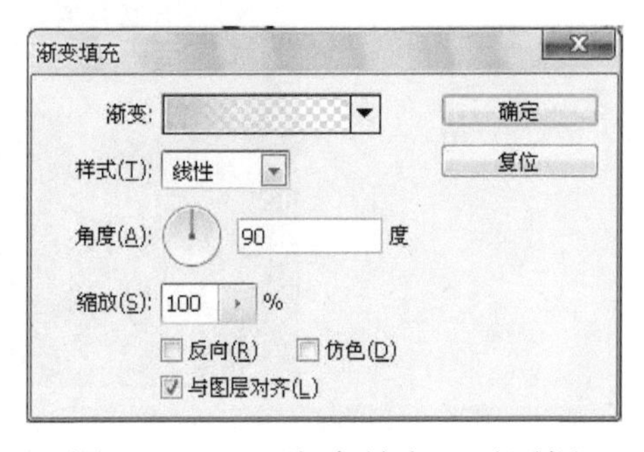

图 9-4-19　“渐变填充”对话框

19．单击“图层”面板底部的“创建新的填充或调整图层”按钮，在弹出的菜单中，选择“照片滤镜”，得到“照片滤镜 2”图层，参数设置如图 9-4-21 所示。

图 9-4-20　设置效果

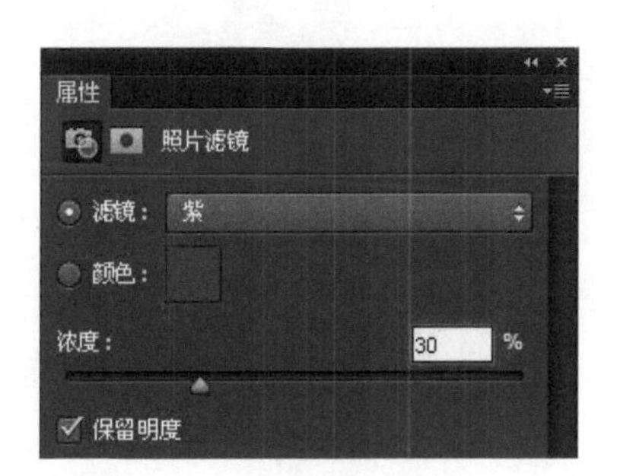

图 9-4-21　参数设置（二）

20．单击“图层”面板底部的“创建新的填充或调整图层”按钮，在弹出的菜单中，选择“渐变”，得到“渐变填充 2”图层，设置渐变颜色，左侧颜色为“R：255，G：228，B：77”，右侧颜色为白色，参数设置如图 9-4-22 所示。

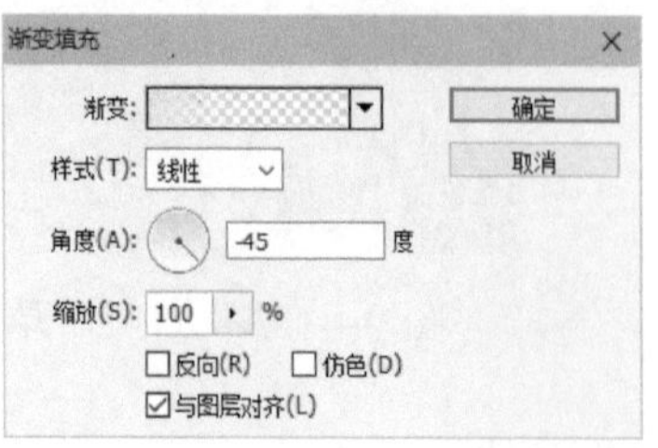

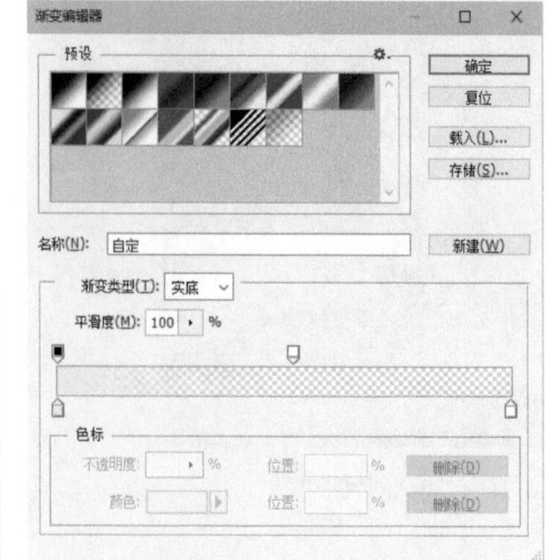

图 9-4-22 参数设置（三）

21．将该图层的“混合模式”设置为“亮光”，不透明度为 83%，效果如图 9-4-23 所示。

图 9-4-23 图层效果

22．完成操作，保存文件，最终效果如图 9-4-1 所示。

9.5 综合实例：化妆品广告

- 难易程度：★★★☆
- 教学重点：化妆品和广告语的排版
- 教学难点：光线的制作，突出重点的调色
- 实例描述：把化妆品和水花合成水花溅开的效果，制作广告语，最后通过纤维、动感模糊、极坐标径向模糊来制作光线效果
- 实例文件：

素　　材：素材包→Ch09 综合实例→9.5 化妆品广告→素材

效 果 图：素材包→Ch09 综合实例→9.5 化妆品广告→化妆品广告.jpg

1．打开 Photoshop CS6 软件，按 Ctrl+N 组合键，在弹出的“新建”对话框中，设置文件宽度为 1200 像素，高度为 375 像素，分辨率为 150 像素/英寸，颜色模式为 RGB 颜色。

2．将素材“背景.jpg”拖到新建文件中，调整比例和位置，使其布满整个画面，如图 9-5-1 所示。

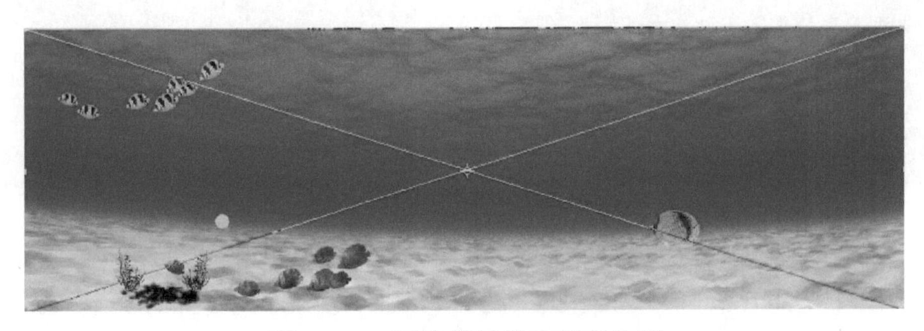

图 9-5-1　调整背景的比例和位置

3．拖入素材“化妆品 2.jpg”，得到“化妆品 2”图层，等比例缩放并调整位置，如图 9-5-2 所示。

图 9-5-2　调整“化妆品 2”位置

4．将素材“化妆品.jpg”拖到新建文件中，得到“化妆品”图层，将该图层移动到“化妆品 2”图层的上一层，等比例缩放并调整位置，如图 9-5-3 所示。

5．将素材“水花.jpg”拖到“化妆品”图层上，得到“水花”图层，等比例缩放并调整位置，如图 9-5-4 所示。

6．选择“水花”图层，右击，选择“栅格化图层”，按 Ctrl+I 组合键进行反相操作，如图 9-5-5 所示。按 Ctrl+Shift+U 组合键去色，如图 9-5-6 所示。

图 9-5-3　调整“化妆品”位置

图 9-5-4　调整“水花”位置

图 9-5-5　反相

图 9-5-6　去色

7. 将“水花”图层的混合模式设置为“滤色”，进一步调整水花的比例和位置，如图 9-5-7 所示。

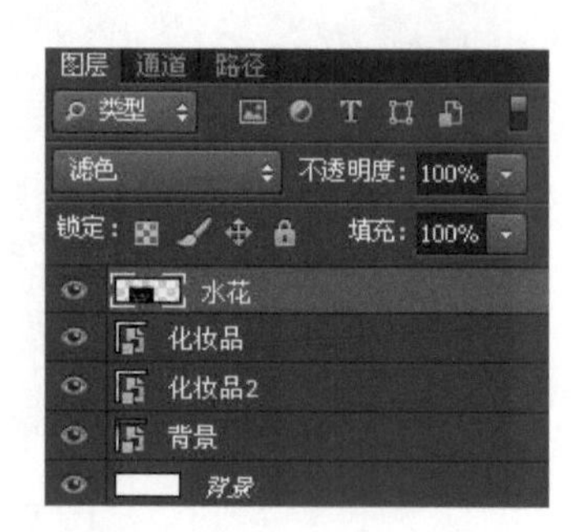

图 9-5-7　设置图层混合模式

8. 选择“背景”图层，单击“图层”面板底部的“创建新的填充或调整图层”按钮，在弹出的菜单中，选择“色相/饱和度”，得到“色相/饱和度 1”图层，参数设置如图 9-5-8 所示。

9. 单击“图层”面板底部的“创建新的填充或调整图层”按钮，在弹出的菜单中，选择“曲线”，得到“曲线 1”图层，参数设置如图 9-5-9 所示。

图 9-5-8　色相/饱和度

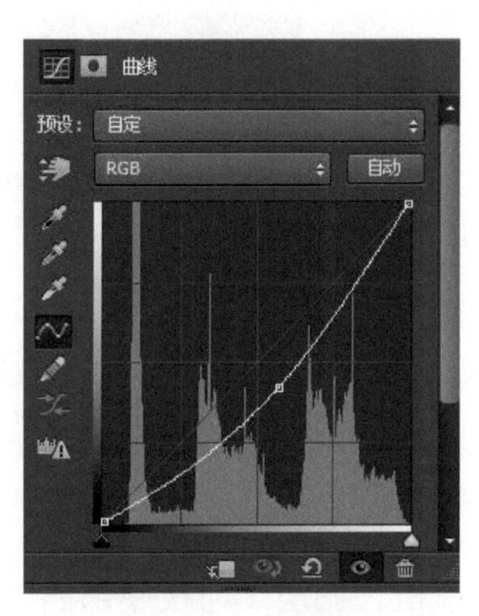

图 9-5-9　曲线

10．单击“曲线 1”图层的蒙版按钮，按 B 快捷键选择“画笔工具”，选择柔角画笔，设置画笔大小为 250 像素，画笔不透明度为 20%，设置前景色为黑色，在化妆品所在的位置处均匀地涂几次，效果如图 9-5-10 所示。

图 9-5-10　突出化妆品

11．选择“水花”图层，将素材“广告语.jpg”拖到“水花”图层的上一层，等比例缩放并调整位置，如图 9-5-11 所示。

图 9-5-11　添加广告语

12．按 T 快捷键选择“横排文字工具”，设置前景色为“R：1，G：253，B：254”，字体为黑体，字号为 10 点，在广告语下方输入文字“特惠价：”，如图 9-5-12 所示。

13．设置字号为 31 点，在“特惠价：”右侧输入数字“188”，如图 9-5-13 所示。

图 9-5-12　输入文字

14．单击“图层”面板底部的“创建新图层”按钮，创建空白图层“图层 1”，按 D 快捷键设置默认前景色和背景色，按 Alt+Delete 组合键填充前景色为黑色，执行“滤镜”→“渲染”→“纤维”命令，设置差异为 64，如图 9-5-14 所示。

图 9-5-13　输入数字

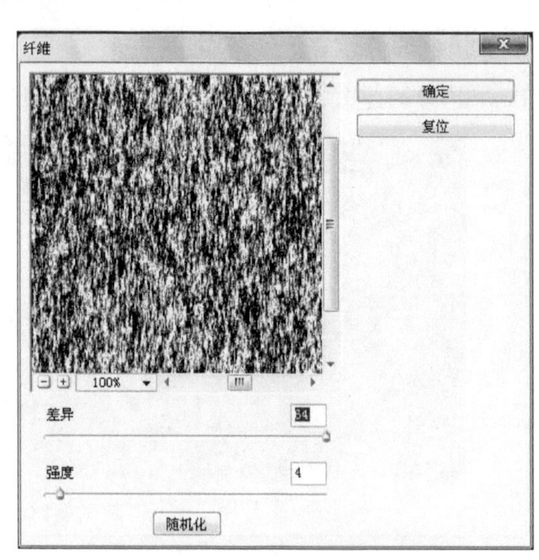

图 9-5-14　添加纤维

15．添加动感模糊，执行“滤镜”→“模糊”→“动感模糊”命令，设置角度为 90 度，距离为 2000 像素，如图 9-5-15 所示。

图 9-5-15　添加动感模糊

16．执行“滤镜”→“扭曲”→“极坐标”命令，选中“平面坐标到极坐标”单选按钮，如图 9-5-16 所示。

17．执行“滤镜”→“模糊”→“径向模糊”命令，设置如图 9-5-17 所示的参数。

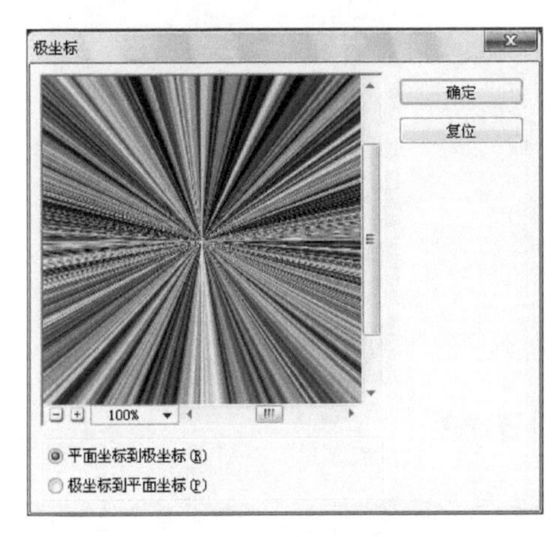

图 9-5-16　添加极坐标

图 9-5-17　添加径向模糊

18. 单击“图层”面板底部的“创建新图层”按钮，创建空白图层“图层 2”，按 Alt+Delete 组合键填充前景色为黑色，如图 9-5-18 所示。

19．执行“滤镜”→“渲染”→“分层云彩”命令，如图 9-5-19 所示。

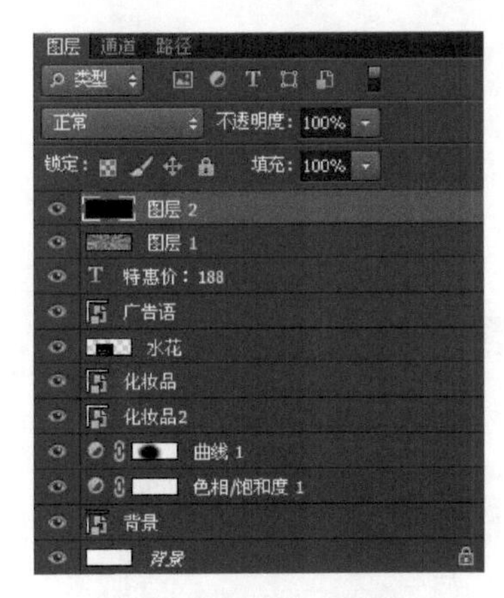

图 9-5-18　填充黑色

图 9-5-19　添加分层云彩

20．设置“图层 2”的混合模式为“叠加”，效果如图 9-5-20 所示。

图 9-5-20　叠加效果

21．按 Ctrl+E 组合键，向下合并图层，设置该图层的混合模式为“滤色”，如图 9-5-21 所示。

图 9-5-21　合并图层、设置滤色

22．按 Ctrl+T 组合键，调整图像的比例和位置，按 Enter 键确定，如图 9-5-22 所示。

图 9-5-22　调整比例和位置

23．给“图层 1”添加图层蒙版（![]），选择渐变工具（![]），渐变方式为径向渐变，按住 Shift 键从上向下拉出渐变，如图 9-5-23 所示。

图 9-5-23　径向渐变蒙版

24．设置前景色为白色，单击“图层”面板底部的“创建新的填充或调整图层”按钮![]，在弹出的菜单中，选择“渐变”，得到“渐变填充 1”图层，设置渐变为白色到透明色，样式为径向渐变，角度为 90 度，缩放为 110%，把渐变颜色移动到化妆品的上方，如图 9-5-24 所示。

图 9-5-24　径向渐变

25．单击“确定”按钮，完成化妆品广告的制作，最终效果如图 9-5-25 所示。

图 9-5-25　化妆品广告效果

9.6 拓展练习：手机广告

●素　材：素材包→Ch09 综合实例→9.6 拓展练习：手机广告→素材

●效果图：素材包→Ch09 综合实例→9.6 拓展练习：手机广告→手机广告.jpg

图 9-6-1 为手机广告效果图，该图形主要通过制作背景、添加素材、制作图像、添加文字和添加光效操作来完成。

图 9-6-1　手机广告效果图

1．新建文件（1200 像素×394 像素），分辨率为 200 像素/英寸，RGB 模式。

2．新建“图层 1”，选择“渐变工具”，设置前景色为“R：81，G：6，B：124”，背景色为“R：128，G：8，B：166”，渐变方式为径向渐变，在“图层 1”中间从左向右拉出渐变，如图 9-6-2 所示。

图 9-6-2　径向渐变

3．将素材“晶格背景.jpg”拖到“图层 1”的上一层，得到“晶格背景”图层，调整位置使其布满整个画面，如图 9-6-3 所示。

图 9-6-3　晶格背景

4．将“图层 1”的图层混合模式设置为“柔光”，不透明度为 73%，如图 9-6-4 所示。

图 9-6-4　设置参数

5．将素材“手机.jpg”拖到“晶格背景”的上一层，得到“手机”图层，调整其比例和位置，如图 9-6-5 所示。

6．选择图层“晶格背景”，将素材“手机 2.jpg”拖到“晶格背景”的上一层，调整其比例和位置，如图 9-6-6 所示。

图 9-6-5　加入“手机”

7．选择图层“晶格背景”，将素材“手机 3.jpg”拖到“晶格背景”的上一层，调整其比例和位置，如图 9-6-7 所示。

图 9-6-6　加入“手机 2.jpg”

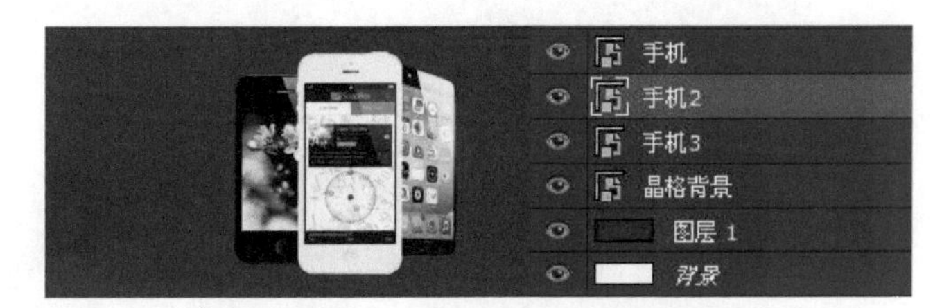

图 9-6-7　加入“手机 3.jpg”

8．选择图层“晶格背景”，单击“图层”面板底部的“创建新图层”按钮，创建空白图层“图层 2”，选择“椭圆选框工具”，按 D 快捷键恢复默认前景色和背景色，在画面任意一个地方创建一个椭圆形选区，按 Alt+Delete 组合键填充前景色，按 Ctrl+D 组合键取消选区，如图 9-6-8 所示。

9．给该图层添加“高斯模糊”滤镜，设置半径值为 46.9 像素，如图 9-6-9 所示。

图 9-6-8　椭圆形选区

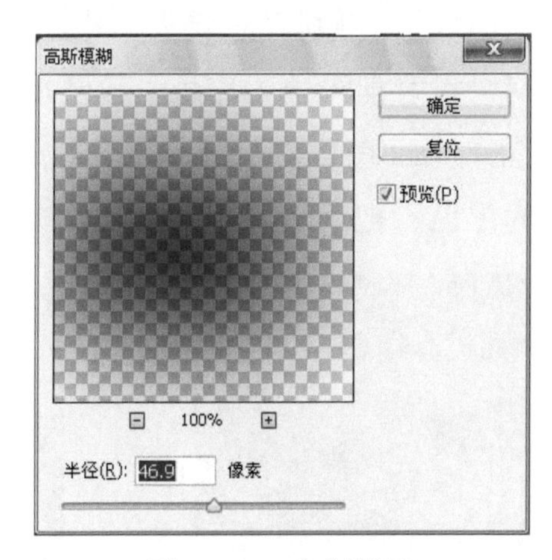

图 9-6-9　高斯模糊

10．按 Ctrl+T 组合键将椭圆图形压扁，并调整到手机下方，如图 9-6-10 所示。

11．选择“手机”图层，单击“图层”面板底部的“创建新的填充或调整图层”按钮，在弹出的菜单中，选择“曲线”，得到“曲线 1”图层，参数设置如图 9-6-11 所示。

12．按 B 快捷键，选择“画笔工具”，选择柔角画笔，设置画笔大小为 200 像素，不透明度为 20%，前景色为黑色，在“曲线 1”图层的图层蒙版中，在手机周围有明暗变换的区域涂抹，涂抹后的效果如图 9-6-12 所示。

图 9-6-10　调整椭圆图形

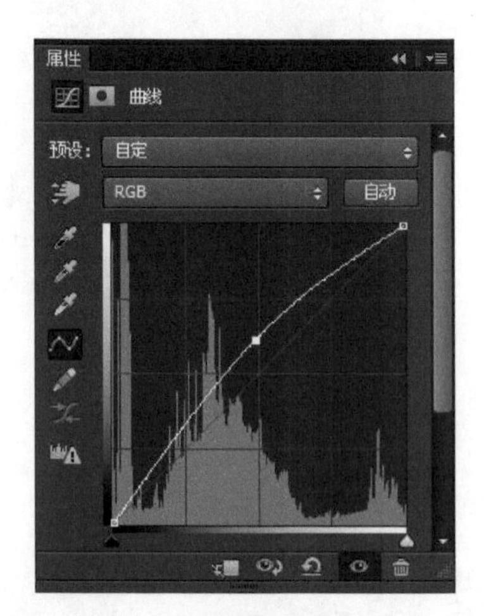

图 9-6-11　设置曲线参数（一）

图 9-6-12　涂抹效果

13．单击“图层”面板底部的“创建新的填充或调整图层”按钮，在弹出的菜单中，选择“曲线”，得到“曲线 2”图层，参数设置如图 9-6-13 所示。

14．设置前景色为白色，按 Alt+Delete 组合键将“曲线 2”图层填充为黑色，按 B 快捷键，选择“画笔工具”，选择柔角画笔，设置画笔大小为 200 像素，不透明度为 20%，前景色为黑色，把手机周围均匀地涂掉，如图 9-6-14 所示。

图 9-6-13　设置曲线参数（二）

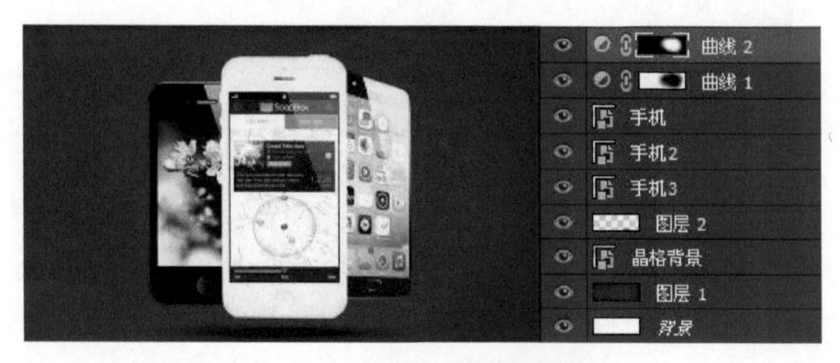

图 9-6-14　将手机周围涂掉

15．分别将素材“疯狂抢购.jpg”“双 12.jpg”“促销标签.jpg”“抢购标签.jpg”拖到文件中，并等比例缩放和调整其位置，如图 9-6-15 所示。

图 9-6-15　加入素材

16．按 T 快捷键，选择“横排文字工具”T，设置前景色为白色，字体为黑体，字号为 10 点，在圆形标签右侧输入“全场新品上市　手机快来抢”。

17．设置前景色为“R：253，G：212，B：0”，字体为黑体，字号为 14 点，在文字“全场新品上市 手机快来抢”下方输入“手机限时秒杀低至 100”，如图 9-6-16 所示。

图 9-6-16　输入文字

18．单击“图层”面板底部的“创建新的填充或调整图层”按钮，在弹出的菜单中，选择“渐变”，设置渐变颜色，左侧颜色为“R：255，G：230 ，B：143”，右侧颜色为白色，样式为径向，把渐变颜色移动到手机上方，其他参数如图 9-6-17 所示。

图 9-6-17　设置参数

19．将该图层的混合模式设置为“强光”，不透明度为 64%，最终效果如图 9-6-1 所示。

20．完成操作，保存文件。

9.7 综合实例：美丽斗门

- 难易程度：★★★☆
- 教学重点：蒙版和图层混合模式的应用
- 教学难点：路径蒙版的应用，素材之间的合成
- 实例描述：通过对蒙版和图层混合模式的应用将素材拼合在一起，对主要建筑进行调色，最后通过添加边框、文字等操作完成
- 实例文件：

  素　　材：素材包→Ch09 综合实例→9.7 美丽斗门→素材

  效 果 图：素材包→Ch09 综合实例→9.7 美丽斗门→美丽斗门.jpg

1．打开 Photoshop CS6 软件，按 Ctrl+N 组合键，在弹出的“新建”对话框中，设置文件宽度为 1200 像素，高度为 1480 像素，分辨率为 200 像素/英寸，颜色模式为 RGB 颜色。

2．将素材“底色.jpg”拖到新建文件中，得到“底色”图层，调整比例为铺满整个画面，右击，选择“栅格化图层”，按 Ctrl+U 组合键进行色相/饱和度调整，设置饱和度为-15，明度为 64，如图 9-7-1 所示。

图 9-7-1　色相/饱和度

3．将素材“水墨.jpg”拖到图层“底色”的上一层，调整其位置和比例，如图 9-7-2 所示。将该图层的混合模式设置为“正片叠底”，如图 9-7-3 所示。

4．将素材“金台寺.jpg”拖到图层“水墨”的上一层，调整其位置和比例，如图 9-7-4 所示。

5．选择“金台寺”图层，右击，选择“栅格化图层”，按 Ctrl+L 组合键进行色阶调整，如图 9-7-5 所示。

图 9-7-2　调整位置和比例（一）

图 9-7-3　正片叠底

图 9-7-4　调整位置比例（二）

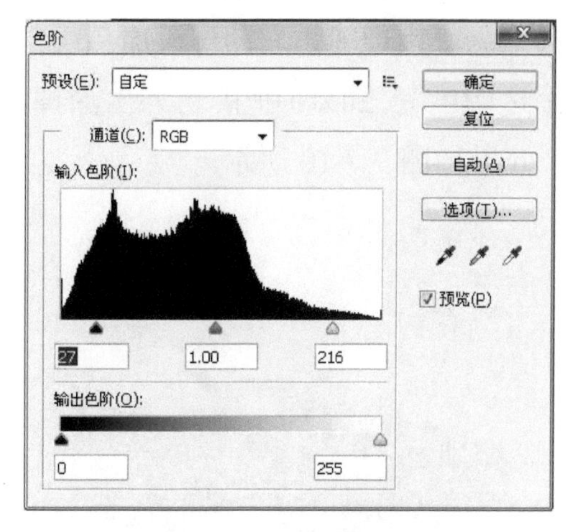

图 9-7-5　调整色阶

6．按 Ctrl+U 组合键进行色相/饱和度调整，如图 9-7-6 所示。

7．执行“图像”→“调整”→“照片滤镜”命令，设置浓度为 34%，如图 9-7-7 所示。

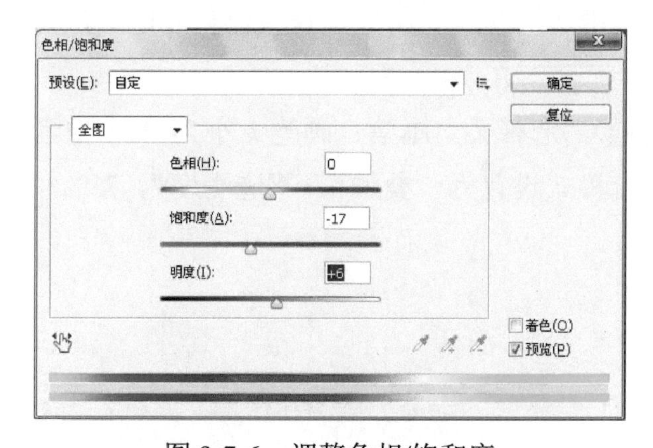

图 9-7-6　调整色相/饱和度

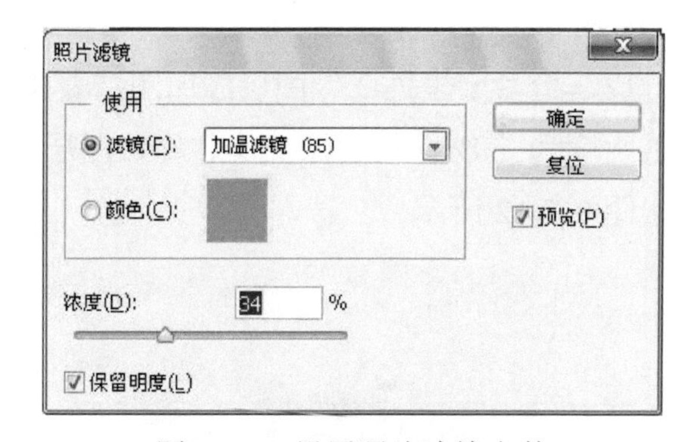

图 9-7-7　设置照片滤镜参数

8．选择“金台寺”图层，按 Ctrl+J 组合键复制图层，得到“金台寺 副本”图层，将该图层的混合模式设置为“叠加”，效果如图 9-7-8 所示。

9．选择“水墨”图层，将素材“南门牌坊.jpg”拖到图层“水墨”的上一层，调整其位置和比例，如图 9-7-9 所示。

图 9-7-8　叠加效果

图 9-7-9　调整位置和比例（三）

10．为“南门牌坊”图层添加图层蒙版（ ），选择柔角画笔，设置画笔大小为 200 像素，不透明度为 20%，把牌坊外面涂掉，将该图层的混合模式设置为“叠加”，不透明度为 67%，效果如图 9-7-10 所示。

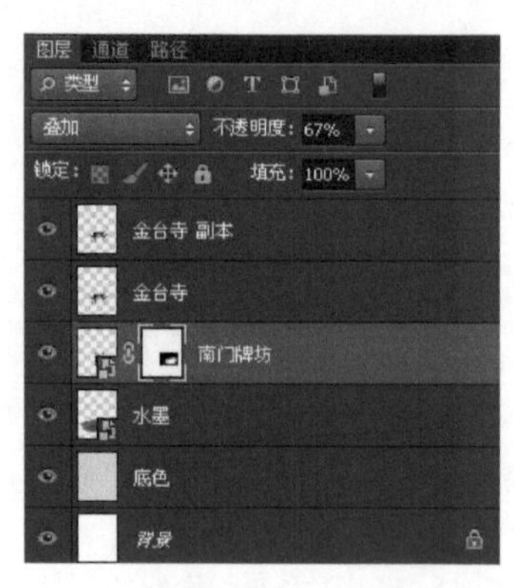

图 9-7-10　添加蒙版、叠加（一）

11．将素材“十里莲江.jpg”拖到图层“南门牌坊”的上一层，调整其位置和比例，如图 9-7-11 所示。

12．给“十里莲江”图层添加图层蒙版（ ），选择柔角画笔，画笔大小为 200 像素，不透明度为 20%，将树涂掉，并将该图层的混合模式设置为“叠加”，不透明度为 75%，效果如图 9-7-12 所示。

图 9-7-11　调整位置和比例（四）

图 9-7-12　添加蒙版、叠加（二）

13. 将素材“椰菜花.jpg”拖到图层“十里莲江”的上一层，调整其位置和比例，如图 9-7-13 所示。

14. 为“椰菜花”图层添加图层蒙版（），选择柔角画笔，设置画笔大小为 200 像素，不透明度为 20%，在四周进行涂抹，将该图层的不透明度设置为 71%，效果如图 9-7-14 所示。

图 9-7-13 调整位置和比例（五）

图 9-7-14 设置、不透明度

15. 将素材“御温泉.jpg”拖到图层“水墨”的上一层，调整其位置和比例，如图 9-7-15 所示。

图 9-7-15 调整位置和比例（六）

16. 选择图层“御温泉”，按 P 快捷键选择“钢笔工具”，在菜单栏下方设置钢笔的绘制方式为路径，如图 9-7-16 所示。

图 9-7-16 路径

17. 运用钢笔工具勾选塔的四周，如图 9-7-17 所示。

18. 按住 Ctrl 键，单击图层下方的按钮添加蒙版，如图 9-7-18 所示。

19．双击图层右边的按钮，在弹出的蒙版属性栏中，设置羽化值为 3.4 像素，如图 9-7-19 所示。

图 9-7-17　添加路径

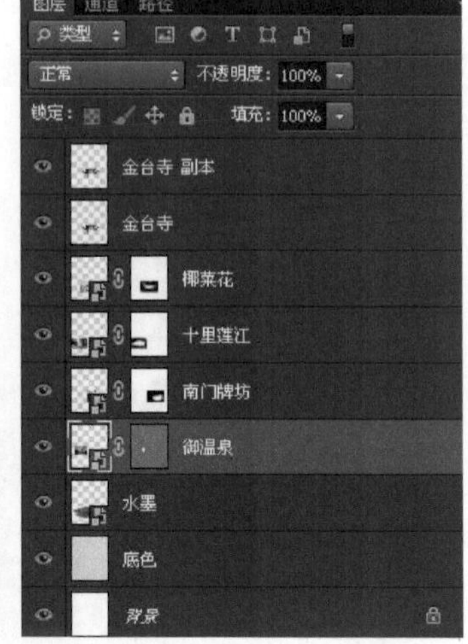

图 9-7-18　添加蒙版

图 9-7-19　蒙版属性

提示：使用钢笔工具绘制路径，按住 Ctrl 键创建蒙版

（1）蒙版分为路径蒙版、剪贴蒙版、画笔蒙版、渐变蒙版等。

（2）路径蒙版用钢笔工具绘制路径，再按住 Ctrl 键，单击图层下方的按钮添加蒙版，这种创建蒙版方法的好处在于创建的路径可以调整，还可以通过调整蒙版属性栏的羽化来进一步羽化边缘。

20．将该图层的混合模式设置为“正片叠底”，不透明度为 62%，如图 9-7-20 所示。

21．按 Ctrl+O 组合键，打开素材“水墨山峰.jpg”，按 M 快捷键选择“矩形选框工具”，选取一部分山峰，如图 9-7-21 所示。

22．按 Ctrl+C 组合键复制选区内图像，回到新建的文件中，选中“水墨”图层，按 Ctrl+V

组合键粘贴，生成“图层 1”，按 Ctrl+T 组合键调整其位置，如图 9-7-22 所示。

图 9-7-20　叠加、不透明度

图 9-7-21　框选图形

图 9-7-22　调整位置（一）

23．将“图层 1”的混合模式设置为“正片叠底”，不透明度为 73%，如图 9-7-23 所示。

24．回到“水墨山峰”文件，继续选择“矩形选框工具”，选取一部分山峰，如图 9-7-24 所示。

图 9-7-23　正片叠底（一）

图 9-7-24　框选图形

25．按 Ctrl+C 组合键复制选区内图像，回到新建文件中，选中“图层 1”，按 Ctrl+V 组合键粘贴，生成“图层 2”，按 Ctrl+T 组合键调整其位置，如图 9-7-25 所示。

26．将“图层 2”的混合模式设置为“正片叠底”，不透明度为 100%，如图 9-7-26 所示。

27．选择“金台寺 副本”图层，单击“图层”面板底部的“创建新的填充或调整图层”

按钮，在弹出的菜单中，选择“色彩平衡”，得到“色彩平衡 1”图层，参数设置如图 9-7-27 所示。

图 9-7-25 调整位置（二）

图 9-7-26 正片叠底（二）

28．将素材“竹子.jpg”拖到图层“色彩平衡 1”的上一层，调整其位置和比例，如图 9-7-28 所示。

图 9-7-27 色彩平衡

图 9-7-28 调整位置和比例（七）

29．将“竹子”图层的混合模式设置为“正片叠底”，不透明度为 29%，如图 9-7-29 所示。

30．将素材“标题.jpg”拖到图层“竹子”的上一层，得到“标题”图层，调整其位置和比例，如图 9-7-30 所示。

图 9-7-29 正片叠底（三）

图 9-7-30 添加文字

31．将素材“装饰边框.jpg”拖到“标题”图层的上一层，得到“装饰边框”图层，移动到上方，如图 9-7-31 所示。

32．选择图层“装饰边框”，按 Ctrl+J 组合键复制图层，得到“装饰边框副本”图层，移动到文件的下方区域，按 Ctrl+T 组合键，右击，选择“垂直翻转”，最终效果如图 9-7-32 所示。

图 9-7-31　添加边框

图 9-7-32　美丽斗门效果

9.8　拓展练习：风味曲奇

●素　材：素材包→Ch09 综合实例→9.8 拓展练习：风味曲奇→素材

●效果图：素材包→Ch09 综合实例→9.8 拓展练习：风味曲奇→风味曲奇.jpg

图 9-8-1 所示为风味曲奇效果图，该图形主要通过设置各种素材的混合模式，创建蒙版，设置投影和颜色叠加的参数，添加各种标题文字，以及画笔描边来完成。

1．新建文件（928 像素×1300 像素），分辨率为 200 像素/英寸，RGB 模式，背景为“R：255，G：239，B：213”。

2．将素材“文字.jpg”拖到新建文件中，得到“文字”图层，调整其位置，设置图层混合模式为“正片叠底”，添加蒙版，选择柔角画笔，适当设定画笔的不透明度，将文字左方和右下方涂掉一部分，如图 9-8-2 所示。

3．将素材“颜色 2.jpg”拖到“文字”图层的上一层，调整其位置，设置图层混合模式为“正片叠底”，如图 9-8-3 所示。

4．将素材“颜色.jpg”拖到“颜色 2”图层的上一层，调整其位置，设置图层混合模式为“正片叠底”，不透明度为 89%，如图 9-8-4 所示。

5．将素材“台面.jpg”拖到“颜色 2”图层的上一层，调整其位置，如图 9-8-5 所示。

6. 为“台面”图层添加蒙版，选择“渐变工具”，渐变方式为线性渐变，从下向上拉出渐变效果，如图 9-8-6 所示。

图 9-8-1 风味曲奇效果图

图 9-8-2 “文字”图层

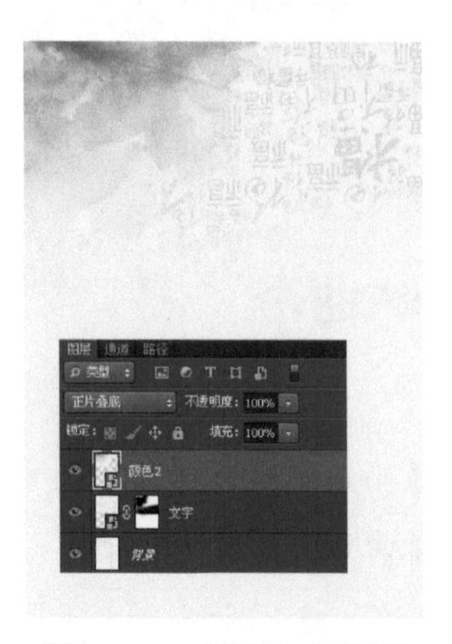

图 9-8-3 “颜色 2”图层

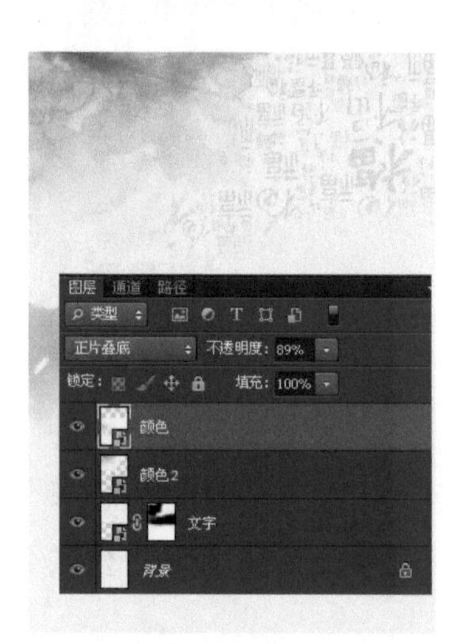

图 9-8-4 “颜色”图层

图 9-8-5 “台面”

图 9-8-6 渐变效果

7．将素材“曲奇.jpg”拖到“台面”图层的上一层，调整其位置，如图 9-8-7 所示。

8．双击“曲奇”图层，进入“图层样式”对话框，勾选并激活投影，参数设置如图 9-8-8 所示。

图 9-8-7　“曲奇”

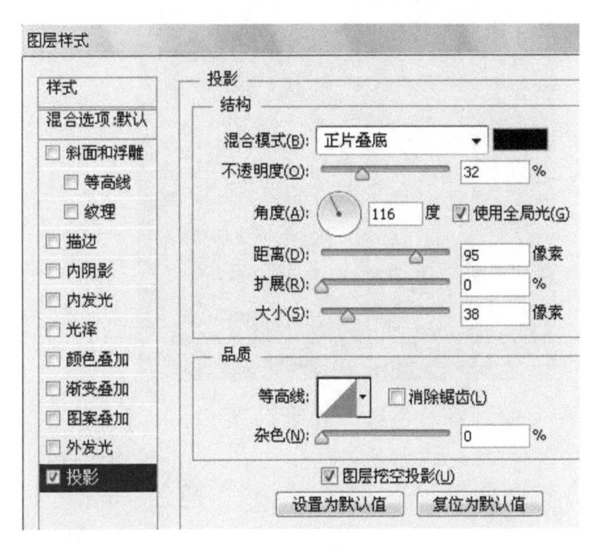

图 9-8-8　“图层样式”对话框

9．将素材“标题.jpg”拖到“曲奇”图层的上一层，调整其位置，如图 9-8-9 所示。

10．单击“图层”面板底部的“创建新图层”按钮，创建空白图层“图层 1”，按 P 快捷键选择“钢笔工具”，绘制方式为“路径”，绘制图 9-8-10 所示的路径。

图 9-8-9　加入“标题”

图 9-8-10　绘制路径

11．按 B 快捷键，选择“画笔工具”，设置前景色为“R：135，G：91，B：36”，按 F5 快捷键，在弹出的“画笔预设”面板中，选择画笔并设置画笔大小，如图 9-8-11 所示。

12．回到“图层”面板，选择“路径”选项卡，选择“工作路径”，右击，选择“描边路径”，设置描边路径：工具为画笔，选中“模拟压力”复选框，单击“确定”按钮，如图 9-8-12 所示。

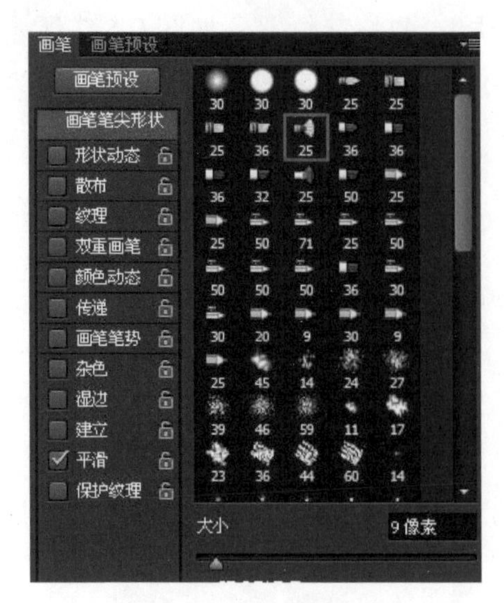

图 9-8-11　画笔设置

图 9-8-12　“路径”选项卡

13．将素材“广告文字.jpg”拖到“图层 1”的上一层，调整其位置，如图 9-8-13 所示。

14．将素材“边框.jpg”拖到“广告文字”图层的上一层，调整其位置，如图 9-8-14 所示。双击图层，进入“图层样式”对话框，勾选并激活“颜色叠加”，颜色为“R：116，G：81，B：38”，得到图 9-8-1 所示的效果。

图 9-8-13　加入“广告文字.jpg”素材

图 9-8-14　加入“边框.jpg”素材

15．完成操作，保存文件。